# 广东省农村环境综合整治技术指引

广东省环境保护厅

黄章富　卢创新　王淑君　主编

中山大学出版社
·广州·

## 版权所有　翻印必究

**图书在版编目（CIP）数据**

广东省农村环境综合整治技术指引/黄章富，卢创新，王淑君主编．—广州：中山大学出版社，2016.9

ISBN 978－7－306－05798－3

Ⅰ.①广…　Ⅱ.①黄…　Ⅲ.①农业环境—环境综合整治—研究—广东　Ⅳ.①X322.2

中国版本图书馆 CIP 数据核字（2016）第 202025 号

出 版 人：徐　劲
策划编辑：曾育林
责任编辑：曾育林
封面设计：曾　斌
责任校对：曹丽云
责任技编：黄少伟
出版发行：中山大学出版社
电　　话：编辑部 020－84113349，84111996，84111997，84110771
　　　　　发行部 020－84111998，84111981，84111160
地　　址：广州市新港西路 135 号
邮　　编：510275　　　　传　真：020－84036565
网　　址：http://www.zsup.com.cn　E-mail：zdcbs@mail.sysu.edu.cn
印 刷 者：佛山市浩文彩色印刷有限公司
规　　格：787mm×1092mm　1/16　7.75 印张　190 千字
版次印次：2016 年 9 月第 1 版　2016 年 10 月第 2 次印刷
定　　价：48.00 元

如发现本书因印装质量影响阅读，请与出版社发行部联系调换

# 编 委 会

主　　任：黄文沐

副 主 任：潘南明　朱经发　江　萍

主　　编：黄章富　卢创新　王淑君

编写成员：陈际帆　陈国鑫　李景杰
　　　　　林双双　沈会山　王春平

# 前　言

  为贯彻落实党中央、国务院关于生态文明建设、美丽乡村建设和全面建成小康社会的一系列重要部署，加快推进我省农村环境综合整治工作，解决农村环境污染的突出问题，切实改善农村人居环境，广东省环境保护厅牵头制定了《广东省农村环境综合整治技术指引》，目的是指导农村环境综合整治项目的规划、设计、施工、运行维护和管理，确保农村环境综合整治项目的实施成效。

  本技术指引可作为各级环保部门、项目设计单位、施工单位以及环保工作相关人员使用的指导性技术文件。本技术指引为首次发布，将根据使用后的反馈意见及环境管理要求、技术发展情况等进行适时修订。

  本技术指引由广东省环境保护厅负责解释。

# 目　　录

1 总　则 /1
  1.1 适用范围 /1
  1.2 规范性引用文件 /1

2 项目实施总体要求 /3
  2.1 整治规模要求 /3
  2.2 整治工程内容 /3
    2.2.1 农村饮用水水源地保护 /3
    2.2.2 农村生活污水处理 /3
    2.2.3 农村生活垃圾收集处理 /4
    2.2.4 农村畜禽养殖污染治理 /4
    2.2.5 农村历史遗留工矿污染治理 /4
  2.3 整治目标 /4
  2.4 其他配套整治工程 /5
  2.5 项目宣传 /6
    2.5.1 环保意识的宣传 /6
    2.5.2 整治项目的宣传 /7

3 农村饮用水水源地保护 /9
  3.1 农村饮用水水源分类 /9
    3.1.1 地表水源 /9
    3.1.2 地下水源 /9
  3.2 农村饮用水水源地保护类型 /9
    3.2.1 保护类型分类 /9
    3.2.2 保护类型和技术选取 /10
  3.3 水源地警示标志设置工程 /10
    3.3.1 农村集中式饮用水水源地标志设置 /10
    3.3.2 农村分散式饮用水水源地标志设置 /15
  3.4 水源地隔离防护工程 /17

3.4.1 物理防护 /17
3.4.2 生物防护 /18
3.5 水源地生态拦截工程 /18
3.5.1 生态沟渠 /19
3.5.2 入库溪流前置库 /19
3.6 投资估算指标 /20
3.6.1 水源地警示标志牌设置工程投资 /20
3.6.2 水源地隔离防护工程投资 /21
3.6.3 水源地生态拦截工程投资 /21
3.6.4 水源地保护工程运行和维护管理费 /22
3.7 运行维护和管理 /22
3.7.1 运行维护和管理的总体要求 /22
3.7.2 水源地水质日常监测技术要求 /22

# 4 农村生活污水处理 /23

4.1 农村生活污水处理模式 /23
4.1.1 处理模式分类 /23
4.1.2 处理模式和技术选取 /23
4.2 污水处理规模和水质 /24
4.2.1 污水处理规模 /24
4.2.2 设计进出水水质 /24
4.3 污水处理工程选址 /26
4.4 农村生活污水处理工艺及设计 /26
4.4.1 工艺技术选择 /26
4.4.2 农村生活污水处理常用单元 /27
4.4.3 农村生活污水处理常用工艺及设计 /34
4.5 农村生活污水收集系统 /40
4.5.1 污水收集系统分类 /40
4.5.2 排水管网系统建设 /41
4.5.3 污水收集管材选择 /42
4.6 投资估算指标 /45
4.6.1 农村生活污水处理设施建设投资 /45
4.6.2 农村生活污水收集管网投资 /45
4.6.3 农村生活污水处理运行和维护管理费 /46

# 目 录

4.7 运行维护和管理 /46
    4.7.1 总体要求 /46
    4.7.2 排水系统的维护与管理 /48
    4.7.3 污水处理设施的维护与管理 /48
    4.7.4 污水处理设施运行费用保障 /49

## 5 农村生活垃圾收集处理 /50

5.1 农村生活垃圾处理模式 /50
    5.1.1 处理模式分类 /50
    5.1.2 处理模式和技术选取 /50

5.2 农村生活垃圾处理规模 /51

5.3 农村生活垃圾分类 /52
    5.3.1 农村生活垃圾分类的要求 /52
    5.3.2 生活垃圾分类方法 /52

5.4 农村生活垃圾收集工程 /53
    5.4.1 垃圾桶/箱 /53
    5.4.2 垃圾收集屋 /54
    5.4.3 组用垃圾收集箱 /55
    5.4.4 人力垃圾收集车 /55

5.5 农村生活垃圾转运工程 /56
    5.5.1 垃圾中转站 /56
    5.5.2 垃圾运输专用车 /58

5.6 投资估算指标 /59
    5.6.1 农村生活垃圾收集工程投资 /59
    5.6.2 农村生活垃圾转运工程投资 /60
    5.6.3 农村生活垃圾收运工程运行费 /61

5.7 运行维护和管理 /62
    5.7.1 运行维护和管理的总体要求 /62
    5.7.2 生活垃圾处理设施的维护和管理 /63
    5.7.3 垃圾收集处理运行费用保障 /63

## 6 农村畜禽养殖污染治理 /64

6.1 农村畜禽养殖污染治理模式 /64
    6.1.1 治理模式分类 /64

6.1.2　治理模式和技术选取　/64
6.2　畜禽养殖污染物产生量及排放标准　/65
　　6.2.1　污染物产生量　/65
　　6.2.2　畜禽养殖污染物排放标准　/66
6.3　养殖(清粪)工艺和粪污处理模式　/68
　　6.3.1　畜禽养殖(清粪)工艺　/68
　　6.3.2　粪污处理基本工艺模式　/68
6.4　畜禽养殖废水处理工程　/70
　　6.4.1　预处理　/70
　　6.4.2　厌氧生物处理　/72
　　6.4.3　自然处理　/74
6.5　畜禽养殖粪便堆肥处理工程　/76
　　6.5.1　畜禽粪便堆肥处理技术概述　/76
　　6.5.2　畜禽粪便好氧堆肥技术　/77
6.6　投资估算指标　/79
　　6.6.1　畜禽养殖废水处理工程投资　/79
　　6.6.2　畜禽养殖粪便堆肥处理工程投资　/80
　　6.6.3　畜禽养殖污染治理运行和维护管理费　/80
6.7　运行维护和管理　/80
　　6.7.1　运行维护和管理的总体要求　/80
　　6.7.2　畜禽养殖污染治理设施的维护和管理　/81

# 7　农村遗留工矿污染治理　/82

7.1　农村遗留工矿污染治理措施　/82
　　7.1.1　治理措施分类　/82
　　7.1.2　治理措施和技术选取　/82
7.2　矿区覆土修整工程　/83
　　7.2.1　矿坑覆土回填　/83
　　7.2.2　废弃矿区修整　/84
7.3　水土流失防治工程　/85
　　7.3.1　建设拦沙坝　/85
　　7.3.2　建设护坡或挡土墙　/86
　　7.3.3　建设排水沟　/88
　　7.3.4　开挖鱼鳞坑　/89

7.4 土壤生态修复工程 /89
    7.4.1 土壤改良 /89
    7.4.2 植物生态修复 /90

7.5 投资估算指标 /92
    7.5.1 矿区覆土修整工程投资 /92
    7.5.2 水土流失防治工程投资 /93
    7.5.3 土壤生态修复工程投资 /93
    7.5.4 农村工矿污染治理运行和维护管理费 /93

7.6 运行维护和管理 /94
    7.6.1 运行维护和管理的总体要求 /94
    7.6.2 遗留工矿污染治理设施的维护和管理 /94

## 8 工程应用实例 /95

8.1 农村饮用水水源地保护工程 /95
    8.1.1 河源市新丰江水库 /95
    8.1.2 东莞市谢岗镇石鼓水库 /95
    8.1.3 韶关市始兴县花山水库 /96

8.2 农村生活污水处理工程 /97
    8.2.1 广州市花都区花东镇李溪村 /97
    8.2.2 惠州市仲恺开发区陈江镇社溪村 /98
    8.2.3 云浮市郁南县都城镇夏袭村 /98
    8.2.4 梅州市平远县八尺镇石峰村 /99
    8.2.5 珠海市斗门区莲洲镇南青村 /100
    8.2.6 佛山市禅城区南庄镇利华员工村 /101

8.3 农村生活垃圾处理工程 /102
    8.3.1 惠州市博罗县农村生活垃圾清运工程 /102
    8.3.2 云浮市新兴县农村生活垃圾清运工程 /104

8.4 农村畜禽养殖污染治理工程 /105
    8.4.1 韶关市始兴县罗诗传养猪场 /105
    8.4.2 云浮市新兴县簕竹镇大坪养猪场 /107
    8.4.3 云浮市郁南县都城镇蓝兴养猪场 /107

**附件1** 城镇污水处理厂污染物排放标准（GB 18918—2002） /109
**附件2** 广东省水污染物排放限值（DB 44/26—2001） /111

# 1 总　则

## 1.1 适用范围

适用于广东省农村环境综合整治项目的规划、设计、施工、运行维护和管理，以及项目执行情况管理等工作。

## 1.2 规范性引用文件

制定本指引主要参考以下文件：

(1)《村庄整治技术规范》（GB 50445—2008）。
(2)《全国农村环境连片整治工作指南（试行）》（环办〔2010〕178 号）。
(3)《农村环境连片整治技术指南》（HJ 2031—2013）。
(4)《饮用水水源保护区划分技术规范》（HJ/T 338—2007）。
(5)《饮用水水源保护区标志技术要求》（HJ/T 433—2008）。
(6)《集中式饮用水水源环境保护指南》（环办〔2012〕50 号）。
(7)《分散式饮用水水源地环境保护指南（试行）》（环办〔2010〕132 号）。
(8)《农村饮用水水源地环境保护技术指南》（HJ 2032—2013）
(9)《农村生活污染控制技术规范》（HJ 574—2010）。
(10)《村镇生活污染防治最佳可行技术指南（试行）》（HJ-BAT-9）。
(11)《城镇污水处理厂污染物排放标准》（GB 18918—2002）。
(12) 广东省《水污染物排放限值》（DB 44/26—2001）。
(13)《畜禽养殖业污染治理工程技术规范》（HJ 497—2009）。
(14)《规模畜禽养殖场污染防治最佳可行技术指南（试行）》（HJ-BAT-10）。
(15) 广东省《畜禽养殖业污染物排放标准》（DB 44613—2009）。
(16)《开发建设项目水土保持技术规范》（GB 50433—2008）。
(17)《矿山生态环境保护与恢复治理技术规范（试行）》（HJ 651—2013）。
(18)《环境保护部关于印发〈农村生活污水处理项目建设与投资指南〉等四项文件的通知》（环发〔2013〕130 号）。

（19）《广东省农村生活污水处理技术指引》（广东省环境保护厅，2011年12月）。

（20）《广东省农村生活垃圾收运处理技术指引》（广东省住房和城乡建设厅，2012年6月）。

# 2 项目实施总体要求

## 2.1 整治规模要求

（1）农村环境综合整治项目一般分为连片村庄环境综合整治、单个村环境综合整治共两大类。

（2）农村环境综合整治宜重点实施连片整治项目，解决农村突出环境问题，体现农村环境综合整治的规模效益。

（3）项目的基本整治单元为行政村（建制村）或涉农社区，具体治理任务可以落实到自然村。

（4）单个项目的建设周期一般在 2 年以内，针对较大型的单个项目（或工程总投资较高的项目），建设周期一般不超过 3 年。

## 2.2 整治工程内容

农村环境综合整治的内容主要包括农村饮用水水源地保护、农村生活污水处理、农村生活垃圾处理、农村畜禽养殖污染治理和农村遗留工矿污染治理共五大方面。

### 2.2.1 农村饮用水水源地保护

（1）农村集中式饮用水水源地保护。主要工程内容包括饮用水水源地标志牌和警示牌设置、隔离设施建设、生态拦截工程等。

饮用水水源保护区划分应符合《饮用水水源保护区划分技术规范》（HJ/T 338—2007）的规定，并满足相关法律法规的要求。

（2）农村分散式饮用水水源地保护。主要工程内容包括标志牌和警示牌设置、隔离设施建设等。

### 2.2.2 农村生活污水处理

主要工程内容包括农村生活污水排污沟、污水收集管网建设和污水处理设施建设。

规模较大的村庄进行集中污水处理设施建设；居住分散的村庄进行小型人工湿地、无（微）动力处理设施、氧化塘等分散式污水处理设施建设。

### 2.2.3 农村生活垃圾收集处理

主要工程内容包括建设垃圾池、垃圾中转站，以及配置垃圾桶（箱）、人力垃圾收集车和垃圾运输专用车等。

### 2.2.4 农村畜禽养殖污染治理

主要工程内容包括拆除清理小型养殖场、建设畜禽养殖废水处理设施和畜禽粪便综合利用设施等。

农村畜禽养殖污染治理的目标为畜禽养殖小区和畜禽散养密集区（不包括规模化畜禽养殖场）。

### 2.2.5 农村历史遗留工矿污染治理

主要工程内容包括建设拦沙坝、护坡、挡土墙、排水沟和植物生态修复等。

农村遗留工矿污染治理的目标为历史遗留的、无责任主体的农村工矿（不包括有明确责任主体的工矿企业污染治理项目）。

## 2.3 整治目标

农村环境综合整治项目预期治理目标（项目验收最低限值）需至少满足以下要求：

（1）农村饮用水水源地保护：集中式饮用水水源地水质满足《国家地表水环境质量标准》（GB 3838—2002）或《地下水质量标准》GB/T 14848—93 的相关要求，村民饮用水卫生合格率大于等于90%。

（2）农村生活污水处理：生活污水处理率大于等于60%。

（3）农村生活垃圾收集处理：生活垃圾定点存放清运率100%，生活垃圾无害化处理率大于等于70%。

（4）农村畜禽养殖污染治理：畜禽粪便得到有效处理且综合利用率大于等于70%。

（5）农村历史遗留工矿污染治理：农村历史遗留工矿污染得到有效治理，预期治理目标根据项目具体情况确定，项目结束后按照批复的项目实施方案进行验收。

各地可结合当地农村环境保护情况在上述最低限值的基础上适当提高治理目标要求。

## 2.4 其他配套整治工程

农村环境综合整治的工程内容除"农村饮用水水源地保护、农村生活污水处理、农村生活垃圾收集处理、农村畜禽养殖污染治理、农村历史遗留工矿污染治理"五大方面外,还包括以下配套整治工程:

(1) 农村河塘清淤。对村庄内的河道、沟渠和水塘进行清淤,并对河塘进行修整加固。

(2) 农村道路建设。对村内道路进行修整加固,有条件的农村地区应尽量铺设水泥路面。

(3) 农村环境绿化。在村道两边种植树木,在村庄内部铺设草坪、种植花草等,有条件的农村地区宜建设村庄公园等。

农村环境综合整治的配套整治工程如图 2-1 至图 2-3 所示。

图 2-1 配套整治工程(农村河塘清淤)

图 2-2 配套整治工程(农村道路建设)

图 2-3　配套整治工程（农村环境绿化）

## 2.5　项目宣传

### 2.5.1　环保意识的宣传

在加快推进农村环境综合整治的过程中，必须高度重视农村生态环保的宣教工作，强化宣传教育和公众参与，充分发挥新闻媒体、学校、机关、企业等平台作用，采用宣传标语、报刊、宣传册等多种方式，大力培养农民群众的生态环保意识，促进农民群众积极参与农村环保工作。农村环境综合整治宣传标语和宣传册分别如图 2-4、图 2-5 所示。

图 2-4　农村环境综合整治宣传标语

## 2 项目实施总体要求

图 2-5 农村环境综合整治宣传册

### 2.5.2 整治项目的宣传

宜采用宣传展板的形式对项目进行详细介绍，体现"农民参与、项目公开"的要求。以"广东省农村环保专项资金"补助项目为例，宣传展板包括如下主要内容。

（1）宣传展板标题：广东省农村环境综合整治示范项目。

（2）农村环保政策宣传：国家或省、市关于农村环境保护的政策介绍。

（3）针对具体项目的情况介绍：项目名称：××县××镇××村农村环境综合整治项目。

项目概况：项目所处的流域、服务范围（行政村名称）、服务人口。

工程内容：针对单个子项目（污水、垃圾、畜禽、工矿），明确技术措施、工程规模和工程量等。

工程投资：××万元。

（4）工程图片展示：宣传项目实施前后的整治效果照片。

（5）展板落款：书写"广东省环境保护厅、广东省财政厅环保专项资金资助项目 ××市××县××镇人民政府 ××年××月"。

农村环境综合整治项目宣传展板（参考样式）如图 2-6、图 2-7 所示。

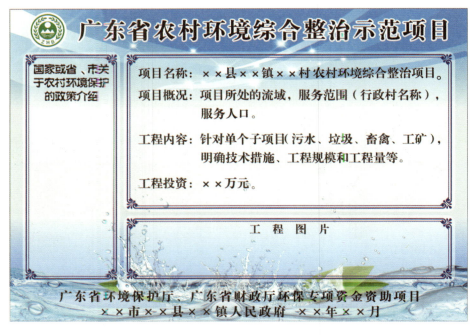

图2-6　农村环境综合整治项目宣传展板（参考样式1）

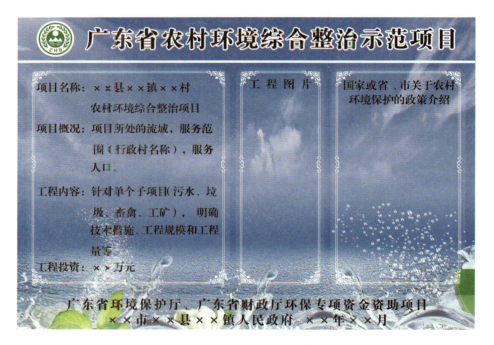

图2-7　农村环境综合整治项目宣传展板（参考样式2）

# 3 农村饮用水水源地保护

## 3.1 农村饮用水水源分类

农村饮用水水源主要分为地表水源和地下水源两种类型。地表水源主要包括河流、湖库、山溪、坑塘等；地下水源主要包括浅层地下水、深层地下水、山涧泉水等。

### 3.1.1 地表水源

（1）河流型水源。根据水源水体规模和水量受水文、气象条件影响程度，季节变化影响及区域水环境质量影响的程度，河流型水源可分为大中型河流和小型山溪。

（2）湖库型水源。根据水源水体规模和水量受水文、气象条件影响程度，水质受区域水环境质量影响的程度，湖库型水源可分为大中型湖泊水库和山溪、坑塘。

### 3.1.2 地下水源

（1）浅层地下水源。指直接从地下潜水含水层取水，易受地下水位变动以及地表水污染影响的水源。

（2）深层地下水源。指从潜水含水层以下的承压含水层取水，水质、水量较为稳定的水源。

（3）山涧泉水水源。指收集山涧出露泉水作为水源，供水量受水文、气象条件影响较大，水质好且不易受到污染。

## 3.2 农村饮用水水源地保护类型

### 3.2.1 保护类型分类

（1）农村集中式饮用水水源地保护：
集中式饮用水水源是指进入输水管网送到用户的和具有一定供水规模（供水

人口一般大于 1000 人）的饮用水水源。农村集中式饮用水水源地主要包括河流、大中型湖库等水源地类型，一般指已划定为饮用水水源保护区（包括已划定的镇级饮用水水源保护区）的水源地。河流、大中型湖库水源保护工程技术包括水源地标志设置、水源地隔离设施建设、生态拦截工程（水源污染防治）三个方面。

（2）农村分散式饮用水水源地保护：

农村分散式饮用水水源地是指向乡（镇）或村供水、有简易净化措施或无净化措施并小于一定规模（供水人口一般在 1000 人以下）的饮用水水源地。农村分散式饮用水水源地主要包括小型山溪、坑塘水源和地下水源（水井）等水源地类型。小型山溪、坑塘水源地保护工程技术主要包括水源地标志设置、水源地隔离设施建设、生态拦截工程（水源污染防治）三个方面；地下水源（水井）保护工程技术主要包括水源地标志设置、取水口隔离设施建设两个方面。

### 3.2.2　保护类型和技术选取

农村饮用水水源地保护类型和技术选取汇总如表 3-1 所示。

表 3-1　农村饮用水水源地保护模式和技术选取汇总

| 保护类型 | 水源地类型 | 技术措施 |
| --- | --- | --- |
| 农村集中式饮用水水源地保护 | 河流、大中型湖库 | ①水源地标志设置<br>②水源地隔离设施建设<br>③生态拦截工程（水源污染防治） |
| 农村分散式饮用水水源地保护 | 小型山溪、坑塘 | ①水源地标志设置<br>②水源地隔离设施建设<br>③生态拦截工程（水源污染防治） |
| | 地下水源（水井） | ①水源地标志设置<br>②取水口隔离设施建设 |

## 3.3　水源地警示标志设置工程

### 3.3.1　农村集中式饮用水水源地标志设置

农村集中式饮用水水源地主要包括河流、大中型湖库等水源地类型，一般均已划定为饮用水水源保护区（包括已划定的镇级饮用水水源保护区）。饮用水水源保护区标志包括饮用水水源保护区界标、饮用水水源保护区交通警示牌和饮用水水源保护区宣传牌共三大类：

（1）饮用水水源保护区界标。即在饮用水水源保护区的地理边界设立的标志，标识饮用水水源保护区的范围，并警示人们进入区内需谨慎行为。

（2）饮用水水源保护区交通警示牌。警示车辆、船舶或行人进入饮用水水源保护区道路或航道，需谨慎驾驶或谨慎行为的标志。饮用水水源保护区交通警示牌又分为：饮用水水源保护区道路警示牌和饮用水水源保护区航道警示牌。

（3）饮用水水源保护区宣传牌。根据实际需要，为保护当地饮用水水源而对过往人群进行宣传教育所设立的标志。

保护区标志制作要求详见《饮用水水源保护区标志技术要求》（HJ/T 433—2008），其主要内容如下：

（1）饮用水水源保护区图形标。饮用水水源保护区图形标如图3-1所示，其基本色为蓝色，两滴水为绿色，饮用水杯为白色，文字为蓝色。

（2）饮用水水源保护区界标。界标正面的上方为饮用水水源保护区图形标。中下方书写饮用水水源保护区名称，如饮用水水源一级保护区、饮用水水源二级保护区等。下方为"监督管理电话：××××××××"等监督管理方面的信息，监督管理电话一般为当地环境保护行政主管部门联系电话。饮用水水源保护区界标正面内容的示意图如图3-2所示。

图3-1　饮用水水源保护区图形标

界标背面的上方用清晰、易懂的图形或文字说明根据HJ/T 338—2007划定的饮用水水源保护区范围，以标明保护区的准确地理坐标和范围参数等为宜。中下方书写饮用水水源保护区具体的管理要求，可引用《中华人民共和国水污染防治法》以及其他相关法律法规中关于饮用水水源保护区的条款和内容。最下方靠右处书写"××政府××××年设立"字样。界标背面内容的示意图如图3-3所示。

图 3-2 界标正面示意图

图 3-3 界标背面示意图

(3) 饮用水水源保护区交通警示牌：

1) 饮用水水源保护区道路警示牌。道路警示牌采用《道路交通标志和标线》(GB 5768) 中告示牌的形式。左边为饮用水水源保护区图形标，右边书写"您已进入××饮用水水源×级保护区　全长××公里"或"您已进入××饮用水水源×级保护区　从××至××"，提示过往车辆及行人谨慎驾驶或行为。在一般道路采用蓝色底色，在高速公路采用绿色底色。在道路警示牌的下方可配合使用道路交通标志中的禁令标志或其他安全标志。饮用水水源保护区道路警示牌示意图如图 3-4、图 3-5 所示。

图 3-4 饮用水水源保护区道路警示牌示意图（一般道路）

3 农村饮用水水源地保护

图 3-5 饮用水水源保护区道路警示牌示意图（高速公路）

在驶离饮用水水源保护区的路侧，可设立驶离告示牌，示意图如图 3-6、图 3-7 所示。

图 3-6 驶离饮用水水源保护区道路告示牌示意图（一般道路）

图 3-7 驶离饮用水水源保护区道路告示牌示意图（高速公路）

2）饮用水水源保护区航道警示牌。航道警示牌采用《内河助航标志》（GB 5863）中"专用标志—专用标"的形式。航道警示牌的设立位置参照《内河助航标志》的有关要求执行。

饮用水水源保护区航道警示牌上方为饮用水水源保护区图形标，下方书写"您已进入××饮用水水源×级保护区　全长××公里"或"您已进入××饮用水水源×级保护区　从××至××"，以提示过往船舶谨慎行驶，并告知在饮用水水源保护区范围内的行驶距离。

饮用水水源一级保护区，还可增设有关警示牌，书写"禁止船舶停靠"等有关法规规定的内容。饮用水水源保护区航道警示牌如图3-8、图3-9所示。

图3-8　饮用水水源保护区航道警示牌　　图3-9　饮用水水源一级保护区可增设警示牌

（4）饮用水水源保护区宣传牌。各地方政府可根据实际需求设计宣传牌上的图形和文字，如介绍当地饮用水水源保护区的地形地貌、划分情况、保护现状、管理要求等。饮用水水源保护区宣传牌宜在明显位置标识饮用水水源保护区图形标。

广东省饮用水水源保护区宣传牌（参考样式）如图3-10所示。

图3-10　广东省饮用水水源保护区宣传牌（参考样式）

## 3.3.2 农村分散式饮用水水源地标志设置

农村分散式饮用水水源地主要包括小型山溪、坑塘水源和地下水源等水源地类型。农村分散式饮用水水源保护区标志包括农村饮用水水源保护区界标和农村饮用水水源保护区宣传牌共两大类：

（1）农村饮用水水源保护区界标。即在饮用水水源保护区的地理边界设立的标志，标识饮用水水源保护区的范围，并警示人们进入区内需谨慎行为。

（2）农村饮用水水源保护区宣传牌。根据实际需要，为保护当地饮用水水源而对过往人群进行宣传教育所设立的标志。

针对农村分散式饮用水水源地，目前国家暂无规范化的设计标准或图标要求，本文主要参照集中式饮用水水源保护区的要求进行标志设计并进行改进，将其标志与集中式饮用水水源保护区标志以示区别。其主要内容如下：

（1）农村饮用水水源保护区图形标。农村分散式饮用水水源保护区图形标如图3-11所示，中间两个字母"GD"代表广东，字母"G"右侧的水滴代表水源，字母"D"左侧的竖线代表隔离防护栏。其基本色为蓝色，水龙头和水滴为绿色，文字为蓝色。农村饮用水水源保护区图形标的尺寸可根据实际情况按比例缩放。

图3-11　广东农村饮用水水源保护区图形标
（非官方标识，仅供参考。示意图为圆形，可根据实际需要进行缩放）

（2）农村饮用水水源保护区界标。界标正面的上方为广东农村饮用水水源保护区图形标，中间书写"广东农村饮用水水源保护区"（或者直接书写农村饮用水水源保护区的名称），下方为"监督管理电话：××××××××"等监督管理方面的信息，监督管理电话一般为当地环境保护行政主管部门联系电话（或者电话统一为12369）。文字统一为黑色（集中式饮用水水源保护区的颜色为白色）。

界标背面的上方用清晰、易懂的图形或文字对农村饮用水水源保护区的保护范围进行介绍。中间书写农村饮用水水源保护区具体的管理要求，可引用《中华人民共和国水污染防治法》以及其他有关法律法规中关于饮用水水源保护区的条款和内容。最下方靠右处书写"××政府××××年设立"字样。农村饮用水水源保护区界标正面和背面内容的示意图如图3-12所示。

正面　　　　　　　　　背面

图3-12　农村饮用水水源保护区界标示意图

（示意图比例尺寸为宽：高＝1：2，可根据实际需要进行缩放）

（3）农村饮用水水源保护区宣传牌。各地方政府可根据实际需求设计宣传牌上的图形和文字，主要明确取水点位置，以及加强群众保护水源的意识等。

广东省农村饮用水水源保护区宣传牌（参考样式）如图3-13所示。

图3-13　广东省农村饮用水水源保护区宣传牌（参考样式）

## 3.4 水源地隔离防护工程

为防止人类活动造成不利影响，按照《饮用水水源保护区划分技术规范》（HJ/T 338—2007）划分的保护区和保护范围，依据水源地的自然地理、环境特征和环境管理需要，在人群活动较为频繁的一级保护区陆域外围边界应设置隔离防护设施。

水源地隔离防护设施包括物理防护和生物防护，物理防护主要包括防护栏、隔离网，生物防护主要由植物篱构建。取水简易且水量大的河流、湖库型水源存在易受污染的问题，因此，应在水源地周围设立隔离防护篱，利用植物的吸附和分解作用，拦截农业污染物进入水源。

### 3.4.1 物理防护

物理隔离防护设施应遵循耐久、经济的原则。目前应用较多的是防护栏和隔离网，有电焊网片护栏和勾花隔离网。参照高速公路隔离网设计，饮用水水源地的防护栏规格一般为高1.7 m，顶部0.2 m向内倾斜（可根据实际情况适当调整防护栏高度）。

隔离网的颜色一般采用绿色，其尺寸、结构如图3-14所示。饮水水源保护区隔离网工程实例示意图如图3-15所示。

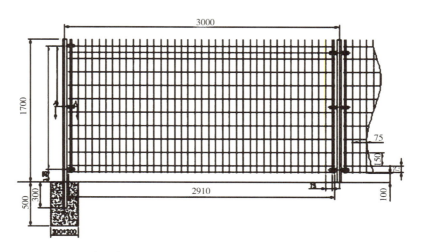

图3-14 饮用水水源保护区隔离网结构示意图及尺寸（单位：mm）

图 3-15 饮用水水源保护区隔离网工程实例示意图

## 3.4.2 生物防护

生物防护主要指设置植物篱，植物篱建设的关键步骤包括：树种选择和植物配置、带间距确定、栽植密度和栽种技术。

植物篱应选择区域适应性强、具有较好的生态效益（多年生、分枝密、根系发达、生物量大等）且兼具一定经济效应的物种，结合实际需要可辅助栽种一些景观植物。一般由乔木、灌木和草本三类搭配组成。格局设置应参照本地天然植被格局及乔木、灌木、草本比例。

栽植密度因植被种类而异，如果根茎萌发力强则形成篱墙需时短，可设置较大株距，否则应密植；依据灌木或草本实行单行和多行；以植物篱能最大限度地发挥其水土保持、改善土壤养分和控制面源污染的生态功能为宗旨。

带间距设置应满足四方面基本要求：有效减轻侵蚀、尽量减少植物篱与带间作物的竞争、便于耕作、确保最高土地利用效率。应根据坡边坡度、土地厚度、植物冠幅的大小以及林木栽种技术等综合确定其数值。

## 3.5 水源地生态拦截工程

饮用水水源地生态拦截工程技术主要包括生态沟渠技术、塘坝水源入库溪流前置库技术。

生态沟渠具有良好的水文效应、水环境效应和生态效应，适用于各类规模水源地保护工程。该技术占地面积小，适用于原本已有沟渠系统的农田区域，对水源地四周原有的沟渠进行改造可降低建设成本，有效拦截农田径流污染从而保护农村饮用水水源。

前置库系统综合良好的沉降效应、水文效应、生物效应，具有较强的水体净化功能，适用于缺少污水收集设施的地区进行面源污染控制，解决农田灌溉污染问题，保护饮用水水源；更适用于有一定降雨量基础的山地区域，多设置在江河入湖口。典型前置库通过在入湖口筑坝，建成位于主体湖泊水库上游的小型水库，用于截留进入主体水库的污染物。若生态强化处理系统不能满足前置库水质相关要求，应建设集中式污水处理处置设施，使得入库水质满足相关要求。

### 3.5.1 生态沟渠

生态沟渠主要由工程部分和生物部分组成。工程部分等高开沟，两侧沟壁可由蜂窝状水泥板组成，也可由木桩或扁竹固定。沟渠内部可以构建拦截坝或拦截箱减缓水速，延长水力停留时间，使流水携带的颗粒物质和养分等得以沉淀和去除。后期运行和维护包括隔离带管理（植被收割等）和疏浚清淤等内容。

植物的选择多以耐污性较好、生长适应能力较强、根系较为发达的植物为主，同时考虑美观性和当地的气候条件。植物种类应合理配置，可包含挺水、浮水、漂浮和沉水植被类型及岸边护坡植物。种类选取以本地物种为主，可适当引入去污或繁殖能力较强的其他种类。水源地保护生态沟渠工程实例示意图如图3-16所示。

图3-16 水源地保护生态沟渠工程实例示意图

### 3.5.2 入库溪流前置库

可选技术包括生态河道构建技术、生物浮床净化和生物操作技术、生态透水坝构建技术以及前置库系统的运行调控技术。工程包括土建、河道工程及生态工程。

库区内水生植被要达到一定规模，应占总库区面积30%左右。应合理设置挺水植物、浮叶植物与沉水植物的比例，保障水质的同时应注意控制水生植物或藻类的过度生长，同时要防止水生植物过度生长造成二次污染。

物种选择遵循因地制宜原则，以本地物种为主，尽量避免引入外来物种。根据库区景观要求，配置不同高度与形态的植物，保证种类多样性的同时满足水体净化要求。鱼类应避免过量繁殖，可通过人工调控避免水体强烈扰动，通过食物链达到水生生物间的动态平衡，维持水生生态系统的良性循环。

## 3.6 投资估算指标

### 3.6.1 水源地警示标志牌设置工程投资

饮用水水源保护区标志由各级地方人民政府设立，国家环境保护行政主管部门统一监制，价格因各地的定额而异。标志的加工要求、外观质量及测试方法参照《公路交通标志板》（JT/T 279）。

根据饮用水水源保护区内界桩、界碑的不同类型和数量，按照各地区的定额进行投资估算。交通警示牌遵循国家标准 GB 5768—2009《道路交通标志和标线》，标志底板材料性能执行标准 JT/T 279—2004 的反光交通标志牌的单价。农村饮用水水源地保护区标志投资参考如表 3-2 所示。

表 3-2 农村饮用水水源地保护区标志投资参考

| 内容 | 警示标志类型 | 具体要求与投资参考 |
| --- | --- | --- |
| 材料费 | 界标 | 300～500 元/块，以设计规格为准 |
| | 交通警示牌 | 材质要求：铝板，且按标准图案贴好反光膜<br>规格和单价：1.2 mm 厚：260～380 元/m²<br>1.5 mm 厚：290～430 元/m²<br>2.0 mm 厚：320～480 元/m² |
| | 宣传牌 | 300～800 元/块，因大小和造型而异 |

## 3.6.2 水源地隔离防护工程投资

农村饮用水水源地隔离防护设施建设工程投资参考如表3-3所示。

表3-3　农村饮用水水源地隔离防护设施建设工程投资参考

| 类　型 | 种　类 | 具体要求与投资参考 |
|---|---|---|
| 物理防护 | 材料费 | 铁网防护栏：高1.7 m；平均180±35元/m<br>PVC浸塑护栏：高1.7 m；平均95±20元/m<br>PVC隔离网：高1.7 m；平均60±15元/m |
| 生物防护 | 材料费 | 平均（700±150）元/$m^2$ |

## 3.6.3 水源地生态拦截工程投资

农村饮用水水源地生态沟渠建设工程投资参考如表3-4所示。

表3-4　农村饮用水水源地生态沟渠建设工程投资参考

| 内　容 | 投　资　参　考 |
|---|---|
| 土方开挖及整理 | 10～15元/$m^3$ |
| 植物栽种 | 种类：以水生植物为主<br>价格：15～25元/$m^2$，价格随种类而异 |
| 石料、木桩 | 100～200元/$m^3$，因石料种类而异 |
| 植被收割 | 8～12元/$m^2$ |
| 疏浚清淤 | 15～20元/$m^3$ |
| 运行维护费用 | 0.16～0.24元·$(m^3·年)^{-1}$ |

农村饮用水水源地入库溪流前置库建设工程投资参考如表3-5所示。

表3-5　农村饮用水水源地入库溪流前置库建设工程投资参考

| 内　容 | 投　资　参　考 |
|---|---|
| 河道工程和生态工程 | 小型规模：30万～60万元/km<br>中到大型：80万～150万元/km |
| 水生植被种植 | 水生植物15～30元/$m^2$<br>植物种植人工费3～7元/$m^2$ |
| 河道清淤疏浚 | 河道清淤30～80元/$m^3$ |

（续上表）

| 内　　容 | 投　资　参　考 |
|---|---|
| 透水坝和砾石床 | 600～900 元/t |
| 生物浮床 | 300～600 元/m² |
| 机械设备租赁 | 1500～2000 元/d |

### 3.6.4　水源地保护工程运行和维护管理费

农村饮用水水源地保护工程运行和维护管理费参考如表3－6所示。

表3－6　农村饮用水水源地保护工程运行和维护管理费参考

| 类　　型 | 种　　类 | 运行和维护费用参考 |
|---|---|---|
| 物理防护 | 运行维护费 | 平均（5±1）元/m |
| 生物防护 | 运行维护费 | 平均（2.0±0.4）元/m² |
| 生态沟渠建设工程 | 运行维护费 | 0.16～0.24 元·（m³·年）$^{-1}$ |
| 入库溪流前置库建设工程 | 运行调控管理费 | 小型规模：2万～8万元/年<br>中到大型：10万～30万元/年 |

## 3.7　运行维护和管理

### 3.7.1　运行维护和管理的总体要求

（1）农村饮用水水源地界桩、围栏一般每季度检查、维护1次。

（2）农村饮用水水源地警示牌、宣传牌需定时检查，及时更换破损设施。

（3）农村饮用水水源地植被缓冲带、防护林、前置库等防护设施，需进行定期检查维护，一般按季度进行植被养护、清淤等。

### 3.7.2　水源地水质日常监测技术要求

（1）县级政府相关部门定期开展水源水质监测，监测点可设在水源取水口处。地表水源的监测项目为 GB 3838—2002 表1和表2中的指标；地下水源的监测项目为 GB/T 14848—1993 表1中指标。应定期开展细菌总数监测。

（2）对于常规项目，有条件的地区应每年按照丰水期、平水期、枯水期开展水质监测；没有条件的地区，应每年监测1次。对于特定项目，应每3～5年监测1次，检出或者超标的指标，应按照常规项目的监测频次进行监测。

# 4 农村生活污水处理

## 4.1 农村生活污水处理模式

### 4.1.1 处理模式分类

农村生活污水处理系统包括以下两种模式：

（1）分散式处理模式。分散式处理模式适用于污水排放量小于 50 m³/d、服务人口在 500 人以下的农村地区，采用分散污水收集系统。

（2）集中式处理模式。集中式处理模式适用于污水排放量大于等于 50 m³/d、服务人口在 500 人以上的农村地区，采用集中污水收集系统。其中，污水量在 50～500 m³/d 之间，服务人口 500～5000 人，称为小型集中收集系统；污水量在 500m～1000 m³/d 之间，服务人口 5000～10000 人，称为大型集中收集系统。

### 4.1.2 处理模式和技术选取

农村生活污水处理模式、适用区域和技术选取汇总如表 4-1 所示。

表 4-1 农村生活污水处理模式、适用区域和技术选取汇总表

| 处理模式 | 污水收集系统类型 | 适用区域 | 污水处理设施 |
|---|---|---|---|
| 分散式处理模式 | 分散收集系统 | 污水量 <50 m³/d<br>服务人口 <500 人 | 无动力庭院式小型湿地、一体化小型污水处理设施 |
| 集中式处理模式 | 小型集中收集系统 | 污水量 50～500 m³/d<br>服务人口 500～5000 人 | 中型人工湿地、稳定塘、一体化（有动力）污水处理设施等 |
| 集中式处理模式 | 大型集中收集系统 | 污水量 500～1000 m³/d<br>服务人口 5000～10000 人 | 污水处理厂（站）、大型人工湿地等 |

注：①农村污水处理设施处理规模一般不超过 1000 m³/d（服务人口约 1 万人），规模超过 1000 m³/d 建议纳入城镇集中污水处理系统。

②污水处理设施采用的具体工艺技术选择参如表 4-4"广东省农村生活污水处理设施出水要求"。

## 4.2 污水处理规模和水质

### 4.2.1 污水处理规模

(1) 用水量。在确定居民用水量时，可在调查分析当地居民的用水现状、经济条件、用水习惯、发展潜力等状况的基础上，根据本地区用水量情况确定，水量变化较大时要考虑变化系数。无用水量调查数据时，可参照表4-2执行。

表4-2 广东省农村地区居民人均综合用水量参考值

| 农村居民类型 | 人均综合用水量指标<br>[L·(人·d)$^{-1}$] |
|---|---|
| 经济条件好，有独立淋浴、冲水式厕所、洗衣机等耗水家电，旅游区 | 150～200 |
| 经济条件较好，室内卫生设施较齐全，旅游区 | 120～150 |
| 经济条件一般，有简单的室内卫生设施 | 90～120 |
| 无水冲式厕所和淋浴设备，无自来水 | 70～100 |

(2) 污水处理规模。农村生活污水处理规模常采用"人均综合用水量法"，是以单位人均综合用水量乘以人口数，预测出用水量，然后乘以综合排放系数和污水收集率，得出污水处理规模。计算公式如下：

$$Q_w = n \times q \times z \times \eta / 1000$$

式中：$Q_w$ 为污水处理规模，单位为 $m^3/d$；

$n$ 为服务范围内的服务人口，单位为人；

$q$ 为人均综合用水量指标，单位为升·(人·d)$^{-1}$；

$z$ 为污水综合排放系数，一般为总用水量的80%左右；

$\eta$ 为污水处理率，参考《中央农村环保专项资金环境综合整治项目申报指南》，一般治理目标要求（项目验收最低限值）为生活污水处理率大于等于60%。

### 4.2.2 设计进出水水质

(1) 进水水质要求。农村生活污水水质最好以实测值为基础分析确定，在无实测资料时，可参考表4-3。

表4-3 广东省农村地区生活污水进水水质参考值

单位：mg/L

| 污染物指标 | 化学需氧量（$COD_{Cr}$） | 生化需氧量（$BOD_5$） | 悬浮物（$SS$） | 氨氮（以N计） | 总氮（以N计） | 总磷（以P计） |
|---|---|---|---|---|---|---|
| 质量浓度 | 80～150 | 50～100 | 80～120 | 10～20 | 15～25 | 1.0～3.0 |

（2）出水水质要求。对饮用水水源地保护区、自然保护区、风景名胜区、重点流域等环境敏感区域的农村生活污水，应依据环评确定出水排放标准。

对于非环境敏感区域，根据农村生活污水排放实际情况，参照《城镇污水处理厂污染物排放标准》（GB 18918—2002）和广东省《水污染物排放限值》（DB 44/26—2001）中主要污染物排放标准，农村生活污水处理设施出水水质要求如表4-4所示。

表4-4 广东省农村生活污水处理设施出水要求

单位：mg/L

| 污染物指标 | 出水水质浓度 | |
|---|---|---|
| | 一级[①] | 二级[②] |
| 化学需氧量（$COD$） | 40 | 60 |
| 生化需氧量（$BOD_5$） | 20 | 30 |
| 悬浮物（$SS$） | 20 | 30 |
| 氨氮（以N计） | 8（15）[③] | 15 |
| 总磷（以P计） | 0.5 | 1.0 |

注：①污水处理设施出水排入GB 3838地表水Ⅲ类功能水域（划定的饮用水水源保护区和游泳区除外）、GB 3097海水二类功能水域以及湖、库等封闭或半封闭水域时，出水水质按照一级要求。
②污水处理设施出水排入GB 3838地表水Ⅳ类、Ⅴ类功能水域或GB 3097海水三类、四类功能海域，出水水质按照二级要求。
③括号外数值为水温＞12℃时的控制指标，括号内数值为水温≤12℃时的控制指标。

## 4.3　污水处理工程选址

农村污水集中处理设施选址应根据建设现状、地形特点、受纳水体条件及环境要求等确定，并结合生态公园、周边景观进行建设。

选址应遵循的主要原则如下：

（1）符合所在乡镇、村总体规划布局。

（2）应位于当地村民聚居区的夏季主导风向的下风向或侧风向处。

（3）节约用地，充分利用村内的荒地、坡地及河边滩涂地等，不占用良田及经济效益高的土地。

（4）尽量利用地形、地势，一般选择地形有适当坡度的地区或地势相对较低处，以满足污水收集管道重力自流要求，避免污水提升。

（5）应有良好的工程地质条件，位于地下水位较低的地区。

（6）有利于尾水排放，能够适应扩建的用地需求。

## 4.4　农村生活污水处理工艺及设计

### 4.4.1　工艺技术选择

按处理规模划分，与污水处理模式和污水收集系统对应，将农村生活污水处理工程分为以下三大类：

（1）分散污水处理工程。分散污水处理工程主要针对分散的连片农户或较小自然村（处理规模小于 50 $m^3/d$，服务人口小于 500 人），建议采用"无动力庭院式小型湿地、一体化小型污水处理设施"等处理工艺。

（2）小型集中污水处理工程。小型集中污水处理工程主要针对较大的自然村或较小行政村（处理规模 50～500 $m^3/d$ 之间，服务人口 500～5000 人），建议采用"水解酸化+人工湿地、水解酸化+稳定塘、沉淀池+快速渗滤或一体化（有动力）污水处理设施"等处理工艺。

（3）大型集中污水处理工程。大型集中污水处理工程主要针对较大行政村或集中连片村庄（处理规模 500～1000 $m^3/d$ 之间，服务人口 5000～10000 人），建议采用"水解酸化+人工湿地+稳定塘、水解酸化+接触氧化+人工湿地（稳定塘）"等处理工艺。

广东省农村生活污水处理适用工艺推荐如表 4-5 所示。

表4-5 广东省农村生活污水处理适用工艺推荐

| 农村污水处理工程类别 | 污水处理工艺类型（组合工艺） | 适用条件 | | | 出水效果 |
| --- | --- | --- | --- | --- | --- |
| | | 服务人口/人 | 处理规模/($m^3 \cdot d^{-1}$) | 总占地比/[$m^2 \cdot (t \cdot d)^{-1}$] | |
| 分散污水处理工程 | 无动力庭院式小型湿地 | <500 | <50 | 1.5~3.0 | 较好 |
| | 一体化小型污水处理设施 | <500 | <50 | 0.5~1.0 | 好 |
| 小型集中污水处理工程 | 水解酸化+人工湿地 | 500~5000 | 50~500 | 2.0~3.5 | 较好 |
| | 水解酸化+稳定塘 | 500~5000 | 50~500 | 3.5~8.5 | 一般 |
| | 沉淀池+快速渗滤 | 500~5000 | 50~500 | 2.0~3.0 | 一般 |
| | 一体化（有动力）污水处理设施 | 500~5000 | 50~500 | 0.3~0.7 | 好 |
| 大型集中污水处理工程 | 水解酸化+人工湿地+稳定塘 | 5000~10000 | 500~1000 | 3.5~6.0 | 较好 |
| | 水解酸化+接触氧化+人工湿地（或稳定塘） | 5000~10000 | 500~1000 | 1.5~2.5 | 好 |

注：以上服务人口、污水处理规模对应的污水处理组合工艺和总占地比仅供参考，可根据实际情况适当调整和选择。

## 4.4.2 农村生活污水处理常用单元

（1）水解酸化池：

1）基本原理。水解是在没有外源最终电子受体的条件下，经过水解阶段和产酸阶段，依靠厌氧微生物的作用对有机物进行分解，从而产生不完全氧化的产物，将污水中的大分子有机物转化为小分子有机物。

2）功能。水解酸化池具有厌氧水解的作用，能有效降低后续处理单元的有机污染负荷，兼有调节水质和水量的作用。

3）结构。水解酸化池由池体、布水管组成。池内可适当安装填料，池体应采用钢筋混凝土结构。水解酸化池工程应用如图4-1所示。

图4-1 水解酸化池（右图为地埋式）

（2）接触氧化池：

1）基本原理。接触氧化法是生物膜法的一种。在曝气池中设置填料，将其作为生物膜的载体，待处理的废水经充氧后以一定的流速流经填料，与生物膜进行充分接触，通过生物膜与悬浮的活性污泥共同作用，达到净化废水的作用。

2）功能。接触氧化池容积负荷较高，对水质、水量波动有较强的适应性，污泥产量少，无污泥回流，无污泥膨胀，可有效地去除污水中的悬浮物、有机污染物、氨氮等，对污染物的去除效果较好。

3）结构。接触氧化池由池体、填料、支架、布水管道和曝气系统等组成。曝气系统包括鼓风机、风管和曝气盘，池体应采用钢筋混凝土结构。接触氧化池工程应用如图4-2所示。

图4-2 接触氧化池工程应用（需曝气并安装填料）

（3）人工湿地：

1）基本原理。人工湿地是一种通过人工设计、改造而成的生态型污水处理系统，主要由基质、水生植物和微生物三部分组成。人工湿地对污水的处理综合了物理、化学和生物三种作用，湿地系统成熟后，填料表面和植物根系由于大量微生物生长而形成生物膜，废水流经生物膜时，大量的悬浮物被填料和植物根系阻挡截留，有机污染物则通过生物膜的吸收、同化及异化作用而被去除。湿地系统中因植物根系对氧的传递释放，使其周围依次呈现出好氧、缺氧和厌氧状态，保证了废水中的氮、磷不仅能被植物和微生物作为营养充分而直接吸收，而且还可以通过硝化、反硝化作用及微生物对磷的过量积累作用将其从废水中去除。

2）人工湿地的分类。根据布水方式的不同或水在系统中流动方式的不同分为以下三种类型：

①表面流式人工湿地（SFW）。表面流式人工湿地和自然湿地相类似，水面位于湿地基质层以上，其水深一般为 0.3～0.5 m，采用最多的水流形式为地表径流，污水从进口以一定深度缓慢流过湿地表面，部分污水蒸发或渗入湿地。表面流式人工湿地结构如图 4-3 所示。

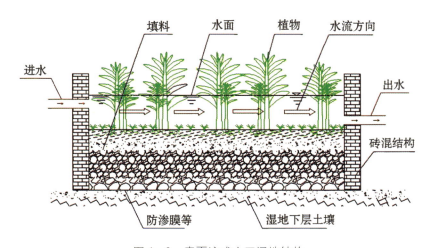

图 4-3 表面流式人工湿地结构

②水平潜流式人工湿地（SSFW）。污水从一端水平流过填料床，它由一个或多个填料床组成，床体填充基质，床底设有防渗层。污水在湿地床的表面下流动，利用填料表面生长的生物膜、植物根系及表层土和填料的截留作用净化污水。主要形式为采用各种填料的湿地床系统，湿地床由上下两层组成，上层为土壤，下层是由易使水流通过的介质组成的根系层，如粒径较大的砾石、炉渣或砂层等，在上层土壤层中种植芦苇等耐水植物。水平潜流式人工湿地结构如图 4-4 所示。

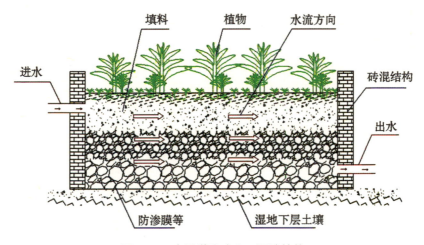

图 4-4　水平潜流式人工湿地结构

③**垂直潜流式人工湿地（VFW）**。垂直潜流式人工湿地可分为上行流、下行流两种。所谓上行流就是进水口在湿地的底部，水由下向上涨起，湿地填料表面为一排集水管，下钻小孔用来收集出水。下行流人工湿地通常在整个湿地表面设置配水系统，污水从湿地表面纵向流向填料床的底部，系统底部排水，水流处于系统表面以下。床体处于不饱和状态，氧气通过大气扩散和植物传输进入湿地。系统硝化能力强，适合处理氨氮含量高的污水，但控制稍复杂，落干和淹水时间长，夏季易滋生蚊蝇。垂直潜流式人工湿地结构如图 4-5 所示。

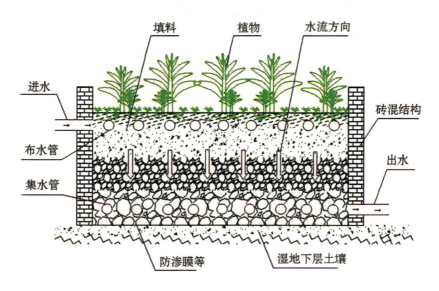

图 4-5　垂直潜流式人工湿地结构

3)功能。人工湿地具有缓冲容量大、处理效果好、工艺简单、投资省、运行费用低等特点，不仅可以有效而经济地净化水质，充分降解污水中的有机污染物和氮、磷，而且植物能兼绿化建设，改善生态环境。

4)结构。人工湿地由池体、填料、植物、布水管、集水管和防渗系统等组成。池体一般采用砖混结构，填料采用不同粒径的碎石，防渗系统宜采用防渗膜。人工湿地污水处理工程（潜流式）如图4-6所示。

图4-6 人工湿地污水处理工程（潜流式）

5)人工湿地常用植物。广东省人工湿地常用植物有美人蕉、再力花、芦苇、花叶芦荻、风车草、香根草、黄花鸢尾、菖蒲等。人工湿地常用植物如图4-7所示。

(4)稳定塘：

1)基本原理。稳定塘是对各种类型污水处理塘的总称，是一种利用天然池塘或洼地进行人工修整的污水处理设施。稳定塘的净化机理和水体自净的过程相似，塘内形成"藻菌共生系统"，利用有机物质的好氧菌氧化分解、有机物的厌氧消化或光合作用来实现对污染物的降解转化。细菌所需的氧气主要由塘内繁殖的藻类供给，而藻类则利用细菌呼吸作用产生的代谢产物二氧化碳、氨气等作原料进行光合作用的，促使藻类繁殖，并向水中放出氧气。

2)稳定塘的分类。稳定塘系统主要包括好氧塘、兼性塘、厌氧塘、曝气塘等。

①好氧塘。好氧塘是一种菌藻共生的污水好氧生物处理塘。深度较浅，有效深度一般为0.5~0.8 m。阳光可以直接射透到塘底，塘内存在细菌、原生动物和藻类，由藻类的光合作用和风力搅动提供溶解氧，好氧微生物对有机物进行降解。

图4-7 人工湿地常用植物

②兼性塘。兼性塘有效深度介于 1.0～2.0 m。上层为好氧区；中间层为兼性区；塘底为厌氧区，沉淀污泥在此进行厌氧发酵。兼性塘是在各种类型的处理塘中最普遍采用的处理系统。

③厌氧塘。厌氧塘有效深度一般在 2 m 以上，最深可达 4～5 m。厌氧塘水中溶解氧很少，基本上处于厌氧状态。

④曝气塘。曝气塘有效深度大于 2 m，采取人工曝气方式供氧，塘内全部处于好氧状态。曝气塘一般分为好氧曝气塘和兼性曝气塘两种。

3）功能。稳定塘通过多条食物链的物质迁移、转化和能量的逐级传递、转化，将进入塘中的有机污染物进行降解和转化，同时塘内种植一定的水生植物，可吸收、降解污水中的氮、磷，从而净化水质，实现污水的资源化。

4）结构。稳定塘由塘体、周边围堤、水生植物和防渗系统等组成。通常充分利用原有池塘或低洼地，进行适当的人工修整，并设置围堤和防渗层；如采用曝气塘，需增设曝气设备。稳定塘如图 4-8 所示。

图 4-8　稳定塘（可增加喷泉曝气、种植水生植物）

（5）地下渗滤池：

1）基本原理。地下渗滤是一种人工强化的污水生态处理技术，它充分利用土壤中栖息的动物、微生物、植物根系以及填料所具有的物理、化学特性将污水净化，属于污水土地处理系统。快速渗滤池的土壤应为渗透性强的粗粒结构的沙壤或沙土，也可以铺设砂石等填料。污水以间歇方式投配于地面，在沿坡面流动的过程中，在重力作用下迅速向下渗滤，渗滤过程中由于吸附、过滤、沉淀、氧化、还原等一系列生化作用而得以净化。

高负荷地下渗滤单元由不同的功能-结构层科学组合而成，每个功能-结构层都有特定的滤料配方，其中有多层布水管网、集水管网、通风布气管网等，不同布水管网之间通过导流管和越流管连接，调控污水的运移以及污染物的分配。该技术通过间歇性进水，落干期间适量通风的运行模式，实现高效供氧；通过微生物强化，加速污染物的分解转化。此外，将高负荷地下渗滤系统与深度处理系统有机结合，可实现不同子系统之间的协同耦合，保障系统的长期稳定运行。高负荷地下渗滤污水处理复合技术的工艺流程如图4-9所示。

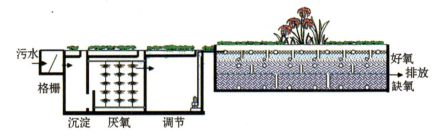

图4-9 高负荷地下渗滤污水处理复合技术的工艺流程

2）功能。快速渗滤池不仅可以充分降解污水中的有机污染物，而且通过土壤或砂石内部生物膜的厌氧、缺氧和好氧作用，可去除一定的氮、磷。

3）结构。快速渗滤池由池体、填料、布水系统和集水系统组成。池体周边采用围堤，池底需进行防渗处理，填料宜采用河沙、碎石等。高负荷地下渗滤污水处理系统如图4-10所示。

图4-10 高负荷地下渗滤污水处理系统

## 4.4.3 农村生活污水处理常用工艺及设计

（1）水解酸化+人工湿地+稳定塘：

1）技术简介。其工艺为，生活污水进入水解酸化池，截留大部分悬浮物，并将大分子有机物分解成小分子有机物。水解酸化池出水进入人工湿地，污染物在人工湿地内经过滤、吸附、植物吸收及生物降解等作用得以去除。人工湿地出水进入稳定塘，通过自然氧化分解作用（或配合人工充氧）和水生生物的吸收作用，水中污染物进一步降低。

优点：投资费用省，运行费用低，维护管理简便，出水水质较好，植物可以美化环境。

缺点：污染负荷较低，占地面积较大。

2）适用范围。适用于土地相对充足的农村地区。

3）工艺流程如图4-11所示。

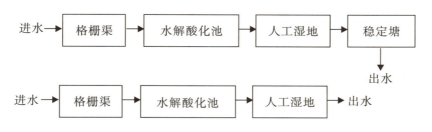

图4-11 "水解酸化+人工湿地+稳定塘"污水处理工艺流程

4）工艺设计参数。"水解酸化+人工湿地+稳定塘"污水处理工艺设计参数如表4-6所示。

表4-6 "水解酸化+人工湿地+稳定塘"工艺设计参数

| 工艺单元 | 工艺设计参数 |
| --- | --- |
| 水解酸化池 | 有效水深：2.0~3.0 m<br>停留时间：6~12 h<br>清理方式：定期人工清理，污泥清掏周期为1年 |
| 人工湿地 | 一般采用垂直潜流或水平潜流型，分为两级，两组并联运行<br>长宽比（每格）：2:1~3:1<br>设计水面坡度：0.05%~0.10%<br>表面水力负荷：0.3~0.5 $m^3 \cdot (m^2 \cdot d)^{-1}$<br>碎石填料粒径：15~40 mm（各级湿地粒径由粗到细）<br>湿地高度：1.0 m<br>填料高度：0.7 m<br>栽种植物：美人蕉、风车草、花叶芦荻、再力花和香根草等 |
| 稳定塘 | 有效水深：1.0~2.0 m<br>停留时间：2~5 d<br>如增设曝气充氧设备，有效水深宜为1.5~3.0 m，水力停留时间不低于1 d |

(2) 水解酸化+接触氧化+人工湿地（或稳定塘）：

1) 技术简介。其工艺为生活污水进入水解酸化池，截留大部分悬浮物，并在厌氧水解作用下，将大分子有机物分解为小分子有机物。水解酸化池出水进入接触氧化池，通过曝气充氧，使氧气、污水和填料三相充分接触，填料上附着生长的好氧微生物可有效地去除污水中的有机物、氨、氮等污染物。然后进入人工湿地或稳定塘，进一步强化处理。

优点：占地面积较小，对水质、水量波动有较强的适应性，对污染物的去除效果好。

缺点：建设费用和运行费用稍高，系统运行管理相对较复杂。

2) 适用范围。适用于出水要求较高的农村地区，尤其适合人口居住密集、环境容量较小或者集中连片村庄的生活污水集中处理，规模一般不低于500 t/d。

3) 工艺流程如图4-12所示。

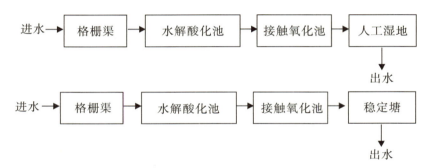

图4-12 "水解酸化+接触氧化+人工湿地（或稳定塘）"污水处理工艺流程

4) 工艺设计参数。"水解酸化+接触氧化+人工湿地（或稳定塘）"污水处理工艺设计参数如表4-7所示。

表4-7 "水解酸化+接触氧化+人工湿地（或稳定塘）"工艺设计参数

| 工艺单元 | 工艺设计参数 |
| --- | --- |
| 水解酸化池 | 有效水深：2.0～3.0 m<br>停留时间：2～4 h<br>清理方式：定期人工清理，污泥清掏周期为1年 |
| 接触氧化池 | 有效水深：3.5～4.5 m<br>水力停留时间：2.0～4.0 h<br>容积负荷：$BOD_5$ 0.5～1.5 kg·$(m^3·d)^{-1}$<br>气水比：2:1～4:1 |

（续上表）

| 工 艺 单 元 | 工艺设计参数 |
|---|---|
| 人工湿地 | 一般采用垂直潜流或水平潜流型，分为两级，两组并联运行<br>长宽比（每格）：2∶1～3∶1<br>设计水面坡度：0.05%～0.10%<br>表面水力负荷：0.5～1.0 $m^3 \cdot (m^2 \cdot d)^{-1}$<br>碎石填料粒径：15～40 mm（各级湿地粒径由粗到细）<br>湿地高度：1.0 m<br>填料高度：0.7 m<br>栽种植物：美人蕉、风车草、花叶芦荻、再力花和香根草等 |
| 稳定塘 | 有效水深：1.0～2.0 m<br>停留时间：1～3 d |

（3）水解酸化+稳定塘：

1）技术简介。其工艺为，生活污水进入水解酸化池，截留大部分悬浮物，并在厌氧水解作用下，将大分子有机物分解为小分子有机物。稳定塘是将土地进行适当的人工修整，建成池塘，并设置围堤和防渗层，污水在塘内经过较长时间的停留、储存，通过微生物的代谢活动，菌藻互相作用或菌藻、水生动植物的综合作用使有机污染物和其他污染物质得到降解和去除。

稳定塘分为厌氧塘、兼氧塘、好氧塘和曝气塘等，实际应用中一般不低于2级塘，常采用"兼氧塘+好氧塘"组合工艺。

优点：建设投资省，运行费用低，便于实施，维护和管理简单。

缺点：占地面积较大，出水水质不稳定，处理效果受进水水质、气候等因素的影响较大。

2）适用范围。适宜于土地充裕、有天然池塘、处理规模小、出水标准要求不高的农村地区。

3）工艺流程如图4-13所示。

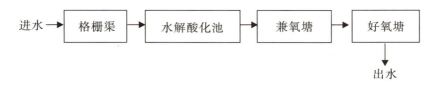

图4-13 "水解酸化+稳定塘"污水处理工艺流程

4）工艺设计参数。"水解酸化＋稳定塘"污水处理工艺设计参数如表4-8所示。

表4-8 "水解酸化＋稳定塘"工艺设计参数

| 工艺单元 | 工艺设计参数 |
| --- | --- |
| 水解酸化池 | 有效水深：2.0～3.0 m<br>停留时间：6～12 h<br>清理方式：定期人工清理，污泥清掏周期为1年 |
| 兼氧塘 | 有效水深：1.0～1.5 m<br>停留时间：3～5 d |
| 好氧塘 | 有效水深：0.5～0.8 m<br>停留时间：1～3 d<br>如增设曝气充氧设备，有效水深宜为1.5～3.0 m，水力停留时间不低于1 d |

（4）沉淀池＋快速渗滤。

1）技术简介。其工艺为，生活污水先进入沉淀池，去除密度大于水的悬浮颗粒等沉淀物，降低污水中的悬浮物浓度，防止渗滤池被堵塞；污水经预处理后，有控制地投配到具有良好渗滤性能的填料表面，污水在重力作用下迅速向下渗滤，渗滤过程中由于接触氧化、硝化、反硝化、过滤、沉淀、氧化、还原等一系列生化作用而得以净化。其特点是将渗滤系统分为多个单元，在淹水和干燥状态下交替运行，以保证渗滤池填料表层中的可降解物质充分生化降解。

优点：投资费用省，运行费用较低，维护管理简便，植物可以美化环境。

缺点：污染负荷较低，占地面积较大，夏季可能滋生蚊蝇。

2）适用范围。适宜于土地较丰富、土壤渗透性较强且为粗粒结构的沙壤或沙土农村地区。一般的快速渗滤池适用于小型污水处理规模（<300 t/d），经人工加强改造后，也可适用于中等污水处理规模（污水300～1000 t/d）。

3）工艺流程如图4-14所示。

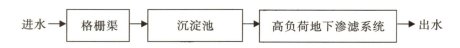

图4-14 "沉淀池＋快速渗滤"污水处理工艺流程

4)工艺设计参数。"沉淀池+快速渗滤"污水处理工艺设计参数如表4-9所示。

表4-9 "沉淀池+高负荷地下渗滤"工艺设计参数

| 工艺单元 | 工艺设计参数 |
| --- | --- |
| 沉淀池 | 有效水深：2.0～3.0 m<br>停留时间：4～8 h<br>清理方式：定期人工清理，污泥清掏周期为1年 |
| 快速渗滤系统 | 废水投配方式：地面投配（面灌、沟灌和滴灌等）<br>填料类型：河沙为主，搭配碎石等<br>占地比：2.0～3.0 $m^2 \cdot (m^3 \cdot d)^{-1}$<br>$BOD_5$负荷率：200～550 $kg \cdot (10^4 m^2 \cdot d)^{-1}$<br>布水天数：一般为1～2 d，落干天数一般为3～5 d |

（5）一体化（有动力）污水处理设施：

1）技术简介。其工艺是指一体化成套污水处理装置等，分为厌氧、好氧或组合工艺装置等，利用沉淀、厌氧水解、接触氧化或过滤、生物降解等处理方法使污水得到净化。该装置可全部或部分埋入地下（也可辅助建设部分一体化构筑物），上面可以种植绿化植物，不影响环境与景观。

优点：污水处理系统可全部或部分埋入地下，上面可以种植绿化植物，不影响环境与景观。

缺点：工程投资和运行费用较高，系统维护管理较复杂。

2）适用范围。适宜于土地紧缺，农村新建居住小区，以及人口居住密集的珠三角农村地区。

3）工艺流程如图4-15所示。

图4-15 一体化污水处理工艺流程

4）工艺设计参数。一体化（有动力）污水处理技术因设计单位、生产厂家的不同而各异，单套设备污水处理规模为1～200 $m^3/d$不等。一般情况下，"一体化（有动力）污水处理设施"工艺设计参数如表4-10所示。

表 4-10 "一体化（有动力）污水处理设施"工艺设计参数

| 工 艺 单 元 | 工艺设计参数 |
|---|---|
| 水解酸化池 | 有效水深：2.0～3.0 m<br>停留时间：2～4 h<br>清理方式：定期人工清理，污泥清掏周期为 1 年 |
| 一体化<br>（有动力）<br>污水处理设施 | 接触氧化池停留时间：1.5～3.0 h<br>容积负荷：$BOD_5$ 0.5～1.5 kg·$(m^3·d)^{-1}$<br>气水比为 2:1～4:1<br>二沉池停留时间：2.0～4.0 h<br>表面水力负荷：一般取 1.0～2.0 $m^3·(m^2·h)^{-1}$ |

## 4.5 农村生活污水收集系统

### 4.5.1 污水收集系统分类

按照农村居民生活习惯和自然村落的基本情况，农村生活污水收集系统可分成分散收集系统和集中收集系统两大类。

（1）分散收集系统。分散收集系统一般污水量不大于 50 $m^3/d$，服务人口 500 人以下，污水处理设施布置在村落中，将各户的污水用管道或沟渠引入污水处理设施。分散式污水收集系统示意图如图 4-16 所示。

此类收集系统适用于分散的农居点或村落。

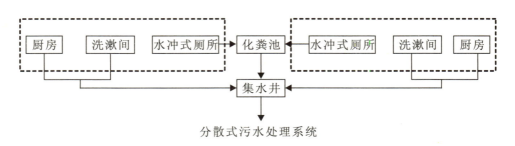

图 4-16 分散式污水收集系统示意图

（2）集中收集系统。依据村镇规模，考虑集中收集系统的规模，可分为小型集中收集系统和大型集中收集系统两类。

小型污水集中收集系统一般污水量在 50～500 m³/d 之间，服务人口 500～5000 人；村镇建设排水系统，将农户的污水经村镇排水系统排至污水集中处理系统。人口分布集中的行政村、自然村宜采用此类污水收集系统。

大型污水集中收集系统一般污水量在 500～1000 m³/d 之间，服务人口 5000～10000 人；经济发达、人口集中的村庄宜采用此种收集系统。集中式污水收集系统示意图如图 4-17 所示。

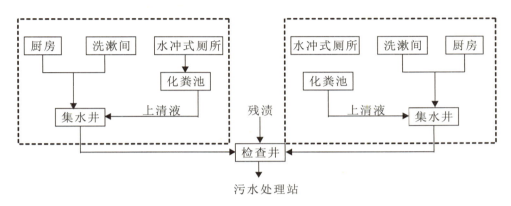

图 4-17　集中式污水收集系统示意图

## 4.5.2　排水管网系统建设

（1）农村污水管网建设的基本模式。农村污水管网建设模式应根据农村地理环境、自然条件、经济水平、环境目标要求等实际情况，以单户、自然村、行政村为单位进行污水收集。农村污水管网建设的基本模式如表 4-11 所示。

表 4-11　农村污水管网建设的基本模式

| 序　号 | 农村基本条件 | 污水管网建设模式 |
| --- | --- | --- |
| 1 | 经济条件较差，基础设施不完备，住宅建设分散，以平房为主的集镇或村庄 | 以边沟和自然沟渠收集为主 |
| 2 | 经济状况较好，有一定基础设施，住宅建设相对集中，以平房为主的集镇或村庄 | 以截污管道和沟渠相结合 |
| 3 | 经济状况好，基础设施完备，住宅建设集中，有一定比例的楼房的集镇式村庄 | 以铺设管道为主，沟渠为辅 |
| 4 | 新农村建设集中点 | 建设完善的管网系统 |

(2) 污水收集系统设计规定：

1）农村污水管道的组成部分包括入户管、支管（支沟渠）和主管（主沟渠），尽量利用村庄的边沟、自然沟渠以及管道相结合的方式进行铺设。对新规划建设新农村居住区应结合基础设施建设进行排水管网规划。

2）平面布置应因地制宜，尽量沿房前屋后、绿化用地及周边空地等铺设，并充分利用地形，坡度不应小于0.3‰。

3）污水管道管径小于等于DN400时，宜选择塑料管或混凝土管。

4）根据人口数量和人均用水量计算污水排放量，根据污水总量估算管径，污水管道最小管径为DN150。

5）管道铺设在机动车道下时，最小覆土厚度应大于0.7 m。

6）检查井宜采用圆形或方形，砖砌结构，内外批荡，并在井上加盖；检查井最大间距不大于30 m。

(3) 雨水收集系统设计规定：

1）雨水排放可采用明沟或暗渠收集方式，并充分利用地形，雨水应及时就近排入池塘、河流或湖泊等水体。

2）雨水排水沟渠的纵坡不应小于0.3%，雨水沟渠的宽度及深度应根据各地降雨量确定，沟渠底部宽度不宜小于150 mm，深度不宜小于120 mm。

3）雨水排水沟渠砌筑可选用混凝土或砖石、条石等地方材料。

### 4.5.3 污水收集管材选择

(1) 常用的排水管材类型。目前，常见的污水输送管材有混凝土管和钢筋混凝土管、UPVC双壁波纹管、HDPE管、玻璃钢管和金属管等几种。

1）混凝土管和钢筋混凝土管。混凝土管为用混凝土或钢筋混凝土制作的管子，成型方法有离心法、振动法、滚压法、真空作业法以及滚压、离心和振动联合作用的方法。这两种管道制作方便，造价低，在排水管道中应用极广。但具有抵抗酸、碱侵蚀及抗渗性能差、管节短、接口多、搬运不便等缺点。混凝土管内径不大于600 mm，长度不大于1 m，适用于管径较小的无压管；钢筋混凝土管口径一般在500 mm以上，长度在1～3 m。多用在埋深大或地质条件不良的地段。其接口形式具有承插式、企口式和平口式。

2）UPVC双壁波纹管。UPVC双壁波纹管是以硬聚氯乙烯为主要原料，分别由内、外挤出，一次成型，内壁平滑，外壁呈梯形波纹状，内外壁之间为夹壁空心的塑料管材。UPVC双壁波纹管管壁截面为双层结构，其内壁光滑平整。其性能特点为结构独特，强度高，内壁光滑，摩擦阻力小，流通量大，基础不需要做混凝土基础，重量轻，搬运安装方便，施工快捷；橡胶圈承插连接，方法可靠，施工质量易保证；柔性接口。抗不均匀沉降能力强；抗泄漏效果好，可耐多种化学介质的侵蚀；管内不结垢，基本不用疏通，埋地使用寿命达50年以上。

3）HDPE管。HDPE是"高密度聚乙烯"的简称，HDPE是一种结晶度高、非极性的热塑性树脂。HDPE管是塑料管的一种，由于重量轻，搬运和连接都很方便，所以施工快捷，维护工作简单。HDPE管的直径干管不小于250 mm，支管不小于200 mm。HDPE管的开孔率应保证强度要求。HDPE管的布置呈直线，其转度小于或等于20°度，其连接处不密封。

4）玻璃钢管。玻璃钢管也称玻璃纤维缠绕夹砂管（RPM管）。主要以玻璃纤维及其制品为增强材料，以高分子成分的不饱和聚酯树脂、环氧树脂等为基本材料，以石英砂及碳酸钙等无机非金属颗粒材料为填料作为主要原料。管的标准有效长度为6 m和12 m，其制作方法有定长缠绕工艺、离心浇铸工艺以及连续缠绕工艺三种。玻璃钢管重量轻、运输安装方便、内阻小、耐腐蚀性强，使用寿命可达50年以上。但价格高、刚度差。国外已有广泛使用，多用于DN1000以下管道。目前，也有用于大于DN1000直径的例子。玻璃钢管是一种很有发展前景的管材。

5）金属管。常用的金属管有排水铸铁管、钢管等。具有强度高、抗渗性好、内壁光滑、抗压、抗震性强，且管节长，接头少。但价格贵，耐酸碱腐蚀性差。室外重力排水管道较少采用，只用在排水管道承受高内压，高外压，或对渗漏要求高的地方，如泵站的进出水管、穿越河流、铁道的倒虹管或靠近给水管和房屋基础时。

几种常用管材的特性比较如表4-12所示。

表4-12 常用管材性能综合比较

| 管材<br>性能 | 钢筋混凝土管 | UPVC管 | HDPE管 | 玻璃钢管 |
| --- | --- | --- | --- | --- |
| 管道性质 | 刚性管 | 柔性管 | 柔性管 | 柔性管 |
| 粗糙度（$n$值）水头损失 | 0.013～0.014 水头损失较大 | 0.008 水头损失较小 | 0.009 水头损失较小 | 0.01 水头损失较小 |
| D300管最小坡度 | 0.003 | 0.002 | 0.002 | 0.002 |
| 管道适合埋设深度/米 | <12 | <4 | <6 | <6 |

（续上表）

| 管材性能 | 钢筋混凝土管 | UPVC 管 | HDPE 管 | 玻璃钢管 |
|---|---|---|---|---|
| 结构、理化性能 | 刚性好、不易变形，不均匀沉降性能差，不耐冲击，受压易破损，易漏水，易堵塞，不耐腐，耐寒性差 | 柔性好、易变形，均匀沉降性能好，耐冲击、不易漏水，不易堵塞，耐磨性好，耐腐、耐寒性好 | 柔性好，均匀沉降性能好，不易漏水，不易堵塞，耐磨损 | 柔性好、变形量较小，均匀沉降性能好，耐冲击、不易漏水，不易堵塞，耐磨性好，耐腐、耐寒性好 |
| 管道接口形式 | 承插式橡胶圈止水 | 承插式橡胶圈止水 | 承插式橡胶圈止水 | 套管橡胶止水 |
| 使用寿命 | 较长 | 长 | 长 | 长 |
| 软土地基管基类型 | 混凝土基础 | 沙砾基础 | 沙砾基础 | 沙砾基础 |
| 对基础要求 | 较高 | 较低 | 较低 | 较低 |
| 重量、运输和施工难易程度 | 重量较大，运输麻烦，施工难 | 重量较小，运输方便，施工容易 | 重量较小，运输方便，施工容易 | 重量较小，运输方便，施工容易 |
| 比较适合的施工范围 | 大管径、顶管，小管径、开挖 | 小管径、开挖 | 大管径、开挖 | 小管径、开挖 |
| 价格 | 便宜 | 较贵 | 较贵 | 较贵 |

（2）管材选择方法。在污水处理工程中，管道工程投资在工程总投资中占有很大的比例，而管道工程总投资中，管材费用占35%～50%。污水管道属于城市地下永久性隐藏工程设施，要求具有很高的安全可靠性。因此，合理选择管材非常重要。

各种管材均有优缺点。合理地选择管材一般应综合考虑技术、经济及市场供应因素。

1）经济状况较差、管网分散、排水量不大的村镇，可采用混凝土管。

2）经济状况较好、城乡集镇区、管网较集中、环境目标要求较高、排水量较大的情形，可采用钢筋混凝土管、UPVC 双壁波纹管、玻璃钢管。

3）经济状况好、城乡集镇区、管网集中、环境目标要求高、排水量大的情形，可采用 UPVC 双壁波纹管、HDPE 管相结合。

## 4.6 投资估算指标

### 4.6.1 农村生活污水处理设施建设投资

农村生活污水处理工程投资参考标准如表4-13所示。

表4-13 农村生活污水处理工程投资参考标准

| 工艺类型 | 工程投资（万元/t） | | | |
| --- | --- | --- | --- | --- |
| | 处理规模（<10） | 处理规模（11~100） | 处理规模（101~500） | 处理规模（501~1000） |
| 水解酸化+人工湿地 | 0.26~0.37 | 0.22~0.32 | 0.20~0.29 | 0.17~0.25 |
| 水解酸化+人工湿地+稳定塘 | — | 0.25~0.35 | 0.23~0.31 | 0.20~0.28 |
| 水解酸化+接触氧化+人工湿地（稳定塘） | — | — | 0.28~0.40 | 0.23~0.35 |
| 水解酸化+稳定塘 | 0.20~0.35 | 0.18~0.28 | 0.15~0.25 | — |
| 沉淀池+快速渗滤 | 0.23~0.40 | 0.20~0.32 | 0.18~0.28 | 0.16~0.25 |
| 一体化（有动力）污水处理设施 | 1.20~2.00 | 0.80~1.20 | 0.60~0.90 | — |

注：①标注"—"表示该污水处理规模不适宜采用对应工艺。
②投资费用为"直接投资"，不包括征地和配套管网建设费用。

### 4.6.2 农村生活污水收集管网投资

农村生活污水收集管网投资参考标准如表4-14所示。

表4-14 农村生活污水收集管网投资参考标准

| 项目 | 管径/mm | 总价投资额/(元·m$^{-1}$) | 投资比例/% | |
| --- | --- | --- | --- | --- |
| | | | 材料费 | 人工费 |
| 入户管 | 75 | 20~35 | 60 | 40 |
| | 100 | 30~45 | 65 | 35 |
| 收集支管 | 200 | 50~130 | 80 | 20 |
| | 300 | 150~250 | 85 | 15 |
| | 400 | 200~350 | 90 | 10 |

（续上表）

| 项　目 | 管径<br>/mm | 总价投资额<br>/元·m$^{-1}$ | 投资比例/% | |
|---|---|---|---|---|
| | | | 材料费 | 人工费 |
| 收集主管 | 600 | 600～850 | 90 | 10 |
| | 800 | 950～1250 | 90 | 10 |
| | 1000 | 1100～1550 | 90 | 10 |

注：①管网投资中包含检查井、沉沙井建设费用。

②以上价格仅供参考，可根据不同时间、地点、人工、材料价格变动，调整后使用。经济发达地区人工费可上调10%～30%，经济落后地区人工费可下调10%～30%。

### 4.6.3　农村生活污水处理运行和维护管理费

农村生活污水处理工程设施运行和维护管理费用参考标准如表4－15所示。

表4－15　农村生活污水处理工程设施运行和维护管理费用参考标准

| 序　号 | 工　艺　类　型 | 运行维护管理费用<br>/（元·t$^{-1}$） |
|---|---|---|
| 1 | 水解酸化+人工湿地 | 0.12～0.25 |
| 2 | 水解酸化+人工湿地+稳定塘 | 0.15～0.30 |
| 3 | 水解酸化+接触氧化+人工湿地（稳定塘） | 0.25～0.55 |
| 4 | 水解酸化+稳定塘 | 0.05～0.12 |
| 5 | 沉淀池+快速渗滤 | 0.10～0.25 |
| 6 | 一体化（有动力）污水处理设施 | 0.35～0.80 |

注：运行费用为"直接运行费"，仅包括电费和人工费用。

## 4.7　运行维护和管理

### 4.7.1　总体要求

（1）污水处理厂（站）、大型人工湿地等集中式治污设施建成后，要明确资产归属和权责划分，并对治污设施进行固定资产登记，应委托专业技术服务机构或专门人员统一负责日常运营、维护和管理。

（2）化粪池、小型湿地、氧化塘等分散治理设施一般可由农户自行负责日常管理，项目管理单位定期委派专业技术人员进行指导和维护。

（3）配备格栅、泵房、曝气等动力设备的项目，需对设备进行定期检修，保障设备稳定、安全运行。建设人工湿地、土地渗滤系统的项目，需及时清理堵塞、淤积等问题。

农村污水处理设施维护单位应当建立日常巡查制度，确保污水处理设施的稳定和长效运行。农村生活污水处理设施日常巡查要求如表4-16所示。

表4-16  农村生活污水处理设施日常巡查要求

| 检查分项 | 检查方法 | 检查要点 | 周期 |
|---|---|---|---|
| 污水收集管网 | 目测 | 井盖、井框有无丢失或损坏 | 每日 |
|  |  | 有无污水溢出、堵塞 |  |
|  |  | 有无违规或异常信息 |  |
| 预处理设施（泵井、格栅、沉砂池、集水井） | 目测 | 干净、整洁、无垃圾、漂浮物 |  |
|  |  | 有无破损、裂缝 |  |
|  |  | 有无污水溢出、堵塞 |  |
| 污水处理系统主体工艺（人工湿地、稳定塘、接触氧化池等） | 目测 | 干净、整洁 |  |
|  |  | 有无破损、裂缝 |  |
|  |  | 系统运行正常、无异常信息 |  |
| 附属设施（泵、鼓风机等） | 目测 | 水流量是否正常 |  |
|  |  | 泵、鼓风机等设备无异常声响、振动 |  |
|  |  | 仪表、监控系统、配电系统是否正常、安全用电 |  |
|  |  | 有无缺失、损坏 |  |
|  |  | 干净、整洁 |  |
| 污泥、垃圾、植物残体 | 目测 | 有无堆积未处理 |  |
| 臭气 | 嗅觉分析 | 有无可闻到异味 |  |

## 4.7.2　排水系统的维护与管理

（1）排水管道。应定期对排水系统进行检查和维护，发现堵塞立即疏通。由于接口处易松动，弯头处易堆积淤泥，应定期检查管道弯头和接口处。室外塑料管道在长期日照下，易产生裂纹，因此布设排水管道时应考虑其使用寿命，如发现开始产生裂纹，宜进行管道更换。

（2）厨房和浴室排水。厨房下水道前应安装防堵漏斗，并定期清理其上残渣，防止管道堵塞。浴室排水应进入毛发过滤器，排水管道前需安装防堵细格栅。

（3）雨水排放明渠。雨水排放明渠应定期进行疏通，以免造成渠道堵塞，雨水溢出；没有混凝土抹面的渠道应注意渠道两岸土体或岩体的稳固性，在多雨地区尽量采用混凝土明渠排放雨水。

## 4.7.3　污水处理设施的维护与管理

污水处理设施的启动需要专业人员操作执行，各村庄应专门配备1～2人负责污水处理设施的维护与管理。

（1）水解酸化池。应定期对水解酸化池内的污泥进行清理，一般每半年或一年清掏一次。

（2）接触氧化池。需观察填料载体上生物膜生长与脱落情况，并通过适当的气量调节防止生物膜的整体大规模脱落。确定有无曝气死角，调整曝气头位置，保证均匀曝气。定期察看有无填料结块堵塞现象发生并予以及时疏通，必要时需要对填料进行及时更换。此外，需安排专人定期对水泵、控制系统等进行检查与维护。

（3）人工湿地。在植物生长茂盛、成熟后，应对其进行及时收割、处理和利用，一般的植物收割时间为上半年的3～5月和下半年的9～11月，并定期对人工湿地内的杂草和植物残体进行清理，以防止人工湿地的堵塞。

（4）稳定塘。稳定塘内的水生植物在生长旺季时要及时收割，清理水生植物残体，并定期清理池塘内沉积的污泥，一般1～2年清理1次。如塘内装有曝气设备，还需定期对曝气设备、控制系统等进行检查与维护。

（5）快速渗滤池。防止重物压实填料层。如检查到填料表层有浸泡现象，说明有堵塞现象或水力负荷过大，此时应停止布水，做进一步检查。

（6）一体化（有动力）污水处理设施。应对水泵、曝气等动力设备进行定期检修，保障设备稳定、安全运行。

### 4.7.4 污水处理设施运行费用保障

农村生活污水处理设施运行费用是保障设施长效运行的关键，应根据各地区实际情况，多渠道筹集污水处理设施运行费用。经济较发达地区可采用"纳入政府财政拨款"或"政府补贴＋适当收费"的方式，并可充分利用市场机制，委托专业公司负责设施运营。经济欠发达地区一般可采用"纳入建设费用包运行"为主的方式保障治污设施初期运行经费，逐步摸索建立适合本地区的运行管理模式。

农村生活污水处理设施运行费用保障模式如表 4-17 所示。

表 4-17 农村生活污水处理设施运行费用保障模式

| 污水处理设施运行费用保障模式 | 保障模式说明 | 适 用 范 围 | 省内典型应用地区 |
| --- | --- | --- | --- |
| 纳入政府财政拨款 | 运行费用全部纳入政府各级财政拨款，完全由市级财政拨款，或市、县、镇三级政府按比例出资 | 经济较发达地区（珠三角） | 广州市、惠州市 |
| 政府补贴＋适当收费 | 地方政府财政拨款补贴一部分，其余采取收取少量污水处理费解决 | 经济较发达地区 | 暂无 |
| 纳入建设费用包运行 | 将项目初期运行费用纳入建设费用之中，签订合同时明确包运行 5 年左右 | 经济欠发达地区 | 河源市龙川县、韶关市始兴县、云浮市郁南县 |
| 镇村级自筹经费运行 | 由镇或村自筹经费负责污水处理设施运行费用 | 根据实际情况 | 暂无 |

注：保障模式不局限于以上四种，各地应因地制宜，采取多种形式保障生活污水处理设施运行费用。

# 5 农村生活垃圾收集处理

## 5.1 农村生活垃圾处理模式

### 5.1.1 处理模式分类

(1) 城乡一体化处理模式。城乡一体化处理模式针对城市周边的村庄，原则上适用于处于城市周边 20 km 范围以内（一般以 10 km 以内为宜）、与城市间运输道路 60% 以上具有县级以上道路标准的村庄，一般不建设垃圾中转站，直接纳入县级以上垃圾处理系统。

(2) 集中式处理模式。集中式处理模式适用于平原型村庄，服务半径大于或等于 20 km，人口密度大于 66 人/km$^2$，且总服务人口达 8 万人以上，建立可覆盖周边村庄的区域性垃圾中转站，配套建设垃圾压缩设施，该设施与周边村庄间的运输道路 60% 可达到县级以上公路标准，压缩后的垃圾纳入县级以上垃圾处理系统。

(3) 分散式处理模式。分散式处理模式适用于布局分散、经济欠发达、交通不便的山区等分散型村庄，人口密度小于或等于 66 人/km$^2$，与最近的县级及县级以上城市距离大于 20 km，且与城市间运输道路 40% 以上低于县级公路标准，对分类后的垃圾进行资源化利用，对无法利用的垃圾可建设小型垃圾填埋场进行安全填埋处置。

### 5.1.2 处理模式和技术选取

农村生活垃圾处理模式、适用区域和技术选取汇总如表 5–1 所示。

表 5–1 农村生活垃圾处理模式、适用区域和技术选取汇总表

| 处理模式 | 适用区域 | 技术选取 | 垃圾清运模式 |
| --- | --- | --- | --- |
| 城乡一体化处理模式 | 针对城市周边的村庄，处于城市周边 20 km 范围以内（一般以 10 km 以内为宜） | 一般不建设垃圾中转站 | 直接纳入县级以上垃圾处理系统 |

(续上表)

| 处理模式 | 适用区域 | 技术选取 | 垃圾清运模式 |
| --- | --- | --- | --- |
| 集中式处理模式 | 适用于平原型村庄，服务半径大于或等于20 km，且总服务人口达8万人以上 | 建立可覆盖周边村庄的区域性垃圾中转站，配套垃圾压缩设施 | 压缩后的垃圾纳入县级以上垃圾处理系统 |
| 分散式处理模式 | 适用于布局分散、经济欠发达、交通不便的山区等分散型村庄，与最近的县级及县级以上城市距离大于20 km | 建设小型垃圾填埋场（必须进行防渗或硬底化处理） | 对分类后的垃圾进行资源化利用，对无法利用的垃圾可建设小型垃圾填埋场进行安全填埋处置 |

## 5.2　农村生活垃圾处理规模

根据《生活垃圾转运站技术规范》（CJJ 47—2006），生活垃圾处理规模采用"人均垃圾产生量估算法"，计算公式如下：

$$Q_c = n \times q \times \eta / 1000$$

式中：$Q_c$ 为垃圾清运规模，单位为 t/d；

$n$ 为服务范围内服务人口，单位为人；

$q$ 为人均垃圾产生量指标，单位为 kg·(人·d)$^{-1}$。

$\eta$ 为生活垃圾定点存放清运率，根据《中央农村环保专项资金环境综合整治项目申报指南》，治理目标要求（项目验收最低限值）生活垃圾定点存放清运率为100%。

人均垃圾产生量应按当地实测值选用，无实测值时，可取 0.8～1.2 kg·(人·d)$^{-1}$。根据广东省农村实际情况，农村人均垃圾产生量估算指标一般取0.6～1.0 kg·(人·d)$^{-1}$，垃圾清运规模根据垃圾产生量确定。

## 5.3 农村生活垃圾分类

### 5.3.1 农村生活垃圾分类的要求

农村生活垃圾分类是在农村生活垃圾的产生源头农户内，将垃圾进行分类，实现生活垃圾的源头减量化的分类方式。

为了使农户重视生活垃圾分类、正确实行垃圾分类，需在村内设立相应的垃圾分类宣传展板，发放相应的垃圾分类宣传材料，如宣传展板和宣传手册，并设置垃圾分类收集容器。农村生活垃圾分类的基本要求如下：

（1）应按照村镇生活垃圾分类，加强对村镇居民和农户实施垃圾分类的教育和管理。

（2）应向村民发放垃圾分拣包装物并在小区和村庄设置不同颜色的垃圾分类收集箱。

（3）村镇生活垃圾的收集应做好密封和防渗漏，不宜使用露天垃圾槽堆存垃圾，有毒有害垃圾应采取妥善的收集、存放场所或装置。

村庄应按以下要求设专人收集各家各户的垃圾：

（1）监督以农户为单位对各类生活垃圾进行分类和分拣、分装。

（2）将废品类可回收废品集中出售给物资回收部门。

（3）将厨余垃圾等可生物降解的有机垃圾集中运送到村庄（或连片）设立的垃圾堆肥场进行堆肥还田处置。

（4）将有毒有害垃圾和其他不可就地处置的生活垃圾集中转运到乡镇政府专门设定的生活垃圾集运站。

（5）将渣土、砖瓦等其他垃圾集中运送到村庄指定地点就地填埋处置或应用于路面硬化。

### 5.3.2 生活垃圾分类方法

根据《广东省城乡生活垃圾处理条例》（2016年1月），城乡生活垃圾分为可回收物、有机易腐垃圾、有害垃圾和其他垃圾。广东省城乡垃圾分类方法如表5-2所示。

表 5-2　广东省城乡垃圾分类方法

| 垃圾分类 | 垃圾成分构成 |
| --- | --- |
| 可回收物 | 适宜回收和可循环再利用的物品，如纸制品、塑料制品、玻璃制品、纺织品和金属等 |
| 有机易腐垃圾 | 餐饮垃圾、家庭厨余垃圾和废弃的蔬菜、瓜果、花木等 |
| 有害垃圾 | 对人体健康、自然环境造成直接或者潜在危害的物质，如废弃的充电电池、纽扣电池、灯管、医药用品、杀虫剂、油漆、日用化学品、水银产品以及废弃的农药、化肥残余及包装物等 |
| 其他垃圾 | 前三项以外的生活垃圾，如惰性垃圾、不可降解的一次性用品、普通无汞电池、烟蒂、纸巾、家庭装修废弃物、废弃家具等 |

## 5.4　农村生活垃圾收集工程

农村生活垃圾收集是农村生活垃圾经农户分类后并投放到公用垃圾桶/箱，由村内相关环境保洁人员，利用人力垃圾收集车运至垃圾收集屋（或组用垃圾收集箱）的过程。

### 5.4.1　垃圾桶/箱

为了方便村民倾倒垃圾，尽最大可能地收集垃圾，减少随意丢弃的概率，必须于村庄公共场所、巷道等处设立公用垃圾桶/箱。

每个垃圾桶/箱服务人口约 20 人（服务农户约 4 户），服务半径一般不超过 50 m，垃圾桶/箱容积以 80～120 L 为宜。垃圾桶由保洁员每天清理 1 次，送至垃圾收集屋或组用垃圾收集箱临时存放。

垃圾收集桶和垃圾分类收集箱如图 5-1 所示。

图 5-1 垃圾收集桶和垃圾分类收集箱

## 5.4.2 垃圾收集屋

每个自然村内需建设至少 1 个垃圾收集屋，服务半径不宜超过 800 m，建筑面积应根据各村实际生活垃圾产生量和收运次数计算确定。垃圾收集频次一般为每周 2~3 次。

每个垃圾收集屋占地面积为 1.5~3 m³（容积 3~6 m³），服务人口一般为小型不超过 500 人（服务农户约 100 户）、大型不超过 1000 人（服务农户约 200 户）。垃圾收集屋尽量选择在污水处理站旁边，方便垃圾渗滤液的收集和处理，避免产生的垃圾渗滤液污染环境。同时，需对垃圾收集屋进行加顶或加盖等密闭处理，防止恶臭气味影响周边环境。

普通垃圾分类收集屋和垃圾分类收集屋如图 5-2 所示。

图 5-2 普通垃圾收集屋和垃圾分类收集屋

## 5.4.3 组用垃圾收集箱

为方便垃圾的清运，满足垃圾收集点的可移动性，宜采月组用垃圾收集箱代替垃圾收集屋。每个自然村内需设置至少 1 个组用垃圾收集箱，服务半径不宜超过 800 m。垃圾收集频次一般为每周 2～3 次。

每个组用垃圾收集箱容积一般为小型 3 $m^3$ 左右或大型 6 $m^3$ 左右，服务人口一般为小型不超过 500 人（服务农户约 100 户）、大型不超过 1000 人（服务农户约 200 户）。组用垃圾收集箱需与自卸式垃圾收集车配套使用。

组用垃圾收集箱的工程应用如图 5-3 所示。

小型（容积 3 $m^3$）

大型（容积 6 $m^3$）

图 5-3 组用垃圾收集箱的工程应用（需与自卸式垃圾收集车配合使用）

## 5.4.4 人力垃圾收集车

为了方便把村民周边垃圾桶内的垃圾清运至垃圾收集屋（或大型垃圾收集箱），需配置人力垃圾收集车。垃圾收集频次一般为每天 1 次。

每个自然村至少需配置 1～2 辆人力垃圾收集车，集中连片或者服务人口较多的村庄可适当增加人力垃圾收集车数量。每辆人力垃圾车容积一般为 0.35 $m^3$ 左右，服务人口不超过 500 人（服务农户约 100 户）。

人力垃圾收集车如图 5-4 所示。

图 5-4 人力垃圾收集车

## 5.5 农村生活垃圾转运工程

农村生活垃圾转运是将收集到垃圾收集站/池的垃圾，通过预处理装箱，运输至城市垃圾处理场/厂或集中垃圾处理场/厂的过程，该项目的建设内容主要包括垃圾转运集装箱、垃圾转运车，对于转运过程中运输距离大于5 km的转运站，原则上需要设立与垃圾收集量相适应的垃圾压缩装置。

### 5.5.1 垃圾中转站

（1）设置要求。农村地区一般建设小型垃圾中转站，小型生活垃圾转运站，其设置要求如下：

1）镇（街）城区内的小型转运站宜每2～3 km² 设置1座，每个镇至少需建设一个标准化垃圾中转站。

2）距离镇（街）城区5 km以下的农村区域，纳入城区转运站的服务范围；距离镇（街）城区5 km以上的农村区域，宜在农村区域选址设置小型转运站。

3）应根据服务镇域的大小、行政村/自然村的分布情况和生活垃圾产生量，确定小型转运站设置的数量及规模。

4）小型转运站用地面积必须满足《生活垃圾转运站技术规范》CJJ 47 所规定Ⅳ及Ⅴ类型的要求，如表5-3所示。

表 5-3 转运站建设规模分类

| 类 型 | | 设计转运量 /(t·d⁻¹) | 用地面积 /m² | 与相邻建筑间隔/m | 绿化带隔离带宽度/m |
|---|---|---|---|---|---|
| 小型 | Ⅳ | 50～150 | 1000～4000 | ≥10 | ≥5 |
| | Ⅴ | <50 | ≤1000 | ≥8 | ≥3 |

（2）小型转运站选址：

1）小型转运站的选址应符合县（市）域城乡生活垃圾收运处理设施专项规划（或环境卫生专项规划）的要求。

2）小型转运站应设置在农村区域范围内交通运输方便、市政条件较好并对居民影响较小的地区，不应设置在十字路口、大型集市圩镇出入口等繁华地段。若必须选址于此类地段时，应对转运站进出通道的结构与形式进行优化或完善。

3）小型转运站不得邻近学校、餐饮店等群众日常生活聚集场所。

垃圾中转站如图 5-5 所示。

图 5-5　垃圾中转站（右图为地埋式垃圾中转站）

（3）垃圾压缩装置。压缩装置与垃圾收集站配套建设（转运运输距离大于 5 km），具体压缩能力与垃圾量相适应。对于日处理能力小于 10 t 的转运站，原则上需配备单次压缩能力为 10 t 左右的压缩装置 1 套，对于日处理能力为 10~50 t 的转运站，配备日压缩能力与其相配套的压缩装置。水平式垃圾压缩机如图 5-6 所示。

图 5-6　水平式垃圾压缩机（垃圾中转站一般采用水平式）

### 5.5.2 垃圾运输专用车

（1）自卸式垃圾收集车。自卸式垃圾收集车的作用是将空的组用垃圾收集箱吊装卸下，然后将装有垃圾的收集箱运至垃圾中转站。垃圾收集频次一般为每周2～3次。

根据组用垃圾收集箱的数量、垃圾收集量和收集频次等确定自卸式垃圾收集车的数量，一般每台自卸式垃圾收集车服务10个组用垃圾收集箱（车型与收集箱大小对应）。每台自卸式垃圾收集车容积一般为小型 3 m³ 左右或大型 6 m³ 左右，对应垃圾量分别约为 1 t、2 t（未压缩时垃圾密度约 0.35 t/m³）。服务人口一般为小型不超过0.5万人（服务农户约1000户）、大型不超过1万人（服务农户约2000户），服务运输距离 10 km 以内。

自卸式垃圾收集车如图 5-7 所示。

小型（3 m³）　　　　　大型（6 m³）

图 5-7　自卸式垃圾收集车（需配合组用垃圾收集箱使用）

（2）垃圾运输专用车。垃圾运输专用车由镇统一调配，作用是将垃圾收集屋的垃圾运至垃圾中转站。此处所指垃圾运输专用车一般不带压缩功能，或只进行简单压缩；也可加装翻桶机构配合专用铁质垃圾桶使用。垃圾收集频次一般为每周2～3次。垃圾运输专用车如图 5-8 所示。

小型（6 m³）　　　　　大型（12 m³）

图 5-8　垃圾运输专用车

根据垃圾收集量和收集频次等确定垃圾运输专用车的数量，每座垃圾中转站配置至少 2 辆垃圾运输专用车。每辆垃圾运输专用车容积一般为小型 6 m³ 左右或大型 12 m³ 左右，对应垃圾量分别约为 2 t、4 t（未压缩时垃圾密度约 0.35 t·m⁻³）。服务人口一般为小型不超过 1 万人（服务农户约 2000 户），大型不超过 2 万人（服务农户约 4000 户），服务运输距离 20 km 以内。

（3）垃圾压缩车。垃圾压缩车由县统一调配，作用是将垃圾中转站的垃圾运至垃圾填埋场或垃圾焚烧发电厂等垃圾最终处理地点。垃圾清运频次需根据垃圾产生量、垃圾车数量和垃圾车单次清运规模等确定。

根据垃圾处理量确定垃圾运输专用车的数量，一般每个垃圾中转站至少需配置 1 辆垃圾压缩车，服务人口较多的垃圾中转站可适当增加垃圾压缩车的数量。每台垃圾压缩车容积一般为小型 13 m³ 左右或大型 20 m³ 左右，对应垃圾量分别约为 10 t、15 t（压缩后垃圾密度约 0.75 t/m³）。服务人口一般为小型不超过 2 万人（服务农户约 4000 户）、大型不超过 3 万人（服务农户约 5000 户），服务运输距离为垃圾中转站至垃圾填埋场等最终处理地点的距离。

垃圾压缩车如图 5-9 所示。

小型（13 m³）

大型（20 m³）

图 5-9　垃圾压缩车

## 5.6　投资估算指标

### 5.6.1　农村生活垃圾收集工程投资

农村生活垃圾收集工程投资参考标准如表 5-4 所示。

表 5-4　农村生活垃圾收集工程投资参考标准

| 序号 | 项目 | 型号、尺寸 | 单位 | 单价/万元 |
|---|---|---|---|---|
| 1 | 垃圾桶 | 普通型，塑料，容积 80 L | 个 | 0.015～0.022 |
| 2 | | 普通型，塑料，容积 120 L | 个 | 0.018～0.032 |
| 3 | | 分类型，玻璃钢，容积 120 L | 个 | 0.03～0.05 |
| 4 | | 分类型，铁质，容积 120 L | 个 | 0.05～0.08 |
| 5 | 垃圾收集屋 | 普通型，1.5 m×1 m×2 m，混凝土结构 | 座 | 1.0～1.8 |
| 6 | | 分类型，2 m×1.5 m×2 m，混凝土结构 | 座 | 2.0～3.0 |
| 7 | 组用垃圾收集箱 | 小型，铁皮，容积 3 m³ | 个 | 0.9～1.6 |
| 8 | | 大型，铁皮，容积 6 m³ | 个 | 1.6～2.6 |
| 9 | 人力垃圾收集车 | 手推型，容积约 0.35 m³ | 辆 | 0.08～0.19 |
| 10 | | 脚踏式，容积约 0.35 m³ | 辆 | 0.12～0.28 |

注：投资单价根据当地实际市场价确定，项目预算综合考虑单价和数量。

## 5.6.2　农村生活垃圾转运工程投资

农村生活垃圾转运工程投资参考标准如表 5-5 所示。

表 5-5　农村生活垃圾转运工程投资参考标准

| 序号 | 项目 | 型号/尺寸 | 单位 | 单价/万元 |
|---|---|---|---|---|
| 1 | 垃圾中转站 | 小型（不含设备），框架结构，1 个垃圾压缩位 | 座 | 45～75 |
| 2 | | 小型（不含设备），框架结构，2 个垃圾压缩位 | 座 | 55～95 |
| 3 | | 垃圾压缩装置，水平式 | 套 | 18～30 |
| 4 | 自卸式垃圾收集车 | 小型（含垃圾箱），3 m³ | 辆 | 8～11 |
| 5 | | 大型（含垃圾箱），6 m³ | 辆 | 17～23 |
| 6 | 垃圾运输专用车 | 小型，有效容积 6 m³ | 辆 | 12～18 |
| 7 | | 大型，有效容积 12 m³ | 辆 | 25～30 |

（续上表）

| 序 号 | 项 目 | 型号/尺寸 | 单 位 | 单价/万元 |
|---|---|---|---|---|
| 8 | 垃圾压缩车 | 小型，有效容积 13 m³ | 辆 | 28～35 |
| 9 | | 大型，有效容积 20 m³ | 辆 | 35～45 |

注：垃圾转运站原则上应统筹规划，垃圾收集车辆等投资单价根据当地实际市场价确定。

## 5.6.3　农村生活垃圾收运工程运行费

（1）农村生活垃圾收集工程的运行费用。农村生活垃圾收集工程的运行费用主要是人员工资支出，具体的参考标准如表 5-6 所示。

表 5-6　农村生活垃圾收集工程运行费用参考标准

| 序 号 | 处理能力/(t·d$^{-1}$) | 工作人员数量 | 工资待遇/(元·月$^{-1}$) | 年运行费用/万元 |
|---|---|---|---|---|
| 1 | <0.5 | 1～2 | 1200 | 1.44～2.88 |
| 2 | 0.5～1.0 | 2～4 | 1200 | 2.88～5.76 |
| 3 | 1.0～5.0 | 4～12 | 1200 | 5.76～17.28 |

处理能力小于 0.5 t/d 收集工程年运行费用为 1.44～2.88 万元，处理能力 0.5～1.0 t/d 收集工程年运行费用为 2.88～5.76 万元，处理能力 1.0～5.0 t/d 收集工程年运行费用为 5.76～17.28 万元。

（2）农村生活垃圾转运工程的运行费用。农村生活垃圾转运工程的运行费用主要包括人员工资、车辆运管费、维修费和水电费。其中人员包括垃圾中转站操作工人和司机，车辆运营费包括垃圾收集屋（或组用垃圾收集箱）至垃圾中转站的运费和垃圾中转站至垃圾填埋场等地的运费，维修费为垃圾中转站设备和车辆维修费，水电费为垃圾中转站水和电的费用。具体的运行费用参考标准如表 5-7 所示。

表 5-7 农村生活垃圾转运工程运行费用参考标准

| 序号 | 处理能力/(t·d$^{-1}$) | 项目 | 计算依据 | 年运行费用/万元 |
|---|---|---|---|---|
| 1 | 5~10 | 人员工资 | 工作人员5~8名（其中，司机2~3人），月工资按1800元计 | 10.80~17.28 |
| 2 | | 车辆运营费 | 平均每车每天运距20 km，2辆车，运费按1元·(t·km)$^{-1}$计 | 7.30~14.6 |
| 3 | | 维修费 | 2辆车，平均每车0.8万元/年 | 1.60 |
| 4 | | 水电费 | 按3元·(t·d)$^{-1}$计 | 0.55~1.10 |
| | | 小计 | | 20.25~34.58 |
| 5 | 20~50 | 人员工资 | 工作人员6~12名（其中，司机3~4人），月工资按1800元计 | 12.96~25.92 |
| 6 | | 车辆运营费 | 平均每车每天运距30 km，3辆车，运费按1元·(t·km)$^{-1}$计 | 65.70~164.25 |
| 7 | | 维修费 | 3辆车，平均每车0.8万元/年 | 2.40 |
| 8 | | 水电费 | 按3元·(t·d)$^{-1}$计 | 2.19~5.48 |
| | | 小计 | | 83.25~198.05 |

处理能力5~10 t/d 转运工程年运行费用为20.25~34.58万元，处理能力20~50 t/d 转运工程年运行费用为83.25~198.05万元。

## 5.7 运行维护和管理

### 5.7.1 运行维护和管理的总体要求

（1）整治村庄需配备专职保洁员，负责区域内垃圾清运和日常保洁，清运周期依据垃圾收集量和费用进行确定，一般1周不低于1次。

（2）需定期组织废弃物回收公司收集纸制品、塑料制品、金属物品、玻璃制品、纺织制品等可回收利用的垃圾；建有垃圾分拣站的村庄，可将废弃物出售所得用于保洁员工资和设备购置、更换的补贴。

（3）具备条件的地区，应优先引入专业公司或成立专门运营机构，负责辖区内生活垃圾收集、处理系统的运行维护。采用村民自行管理的项目，当地项目管理部门要开展技术指导和委派专业技术人员进行定期维护。

（4）采用生活垃圾城乡一体化处理模式的地区，设施运行可纳入市政环卫系统统一管理。

（5）根据地方财力情况，可适当收取生活垃圾处理费月。

### 5.7.2 生活垃圾处理设施的维护和管理

（1）加强对村民实施垃圾分类、分拣和筛选的技术培训和监督管理，控制分类垃圾的成分，建立专业化的生活垃圾分拣、分类和收集与转运的专业化队伍。

（2）垃圾收集点应规范卫生保护措施，防止二次污染。蝇蚊滋生季节，应定时喷洒消毒及灭蚊蝇药物。

（3）垃圾运输过程中应保持封闭或覆盖，避免遗撒。

（4）垃圾中转站产生的渗滤液应优先循环利用，不能循环利用的应统一收集处理，达标排放。

### 5.7.3 垃圾收集处理运行费用保障

农村生活垃圾收集处理运行费用主要指垃圾清运人员的工资，每个自然村至少确定1名保洁员，保证村内生活垃圾及时收集清运。一般采用"财政补助一点、镇自筹一点、受益村民出一点"的办法，多渠道筹集资金，确保农村生活垃圾收集处理工作的长效管理。

农村生活垃圾在行政村范围内主要进行"村收集"，之后的"镇转运、县处理"阶段则一般采取"市场化"方式解决，委托第三方进行运行管理。

农村生活垃圾收集处理运行费用保障模式如表5-8所示。

表5-8 农村生活垃圾收集处理运行费用保障模式

| 垃圾收集处理运行费用保障模式 | 保障模式说明 | 适用范围 | 省内典型应用地区 |
| --- | --- | --- | --- |
| 纳入政府财政拨款 | 人员工资全部纳入政府各级财政拨款，由市、县、镇三级政府按比例出资 | 经济较发达地区 | 惠州市 |
| 政府补贴+适当收费 | 地方政府财政拨款补贴一部分，其余采取收取少量垃圾处理费解决 | 经济欠发达地区 | 云浮市郁南县 |
| 镇村级自筹经费运行 | 由镇或村自筹经费负责垃圾保洁员的工资费用 | 根据实际情况 | 韶关市始兴县 |

注：保障模式不局限于以上三种，各地应因地制宜，采取多种形式保障生活垃圾清运处理运行费用。

# 6 农村畜禽养殖污染治理

## 6.1 农村畜禽养殖污染治理模式

### 6.1.1 治理模式分类

（1）集中式治理模式。针对畜禽养殖密集区域或养殖专业村，应优先采取"养殖入区（园）"的集约化养殖方式，采用"厌氧处理+还田""堆肥+废水处理"等集中式处理模式，对粪便和废水资源化利用或处理。"厌氧处理+还田"模式适用于对沼气能源有需求且有足够沼液沼渣消纳面积的畜禽养殖小区和畜禽养殖密集区域。"堆肥+废水处理"模式适用于一定区域内对肥料有需求且有稳定的市场销售途径的畜禽养殖小区和畜禽散养密集区。

（2）分散式治理模式。针对养殖户相对分散或交通不便的地区，采取"分散处理，就地利用"的方式，畜禽粪便适宜采用小型堆肥处理模式，养殖废水通过沼气处理，或者结合生活污水处理设施进行厌氧消化处理后还田。

（3）"种养结合"治理模式。针对土地（包括耕地、园地、林地、草地等）充足、养殖场内部或周边有大面积菜地或果林的地区，可将废弃物资源化、无害化处理后进入农田生产系统，包括畜禽粪便经堆肥处理后用于果树的肥料，养殖废水经厌氧处理后用于灌溉菜地或者果树等。

### 6.1.2 治理模式和技术选取

农村畜禽养殖污染治理模式、适用区域和技术选取汇总如表6-1所示。

表6-1 农村畜禽养殖污染治理模式、适用区域和技术选取汇总表

| 治理模式 | 适用区域 | 技术措施 | 粪污处理技术 |
| --- | --- | --- | --- |
| 集中式治理模式 | 畜禽养殖密集区域或养殖专业村 | 采取"养殖入区（园）"的集约化养殖方式 | ①"厌氧处理+还田"<br>②"堆肥+废水处理"：对粪便和废水资源化利用或处理 |

（续上表）

| 治理模式 | 适用区域 | 技术措施 | 粪污处理技术 |
| --- | --- | --- | --- |
| 分散式治理模式 | 养殖户相对分散或交通不便的地区 | 采取"分散处理，就地利用"的方式 | ①畜禽粪便：适宜采用小型堆肥处理模式<br>②养殖废水：通过沼气处理，或者结合生活污水处理设施进行厌氧消化处理后还田 |
| "种养结合"治理模式 | 土地充足、养殖场内部或周边有大面积菜地或果林的地区 | 可将废弃物资源化、无害化处理后进入农田生产系统 | ①畜禽粪便：经堆肥处理后用于果树的肥料<br>②养殖废水：经厌氧处理后用于灌溉菜地或者果树等 |

## 6.2 畜禽养殖污染物产生量及排放标准

### 6.2.1 污染物产生量

畜禽养殖生产的污染物包括水污染物（养殖场废水）、固体污染物（主要为粪便）和大气污染物（恶臭气体）。其中养殖废水和粪便是主要污染物，具有产生量大、成分复杂等特点，其产生量、性质与畜禽养殖种类、养殖方式、养殖规模、生产工艺、管理水平、气候条件等有关。

（1）废水产生量。根据国家环境保护部《规模畜禽养殖场污染防治最佳可行技术指南（试行）》（HJ-BAT-10），畜禽养殖废水主要包括尿液、冲洗水及少量生活污水，其主要水污染物产量如表6-2所示。

表6-2 畜禽养殖主要水污染物产生量

| 养殖种类 | 清粪方式 | 日产生量/(kg·头$^{-1}$) |
| --- | --- | --- |
| 猪 | 干清粪 | 10 |
| | 水冲粪 | 20 |
| 牛 | 干清粪 | 20 |
| | 水冲粪 | 50 |
| 鸡 | 干清粪 | 0.10~0.25 |

(2)固体废物产生量。根据国家环境保护部《规模畜禽养殖场污染防治最佳可行技术指南(试行)》(HJ-BAT-10),畜禽养殖产生的固体污染物主要包括畜禽粪便等,其产生量如表6-3所示。

表6-3 畜禽养殖产生的固体污染物产生量

| 养殖种类 | 日排泄量/(kg·头$^{-1}$) |
|---|---|
| 猪 | 1.0～3.0 |
| 奶牛 | 20～30 |
| 肉牛 | 15～20 |
| 蛋鸡 | 0.08～0.15 |
| 肉鸡 | 0.02～0.10 |

## 6.2.2 畜禽养殖污染物排放标准

(1)畜禽养殖废水排放标准:

1)畜禽养殖业废水不得排入敏感水域和有特殊功能的水域,排放去向应符合国家和地方的有关规定。

2)农村畜禽养殖废水污染物排放标准执行广东省地方标准《畜禽养殖业污染物排放标准》(DB 44613—2009),分别执行表6-4、表6-5和表6-6中的标准值。

3)珠江三角洲,包括广州,深圳,珠海,东莞,中山,江门,佛山,惠州惠城区、惠阳、惠东、博罗及肇庆端州区、鼎湖区、高要、四会,适用珠三角标准值;全省其他地区适用其他地区标准值。

表6-4 集约化畜禽养殖业水冲工艺最高允许排水量

| 种类<br>地区 | 季节 | 猪<br>[m³·(百头·d)$^{-1}$] | | 鸡<br>[m³·(千只·d)$^{-1}$] | | 牛<br>[m³·(百头·d)$^{-1}$] | |
|---|---|---|---|---|---|---|---|
| | | 冬季 | 夏季 | 冬季 | 夏季 | 冬季 | 夏季 |
| 珠三角标准值 | | 2.0 | 3.0 | 0.5 | 0.8 | 16 | 25 |
| 其他地区标准值 | | 2.5 | 3.5 | 0.8 | 1.2 | 20 | 30 |

注:废水最高允许排放量的单位中,百头、千只均指存栏数。春、秋季废水最高允许排放量按冬、夏两季的平均值计算。

表6-5 集约化畜禽养殖业干清粪工艺最高允许排水量

| 种类<br>地区 | 猪<br>[m³·(百头·d)⁻¹] | | 鸡<br>[m³·(千只·d)⁻¹] | | 牛<br>[m³·(百头·d)⁻¹] | |
|---|---|---|---|---|---|---|
| 季节 | 冬季 | 夏季 | 冬季 | 夏季 | 冬季 | 夏季 |
| 珠三角标准值 | 1.2 | 1.8 | 0.2 | 0.4 | 16 | 20 |
| 其他地区标准值 | 1.2 | 1.8 | 0.8 | 0.7 | 17 | 20 |

注：废水最高允许排放量的单位中，百头、千只均指存栏数。春季、秋季废水最高允许排放量按冬季、夏两季的平均值计算。

表6-6 集约化畜禽养殖业水污染物最高允许日均排放浓度

单位：mg/L

| 地区 | 化学需氧量（$COD_{Cr}$） | 生化需氧量（$BOD_5$） | 悬浮物（SS） | 氨氮（以N计） | 总磷（以P计） | 粪大肠菌群数（个·100mL⁻¹） |
|---|---|---|---|---|---|---|
| 珠三角标准值 | 380 | 140 | 160 | 70 | 7.0 | 1000 |
| 其他地区标准值 | 400 | 150 | 200 | 80 | 8.0 | 1000 |

（2）畜禽养殖废渣无害化标准：

1）畜禽养殖业必须设置废渣的固定储存设施和场所，储存场所要有防止粪液渗漏、溢流措施。

2）用于直接还田的畜禽粪便，必须经无害化处理。

3）禁止直接将废渣倾倒入地表水体或其他环境中。畜禽粪便还田时，不能超过当地的最大农田负荷量，避免造成面源污染和地下水污染。

4）经无害化处理后的废渣，应符合表6-7的规定。

表6-7 畜禽养殖业废渣无害化环境标准

| 控制项目 | 指标 |
|---|---|
| 粪大肠菌群数 | ≤$10^5$个·kg⁻¹ |
| 蛔虫卵 | 死亡率≥95% |

## 6.3 养殖（清粪）工艺和粪污处理模式

### 6.3.1 畜禽养殖（清粪）工艺

畜禽养殖（清粪）工艺主要包括干清粪和水泡粪两种养殖工艺，水冲粪和生物发酵床养殖工艺目前在广东省应用较少。主要养殖工艺说明如下：

（1）干清粪养殖工艺。指畜禽排放的粪便一经产生便通过机械或人工收集、清除，尿液、残余粪便及冲洗水则从排污道排出的清粪方式。

（2）水泡粪养殖工艺。指在畜禽舍内的排粪沟中注入一定量的水，将粪、尿及冲洗和饲养管理用水一并排放至漏缝地板下的粪沟中，储存一定时间（一般为1～2个月），待粪沟填满后，打开出口闸门，沟中的粪水流入粪便主干沟后排出的清粪工艺。

### 6.3.2 粪污处理基本工艺模式

（1）工艺选择原则：

1）选用粪污处理工艺时，应根据养殖场的养殖种类、养殖规模、粪污收集方式、当地的自然地理环境条件以及排水去向等因素确定工艺路线及处理目标，并应充分考虑畜禽养殖废水的特殊性，在实现综合利用或达标排放的情况下，优先选择低运行成本的处理工艺；应慎重选用物化处理工艺。

2）采用模式Ⅰ或模式Ⅱ处理工艺的，养殖场应位于非环境敏感区，周围的环境容量大，远离城市，有能源需求，周边有足够土地能够消纳全部的沼液、沼渣。

3）干清粪工艺的养殖场，不宜采用模式Ⅰ处理工艺，固体粪便宜采用好氧堆肥等技术单独进行无害化处理。当采用干清粪工艺时，清粪比例宜控制在70%。

（2）粪污处理工艺模式Ⅰ：

1）工艺流程。粪污处理工艺模式Ⅰ流程示意图如图6-1所示：

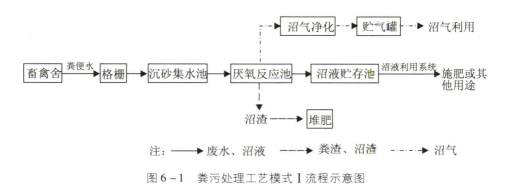

图 6-1 粪污处理工艺模式 Ⅰ 流程示意图

2）技术应用说明。粪污处理工艺模式 Ⅰ 以能源利用与综合利用为主要目的，适用于沼气能完全利用，同时周边有足够土地消纳沼液、沼渣，并有 1 倍以上的土地轮作面积，使整个养殖场（区）的畜禽排泄物在小区域范围内全部达到循环利用的情况。粪尿连同废水一同进入厌氧反应器；未采用干清粪工艺的，应严格控制冲洗用水，提高废水浓度，减少废水总量。

（3）粪污处理工艺模式 Ⅱ。

1）工艺流程。粪污处理工艺模式 Ⅱ 流程示意图如图 6-2 所示。

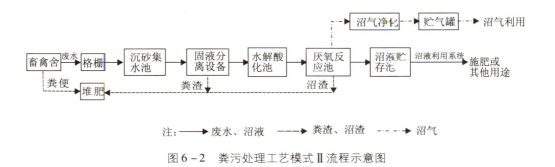

图 6-2 粪污处理工艺模式 Ⅱ 流程示意图

2）技术应用说明。粪污处理工艺模式 Ⅱ 适用于能源需求不大，主要以进行污染物无害化处理、降低有机物浓度、减少沼液和沼渣消纳所需配套的土地面积为目的，且养殖场周围具有足够土地面积全部消纳低浓度沼液，并且有一定的土地轮作面积的情况。废水进入厌氧反应器之前应先进行固液（干湿）分离，然后再对固体粪渣和废水分别进行处理。

（4）粪污处理工艺模式 Ⅲ。

1）工艺流程。粪污处理工艺模式 Ⅲ 流程示意图如图 6-3 所示。

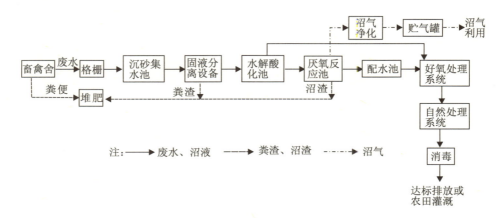

图6-3 粪污处理工艺模式Ⅲ流程示意图

2）技术应用说明。能源需求不高且沼液和沼渣无法进行土地消纳，废水必须经处理后达标排放或回用的，应采取模式Ⅲ处理工艺。废水进入厌氧反应器之前应先进行固液（干湿）分离，然后再对固体粪渣和废水分别进行处理。该技术能使猪粪尿在猪圈内充分降解，养殖过程无污染物排放，能够实现养殖过程清洁生产。与传统方法相比，具有操作简单、节约水资源等优点，适用于中小型养猪场。

## 6.4 畜禽养殖废水处理工程

### 6.4.1 预处理

（1）一般规定。

1）畜禽养殖场废水处理前应强化预处理，预处理包括格栅、沉砂池、固液分离系统、水解酸化池等。

2）采用模式Ⅰ工艺处理养牛场粪污时，预处理应设有粪草分离、切割和混合装置。

3）处理养鸡场粪污前，应先清除鸡粪中的羽毛。

（2）预处理单元工艺设计。畜禽养殖处理单元工艺设计要求如表6-8所示。

表6-8　畜禽养殖预处理单元工艺设计要求

| 预处理工艺单元 | 技术指标 | 设计说明或工艺设计要求 |
| --- | --- | --- |
| 格栅 | 基本要求 | 废水进入集水池前应设置格栅。当污水量较大时，宜采用机械格栅 |
| | 栅渣处理 | 栅渣应及时运至粪便堆肥场或其他无害化场所进行处理 |
| | 技术设计 | 粗格栅：人工清除时宜为25～40 mm<br>细格栅：宜为1.5～10.0 mm<br>格栅的技术要求按《室外排水设计规范》（GB 50014—2006）的有关规定执行 |
| 沉砂池 | 基本要求 | 处理养鸡场或散放式奶牛场废水时应强化沉砂池设置；其他养殖废水处理可使设置的集水池具有一定的沉砂功能，不单独设置沉砂池 |
| | 技术设计 | 砂斗的有效深度宜采用1.0～1.5 m；排砂宜采用砂泵等设备，对排除的砂应采取卫生处置措施<br>沉砂池的设计参照《城市粪便处理厂（场）设计规范》（CJJ 64—1995）第3.3条的有关规定 |
| 集水池 | 基本要求 | 厌氧处理系统前应设置集水池。集水池的设置应方便去除浮渣和沉渣 |
| | 技术设计 | 集水池的容量不宜小于最大日排放量的50%。处理食草类动物粪污时，应增加集水池容积，使其具有化粪的功能 |
| 固液分离设备 | 设备选择 | 固液分离设备可选用水力筛网、螺旋挤压分离机等，应根据处理水量、水质、场地、经济情况等条件综合考虑选用，并考虑废渣的储存、运输等情况<br>当采用螺旋挤压分离机时，宜在排污收集后3 h内进行污水的固液分离 |
| 水解酸化池 | 基本要求 | 进水经固液分离后、进厌氧处理系统前，根据工艺要求宜设置水解酸化池 |
| | 技术设计 | 水解酸化池容积应根据工艺要求确定。进水经固液分离的，水力停留时间（HRT）宜为12～24 h |

农村畜禽养殖废水处理常用的固液分离设备如图6-4所示。

　　　　离心式固液分离机　　　　　　　挤压螺旋式固液分离机
图 6-4　农村畜禽养殖废水处理常用的固液分离设备

## 6.4.2　厌氧生物处理

（1）一般规定：

1）厌氧生物处理单元通常由厌氧反应器、沼气收集与处置系统（净化系统、贮气罐、输配气管和使用系统等）、沼液和沼渣处置系统组成。

2）厌氧反应器的类型和设计应根据粪污种类和工艺路线确定。

3）厌氧反应器容积宜根据水力停留时间（HRT）确定，计算见下式：

$$V = Q \times HRT$$

式中：$V$——厌氧反应器的有效容积，$m^3$；

　　　$Q$——设计流量，$m^3/d$；

　　　$HRT$——水力停留时间，d。

4）当温度条件不能满足工艺要求时，厌氧反应器宜按下列要求设置加热保温措施：宜采用池（罐）外保温措施；宜采用蒸汽直接加热，蒸汽通入点宜设在集水池（或计量池）内，也可采用厌氧反应器外热交换或池内热交换。

5）厌氧反应器设计还应符合下列规定：

①厌氧反应器、沼气净化利用系统的防火设计应符合 GBJ 16 中的有关规定。

②厌氧反应器应设有防止超正压、负压的安全装置及措施，安全装置的安全范围应满足工艺设计的压力及池体安全的要求。

③厌氧反应器应达到水密性与气密性的要求，应采用不透气、不透水的材料建造，内壁及管路应进行防腐。

④厌氧反应器应设有取样口、测温点。

⑤应根据工艺需要配置适用的测定气量、气压、温度、pH 值、粪水量等的计量设备和仪表。

⑥厌氧反应器应设有检修孔、排泥管等。

（2）进水不经固液分离（粪尿全进）的厌氧生物处理。进水不经固液分离（粪尿全进）的厌氧生物处理工艺设计要求如表6-9所示。

表6-9 进水不经固液分离（粪尿全进）的厌氧生物处理工艺设计要求

| 技术指标 | 设计说明或工艺设计要求 |
| --- | --- |
| 厌氧反应器的类型 | 厌氧反应器宜选用全混合厌氧反应器（CSTR） |
| 厌氧消化类型 | 宜采用一级厌氧消化，根据不同工艺，也可选用二级厌氧消化 |
| 运行温度 | 宜采用中温（35℃左右）消化 |
| 厌氧消化时间 | 厌氧消化时间：20～25 d |
| 反应器的设计 | 厌氧反应器的设计应满足下列要求：<br>全混合厌氧反应器（CSTR）：平面形状宜采用圆形；应设置搅拌系统；搅拌可采用连续方式，也可采用间歇方式 |

（3）进水经固液分离的厌氧生物处理。进水经固液分离的厌氧生物处理工艺设计要求如表6-10所示。

表6-10 进水经固液分离的厌氧生物处理工艺设计要求

| 技术指标 | 设计说明或工艺设计要求 |
| --- | --- |
| 厌氧反应器的类型 | 厌氧反应器宜采用升流式厌氧污泥床（UASB） |
| 运行温度 | 宜采用常温发酵，但温度不宜低于20℃ |
| 水力停留时间 | 厌氧反应器的水力停留时间（HRT）不宜小于5 d |
| 反应器的设计 | 升流式厌氧污泥床（UASB）设计应符合下列规定：<br>①应根据经济性和场地情况考虑确定反应器的平面形状，宜采用圆形或矩形池<br>②应综合考虑运行、经济等情况确定反应器的高度，不宜超过10 m，反应器有效高度（深度）宜为7～9 m<br>③宜设2个以上厌氧罐体，当处理量较大时，宜采用多个单体反应器并联运行<br>④进水系统的设计应确保布水均匀，避免出现短路等现象<br>⑤三相分离器的设计应确保水、气、泥三相有效分离，出水含泥量少 |

农村畜禽养殖废水"厌氧"处理设施工程建设如图6-5所示。

图 6-5　农村畜禽养殖废水"厌氧"处理设施工程建设

（4）沼气净化、储存及利用。厌氧处理产生的沼气须完全利用，不得直接向环境排放。经净化处理后通过输配气系统可用于居民生活用气、锅炉燃烧、沼气发电等。

（5）沼液、沼渣处置与利用：

1）沼渣应及时运至粪便堆肥场或其他无害化场所，进行妥善处理。

2）沼液可作为农田、大棚蔬菜田、苗木基地、茶园等的有机肥，宜放置 2～3 d 后再利用。

3）采用模式Ⅰ和模式Ⅱ处理工艺的，沼渣、沼液应全部进行资源化利用，不得直接向环境排放。

## 6.4.3　自然处理

（1）一般规定：

1）根据可供利用的土地资源面积和适宜的场地条件，在通过环境影响评价和技术经济比较后，可选用适宜的自然处理工艺。

2）自然处理工艺宜作为厌氧、好氧两级生物处理后出水的后续处理单元。

3）宜采用的自然处理工艺有人工湿地和稳定塘技术。

（2）自然处理技术的常用工艺及设计要求。

自然处理技术的常用工艺及设计要求如表 6-11 所示。

表6-11 自然处理技术的常用工艺及设计要求

| 自然处理工艺类型 | 技术指标 | 设计说明或工艺设计要求 |
|---|---|---|
| 人工湿地 | 适用范围 | 适用于有地表径流和废弃土地，常年气温适宜的地区 |
| | 湿地类型 | 应优化湿地结构设计，慎重选用潜流式或垂直流人工湿地，选用时进水 SS 宜控制为小于 500 mg/L |
| | 水生植物选择 | 人工湿地系统应根据污水性质及当地气候、地理实际状况，选择适宜的水生植物 |
| | 技术设计 | 表面流湿地水力负荷宜为 2.4~5.8 cm/d；潜流湿地水力负荷宜为 3.3~8.2 cm/d；垂直流人工湿地水力负荷宜为 3.4~6.7 cm/d。设置填料时，可适当提高水力负荷 |
| 稳定塘 | 适用范围 | 适用于有湖、塘、洼地可供利用且气候适宜、日照良好的地区。蒸发量大于降雨量地区使用时，应有活水来源，确保运行效果 |
| | 稳定塘类型 | 按照优势微生物种属和相应的生化反应的不同，可分为厌氧塘、兼性塘、好氧塘和曝气塘四种类型 |
| | 技术设计 | 好氧塘水深一般在 0.5 m 左右；兼性塘一般在 1.2~1.5 m；厌氧塘水深一般在 3~5 m，有单级厌氧塘和二级厌氧塘；曝气塘一般水深 3~4 m，最深可达 5 m，塘内总固体悬浮物浓度保持在 1%~3% 之间 |

农村畜禽养殖废水"自然处理"设施（稳定塘）工程建设如图 6-6 所示。

图 6-6 农村畜禽养殖废水"自然处理"设施（稳定塘）工程建设

## 6.5 畜禽养殖粪便堆肥处理工程

### 6.5.1 畜禽粪便堆肥处理技术概述

（1）一般规定：

1）畜禽固体粪便宜采用好氧堆肥技术进行无害化处理。

2）不具备堆肥条件的养殖场，可根据畜禽养殖场地理位置、养殖种类、养殖规模及经济情况，选用其他方法对固体粪便进行资源回收利用，但不得对环境造成二次污染。

3）未采用干清粪的养殖场，堆肥前应先将粪水进行固液分离，分离出的粪渣进入堆肥场，液体进入废水处理系统。

4）堆肥场地的设计应满足下列规定：

①堆肥场地一般应由粪便储存池、堆肥场地以及成品堆肥存放场地等组成。

②采用间歇式堆肥处理时，粪便储存池的有效体积应按至少能容纳6个月粪便产生量计算。

③场内应建立收集堆肥渗滤液的储存池。

④应考虑防渗漏措施，不得对地下水造成污染。

⑤应配置防雨淋设施和雨水排水系统。

（2）堆肥的技术原理。堆肥是指在有氧条件下，微生物通过自身的生物代谢活动，对一部分有机物进行分解代谢，以获得生物生长、活动所需要的能量，把另一部分有机物转化合成新的细胞物质，使微生物生长繁殖，产生更多的生物体；同时好氧反应释放的热量形成高温（>55℃）杀死病原微生物，从而实现畜禽粪便减量化、稳定化和无害化的过程。

（3）堆肥的工艺类型。畜禽粪便堆肥分为自然堆肥、条垛式主动供氧堆肥、机械翻堆堆肥和转筒式堆肥共四种工艺类型，其中，适宜于农村小型畜禽粪便堆肥设施的工艺类型主要为自然堆肥和机械翻堆堆肥。

堆肥的工艺技术原理、特点和适用范围等如表6-12所示。

表 6-12 畜禽粪便堆肥的两种工艺类型

| 堆肥工艺类型 | 技 术 原 理 | 技 术 特 点 | 适 用 范 围 |
| --- | --- | --- | --- |
| 自然堆肥 | 指在自然条件下将粪便拌匀摊晒，降低物料含水率，同时在好氧菌的作用下进行发酵腐熟 | 投资小、易操作、成本低。但处理规模小、占地大、干燥时间长，易受天气影响，且堆肥时产生臭味、渗滤液等环境污染 | 适用于有条件的小型养殖场 |
| 机械翻堆堆肥 | 利用搅拌机或人工翻堆机对肥堆进行通风排湿，使粪污均匀接触空气，粪便利用好氧菌进行发酵，并使堆肥物料迅速分解，防止臭气产生 | 操作简单，生产环境较好。但一次性投资较大，运行费用较高 | 适用于大中型养殖场 |

## 6.5.2 畜禽粪便好氧堆肥技术

（1）畜禽粪便的好氧堆肥通常由预处理、发酵、后处理、储存等工序组成。

（2）预处理和后处理过程中分选出的玻璃、金属、石头等杂物应进行妥善处理。

（3）畜禽粪便经预处理调整水分和碳氮比（C/N），并应符合表 6-13 的要求。

表 6-13 畜禽粪便预处理的要求

| 技 术 指 标 | 设计说明或工艺设计要求 |
| --- | --- |
| 起始含水率 | 堆肥粪便的起始含水率应为 40%～60% |
| 碳氮比（C/N） | 应为 20:1～30:1，可通过添加植物秸秆、稻壳等物料进行调节，必要时需添加菌剂和酶制剂 |
| pH | 堆肥粪便的 pH 应控制在 6.5～8.5 |

（4）好氧发酵过程应符合表6-14的要求。

表6-14　畜禽粪便好氧发酵过程的要求

| 技术指标 | 设计说明或工艺设计要求 |
| --- | --- |
| 发酵温度 | 发酵过程温度宜控制在55～65 ℃，且持续时间不得少于5 d，最高温度不宜高于75 ℃ |
| 堆肥时间 | 应根据碳氮比（C/N）、湿度、天气条件、堆肥工艺类型及废物和添加剂种类确定 |
| 氧气浓度 | 堆肥物料各测试点的氧气浓度不宜低于10%，可适时采用翻堆方式自然通风或设有其他机械通风装置换气，调节堆肥物料的氧气浓度和温度 |

（5）发酵结束时，应符合表6-15的要求。

表6-15　畜禽粪便发酵结束时的要求

| 技术指标 | 设计说明或工艺设计要求 |
| --- | --- |
| 碳氮比（C/N） | 碳氮比（C/N）不大于20∶1 |
| 含水率 | 为20%～35% |
| 耗氧速率 | 趋于稳定 |
| 腐熟度 | 应大于等于Ⅳ级 |
| 卫生要求 | 应符合《粪便无害化卫生标准》（GB 7959—2012）中关于无害化卫生要求的规定 |

（6）发酵完毕后应进行后处理，确保堆肥制品质量合格。后处理通常由再干燥、破碎、造粒、过筛、包装至成品等工序组成，可根据实际需要确定。

（7）堆肥场宜设有至少能容纳6个月堆肥产量的储存设施。

（8）堆肥制品应符合表6-16的要求。

表6-16 畜禽粪便堆肥制品的要求

| 技术指标 | 设计说明或工艺设计要求 |
|---|---|
| 含水率 | 堆肥产品存放时,含水率应不高于30%,袋装堆肥含水率应不高于20% |
| 含盐量 | 堆肥产品的含盐量应在1%~2% |
| 成品外观 | 应为茶褐色或黑褐色、无恶臭、质地松散,具有泥土气味 |

农村畜禽养殖粪便堆肥处理设施工程建设如图6-7所示。

自然干化棚

槽式好氧发酵

图6-7 农村畜禽养殖粪便堆肥处理设施工程建设

## 6.6 投资估算指标

### 6.6.1 畜禽养殖废水处理工程投资

农村畜禽养殖废水处理工程建设投资参考标准如表6-17所示。

表6-17 农村畜禽养殖废水处理工程投资参考标准

| 工艺类型 | 工程投资/万元 | |
|---|---|---|
| | 养殖规模(50~200头) | 养殖规模(200~500头) |
| 预处理+厌氧处理 | 6.5~13.0 | 13.0~27.0 |
| 预处理+厌氧+自然处理 | 7.5~15.5 | 15.5~32.0 |

注:以上投资不含土地成本,表中养殖规模为当量折算后生猪的头数。

### 6.6.2 畜禽养殖粪便堆肥处理工程投资

农村畜禽养殖粪便堆肥处理工程建设投资参考标准如表6-18所示。

表6-18 农村畜禽养殖粪便堆肥处理工程建设投资参考标准

| 工 艺 单 元 | 工程投资/万元 | |
| --- | --- | --- |
| | 养殖规模（50～200头） | 养殖规模（200～500头） |
| 粪便堆肥处理工程 | 3.5～8.0 | 8.0～20.0 |

注：以上投资不含土地成本，表中养殖规模为当量折算后生猪的头数。

### 6.6.3 畜禽养殖污染治理运行和维护管理费

农村畜禽养殖污染治理运行和维护管理费用包括年人工管理费、基建维修费、设备维修费、折旧费、动力费和其他费用等。参考标准如表6-19所示。

表6-19 农村畜禽养殖污染治理运行和维护管理费参考标准

| 污物设施类型 | 工 艺 单 元 | 运行维护费用/（万元·年$^{-1}$） | |
| --- | --- | --- | --- |
| | | 养殖规模 | |
| | | 50～200头 | 200～500头 |
| 废水处理工程 | 厌氧处理工程 | 0.8～1.2 | 1.2～3.5 |
| | 自然处理工程 | 0.3～0.7 | 0.7～1.5 |
| 粪便堆肥处理工程 | 粪便堆肥工程 | 0.5～1.0 | 1.0～2.2 |

注：以上投资不含土地成本，表中养殖规模为当量折算后生猪的头数。

## 6.7 运行维护和管理

### 6.7.1 运行维护和管理的总体要求

（1）建设分户或联户沼气处理设施的村庄，应聘请专业技术人员定期检查产气池、储气池等设施设备，及时更换破损配件，确保设施正常运行。

（2）区域畜禽粪便收集处理中心建成后，可委托专业运营公司进行管理，确保治污设施长效稳定运行。

（3）依托大型规模化畜禽养殖场治污设施的连片治理项目，项目管理部门要与畜禽养殖场签订协议,确保连片治理区域内养殖散户产生的畜禽粪便得到有效处理。

## 6.7.2　畜禽养殖污染治理设施的维护和管理

(1)应制定全面的运行管理、维护保养制度和操作规程,运行管理人员上岗前均应进行相关法规、专业技术、安全防护、紧急处理等理论知识和操作技能培训。

(2)沼气利用时制定安全管理制度。在消化池、储气柜、脱硫间周边划定重点防火区,并配备消防安全设施;非工作人员未经许可不得进入厌氧消化管理区内;在可能的泄漏点设置甲烷浓度超标及氧亏报警装置。

(3)采用还田综合利用的,应达到农业利用相关标准的要求。粪肥用量不能超过作物当年生长所需养分的需求量。在确定粪肥的最佳施用量时,需要对土壤肥力和粪肥肥效进行测试评价,并满足当地环境容量的要求。

(4)采用堆肥技术时,应定期对粪便堆体温度、氧气浓度、含水率、挥发性有机物含量及腐熟度等进行监测。在好氧发酵车间布设气体收集系统,通过引风装置将车间内的恶臭气体送入除臭装置,保证车间及场区内的环境安全和操作人员的健康。

# 7 农村遗留工矿污染治理

## 7.1 农村遗留工矿污染治理措施

### 7.1.1 治理措施分类

(1) 农村遗留工矿污染的类型。根据有无选矿及尾矿库堆场,农村遗留工矿污染分为污染破坏型和生态破坏性两大类。本指引主要介绍生态破坏型污染的治理。

(2) 生态破坏型农村遗留工矿污染治理的措施。该措施包括矿区覆土修整工程、水土流失防治工程和土壤生态修复工程三个方面。

1) 矿区覆土修整工程。主要包括采矿区矿坑的覆土、采矿区的修整、尾矿场的工程处理和熟土覆盖等措施。

2) 水土流失防治工程。主要包括建设拦沙坝、护坡或挡土墙、排水沟,开挖鱼鳞坑等措施。

3) 土壤生态修复工程。主要包括土壤改良和植物生态修复等措施。

### 7.1.2 治理措施和技术选取

农村遗留工矿污染的污染类型、治理措施和技术选取汇总如表7-1所示。

表7-1 农村遗留工矿污染的污染类型、治理措施和技术选取汇总表

| 污染类型 | 治理措施 | 技术措施 |
| --- | --- | --- |
| 污染破坏型 | 建设截污沟、扩建尾矿库和建设大型污水处理设施等 | 整治工程总投入非常大,不属于农村环境综合整治范畴,宜统筹考虑、纳入城镇环境综合整治的治理范围 |

(续上表)

| 污染类型 | 治理措施 | 技术措施 |
| --- | --- | --- |
| 生态破坏性 | 矿区覆土修整工程 | 采矿区矿坑的覆土、采矿区的修整、尾矿场的工程处理和熟土覆盖等 |
| | 水土流失防治工程 | 建设拦沙坝、护坡或拦土墙、排水沟，开挖鱼鳞坑等 |
| | 土壤生态修复工程 | 土壤改良和植物生态修复等 |

## 7.2 矿区覆土修整工程

### 7.2.1 矿坑覆土回填

矿坑覆土回填主要是清理所有外露矿渣，将其回填到露天矿坑或矿井坑道内。同时，对露天矿坑、沉陷区和塌陷区进行进一步覆土覆盖，对矿井坑道口采用碎石混凝土灌注封堵。

矿坑覆土回填的要求如下：

（1）应采取有效措施，避免或减少地面沉陷和地表扰动。

（2）沉陷区恢复治理应综合考虑景观恢复、生态功能恢复及水土流失控制，根据沉陷区稳定性采用生态环境恢复治理措施，恢复沉陷区的土地用途和生态功能。沉陷区稳定后两年内恢复治理率应达到60%以上；尚未稳定的沉陷区应采取有效防护措施，防止造成进一步生态破坏和环境污染。

（3）因地制宜采用固体材料、膏体材料、高水材料等安全无害充填材料和充填工艺技术，有效控制地表沉陷，固体、膏体（似膏体）、高水（超高水）材料的充填率应分别达到70%、85%和90%以上。

露天采矿坑塌陷区和矿坑平整工程如图7-1所示。

图 7-1　露天采矿坑塌陷区和矿坑平整工程

## 7.2.2　废弃矿区修整

结合矿区总体地形，对废弃矿区周边的矿渣和土地进行修整，避免水土流失和塌陷等带来新的环境污染问题。

废弃矿区修整的要求如下：

（1）露天采场的场地整治和覆土方法根据场地坡度来确定。

（2）尾矿场地势一般较平坦、质地均一，但理化性质较差，在有条件的地方，要尽可能地覆盖成熟表土，厚度最好在 50 mm 以上，在无条件的地方可以采取挖穴、客土移栽办法。

（3）水平地和 15°以下缓坡地可采用物料充填、底板耕松、挖高垫低等方法；15°以上陡坡地可采用挖穴填土、砌筑植生盆（槽）填土、喷混、阶梯整形覆土、安放植物袋、石壁挂笼填土等方法。

废弃矿区场地修整工程如图 7-2 所示。

图 7-2　废弃矿区场地修整工程

## 7.3 水土流失防治工程

### 7.3.1 建设拦沙坝

为防止沟道中堆置的弃土、弃石、弃渣、尾矿等经雨水冲刷污染周边土壤和农田，必须修建拦沙坝。拦沙坝的主要作用为截留沙石，兼有蓄水的功能。拦沙坝一般由土坝改建而成，迎水面砌片石护坡，背水面为砌方格固土植草，坝面和挡水面全部为混凝土石砌，并加强对涵洞及导流明渠的施工，使溢流水能畅通流走而沙泥又能沉积下来，达到拦沙的目的。

拦沙坝多建在主沟或较大的支沟内，通常坝高大于 5 m。拦沙坝工程如果从蓄水考虑，工程量将会大大增加，投资额也较大，且建坝后蓄水如无专人看管维护尚会造成安全隐患。因此，拦沙坝仅作为拦沙功能为宜，采用迎水面砌片石护坡，背水面改为砌方格固土植草，坝面和挡水面全部为混凝土石砌，向阳面用石砌方格固土，并建导水明渠和溢洪沟，加强对涵洞及导流明渠的施工，使溢流水能畅通流走，而沙泥又能沉积下来，达到拦沙蓄泥之目的。

(1) 拦沙坝的选址。拦沙坝选址应结合下列因素：

1) 河（沟）谷地形平缓，河（沟）床狭窄，有足够的库容拦挡洪水、泥沙和废弃物。

2) 两岸地质地貌条件适合布置溢洪道、放水设施和施工场地。

3) 坝基宜为新鲜岩石或紧密的土基，无断层破碎带，无地下水出露。

4) 坝址附近筑坝所需土、石、砂料充足，且取料方便，水源条件能满足施工要求。

5) 排废距离近，库区淹没损失小，废弃物的堆放不会增加对下游河（沟）道的淤积，并不影响河道的行洪和下游防洪。

(2) 拦沙坝的设计：

1) 坝高与库容。拦沙库容与拦泥库容根据项目区生产运行情况，确定每年的排沙量；根据每年排沙量和拦沙坝的使用年限，确定拦沙库容；若为项目建设施工期一次性排沙，则该排沙总量即为拦沙库容；根据每年的来沙量和拦沙坝的使用年限确定拦泥库容。

2) 坝型选择。坝型分为一次成坝与多次成坝。根据坝址区地形、地质、水文、施工、运行等条件，结合弃土、弃石、弃沙、尾矿等排弃物的岩性，综合分析确定拦沙坝（尾坝库）的坝型。

3) 排洪与放水建筑物。根据坝址两岸地形地质条件、泄洪流量等因素，确定溢洪道、放水工程的类型。溢洪道分为明渠式溢洪道、陡坡式溢洪道两种类型。放水工程分为卧管式、竖井式两种类型。

拦沙坝示意图如图7-3所示，矿区水土流失防治——拦沙坝工程如图7-4所示。

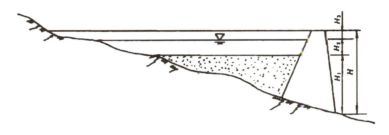

图7-3　拦沙坝示意图

图7-4　矿区水土流失防治——拦沙坝工程

## 7.3.2　建设护坡或挡土墙

护坡和挡土墙主要对由于采矿而造成的多处危险斜坡进行加固和导排水，避免坍塌，防治水土流失。根据矿区坡脚地形，对坡面进行修整，建设护坡或挡土墙。根据地形，对需整治片区的高陡边坡采取直线形削坡开级，削坡从上到下进行，对坡面进行修整后乔灌草结合造林护坡。

挡土墙建设需确定断面尺寸、基础埋深、挡土墙背坡等参数，墙身开设泄水孔，一般底部铺25 cm砼垫层及15 cm碎石垫层。削坡后对渣顶平台采用乔灌草相结合、乔灌行间混交造林绿化。

（1）干砌石和浆砌石护坡的设计。干砌石和浆砌石护坡应符合下列要求：

1）干砌石护坡。一般坡度为1.0∶2.5～1∶3，个别为1∶2。

2）浆砌石护坡。浆砌石护坡面层铺砌厚度为 25～35 cm，当浆砌石护坡长度较大时，沿纵向每隔 10.0～15 m 设置一道宽 2～3 cm 的伸缩缝。

（2）混凝土护坡的设计。混凝土护坡的设计应符合下列要求：

1）在边坡坡脚可能遭受强烈洪水冲刷的陡坡段，采取混凝土（或钢筋混凝土）护坡，必要时应加锚固定。

2）边坡介于 1.0∶1.0～1.0∶0.5 之间、高度小于 3 m 的坡面，应采用现浇混凝土或混凝土预制块护坡；边坡陡于 1.0∶0.5 的，应采用钢筋混凝土护坡。

3）坡面有涌水现象时，应采用粗砂、碎石或沙砾等设置反滤层并设排水管。涌水量较大时，应修筑盲沟排水。

（3）挡土墙的设计。挡土墙的设计应符合下列要求：

1）地基宜为新鲜不易风化的岩土或密实土层。

2）挡土墙沿线地基土层中的含水量和密度应均匀单一。

3）挡土墙的长度应与水流方向一致。

4）挡土墙应顺直，转折处采用平滑曲线连接。护坡示意图如图 7-5 所示，矿区水土流失防治——护坡和挡土墙工程如图 7-6 所示。

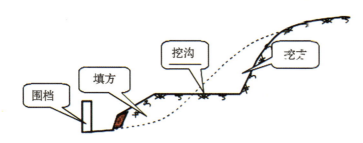

图 7-5 护坡示意图

图 7-6 矿区水土流失防治——护坡和挡土墙工程

## 7.3.3　建设排水沟

边坡上应设置排水沟,以减小坡面的水力冲刷,排水沟过水断面一般采用矩形断面,砖结构。排水沟的设计应符合下列要求:

(1) 排水沟位于边墙的外测,宜采用混凝土或砖砌筑成梯形断面,开挖防洪排水沟。

(2) 工矿区整治的排水沟一般采用明沟,断面尺寸通过水力计算确定。先选择排水沟底的纵向坡降、横断面的边坡系数及沟床的糙率。

坡顶坡脚排洪排水沟采用砖砌,排水沟与矿点排洪沟道贯通,排水沟过水断面采用矩形断面,一般底部铺 20 cm 碎石垫层,基础 15 cm 厚砼。典型排水沟断面示意图如图 7-7 所示,矿区水土流失防治——排水沟工程如图 7-8 所示。

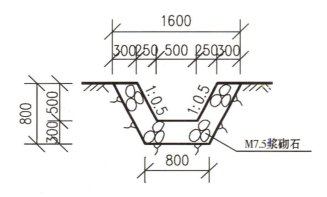

图 7-7　排水沟断面示意图

图 7-8　矿区水土流失防治——排水沟工程

### 7.3.4 开挖鱼鳞坑

鱼鳞坑是一种水土保持造林整地方法，在较陡的梁峁坡面和支离破碎的沟坡上沿等高线自上而下地挖半月形坑，呈"品"字形排列，形如鱼鳞，故称鱼鳞坑。鱼鳞坑具有一定蓄水能力，在坑内栽树，可保土保水保肥，可将树植在坑中。

由于坡面较陡，且沟坡支离破碎，不便于修筑水平沟，因此，在坡地造林时，可用"品"字形鱼鳞状挖穴的方式，一方面有利于提高整个坡面的保水能力，使边坡坡度角放缓；另一方面也分散拦截坡面径流，有利于提高保持水土的能力。其主要目标是要迅速改善矿区环境。

鱼鳞坑的布置从坡顶到坡脚一般每隔约 3 m "品"字形干挖月牙形坑，每排坑均沿等高线布置挖，鱼鳞坑间距为 3 m，上下两个坑交叉而又互相搭接，呈"品"字形排列。挖坑取出的土，培在外沿筑成半圆埂，更筑成中间高两边低，坑内植树。

矿区水土流失防治——鱼鳞坑工程如图 7-9 所示。

图 7-9　矿区水土流失防治——鱼鳞坑工程

## 7.4　土壤生态修复工程

土壤生态修复主要对采石采矿造成的水土流严重地区进行种树种草绿化恢复，防止水土流失加剧。

### 7.4.1　土壤改良

土壤改良是针对土壤的不良质地和结构，采取相应的物理、生物或化学措施，改善土壤性状，提高土壤肥力，增加作物产量，以及改善人类生存土壤环境的过程。

（1）土壤改良过程。土壤改良过程共分两个阶段：

1）保土阶段，采取工程或生物措施，使土壤流失量控制在容许流失量范围内。如果土壤流失量得不到控制，土壤改良亦无法进行。

2）改土阶段。其目的是增加土壤有机质和养分含量，改良土壤性状，提高土壤肥力。改土措施主要是种植豆科绿肥或多施农家肥。当土壤过沙或过黏时，可采用沙黏互掺的办法。中国南方的酸性红黄壤地区的侵蚀土壤磷素很缺，种植绿肥作物改土时必须施用磷肥。

用化学改良剂改变土壤酸性或碱性的一种措施称为土壤化学改良。常用的化学改良剂有石灰、石膏、磷石膏、氯化钙、硫酸亚铁、腐殖酸钙等，视土壤的性质而择用。如对碱化土壤需施用石膏、磷石膏等以钙离子交换出土壤胶体表面的钠离子，降低土壤的pH。对酸性土壤，则需施用石灰性物质。化学改良必须结合水利、农业等措施，才能取得更好的效果。

（2）土壤改良技术。土壤改良技术主要包括土壤结构改良、盐碱地改良、酸化土壤改良、土壤科学耕作和治理土壤重金属污染。

1）土壤结构改良是通过施用天然土壤改良剂（如腐殖酸类、纤维素类、沼渣等）和人工土壤改良剂（如聚乙烯醇、聚丙烯腈等）来促进土壤团粒的形成，改良土壤结构，提高肥力和固定表土，保护土壤耕层，防止水土流失。

2）盐碱地改良，主要是通过脱盐剂技术、盐碱土区旱田的井灌技术、生物改良技术进行土壤改良。

3）酸化土壤改良是控制废气二氧化碳的排放，制止酸雨发展或对已经酸化的土壤添加碳酸钠、硝石灰等土壤改良剂来改善土壤肥力，增加土壤的透水性和透气性。

4）土壤科学耕作是采用免耕技术、深松技术来解决由于耕作方法不当造成的土壤板结和退化问题。

5）土壤重金属污染主要是采取生物措施和改良措施将土壤中的重金属萃取出来，富集并搬运到植物的可收割部分或向受污染的土壤投放改良剂，使重金属发生氧化、还原、沉淀、吸附、抑制和拮抗作用。

### 7.4.2　植物生态修复

对开挖破损面、堆弃面、占压破损面及边坡，在安全稳定的前提下，宜采取植物防护措施，恢复自然景观。植物防护可采取种草、造林等措施。恢复措施及设计要求应符合《开发建设项目水土保持技术规范》（GB 50433—2008）的相关要求。

（1）坡面植被恢复工程。矿区坡面植被恢复主要包括种草护坡、造林护坡、砌石草皮护坡和格状框条护坡四种类型。

1）种草护坡设计规定：

①对坡比小于1.0∶1.5，土层较薄的沙质或土质坡面，可采取种草护坡工程。

②种草护坡应先将坡面进行整治，并选用生长快的低矮匍匐型草种。

③种草护坡应根据不同的坡面情况，采用不同的方法。土质坡面宜采取直接播种法；密实的土质边坡，宜采取坑植法；在风沙坡地，应先设沙障，固定流沙，再播种草籽。

④种草后1~2年内，应进行必要的封禁和抚育措施。

（2）造林护坡设计规定：

①对坡度适宜，有一定土层、立地条件较好的地方，应采用造林护坡。

②护坡造林应采用深根性与浅根性相结合的乔、灌木混交方式。同时选用适应当地条件、速生的乔木和灌木树种。

③在坡面的坡度、坡向和土质较复杂的地方，应将造林护坡与种草护坡结合起来，实行乔、灌、草相结合的植物或藤本植物护坡。

④坡面采取植苗造林时，苗木宜带土栽植，并应适当密植。

（3）砌石草皮护坡设计规定：

①在坡度缓于1∶1，高度小于4 m，坡面有涌水的坡段，应采用砌石草皮护坡。

②坡面的1/2~2/3以下应采取浆砌石护坡，上部采取草皮护坡。在坡面从上到下，每隔3~5 m沿等高线修一条宽30~50 m砌石条带，条带间的坡面种植草皮。

③砌石部位宜在坡面下部的涌水处或松散地层显露处，在涌水较大处设反滤层及排水设施。

（4）格状框条护坡设计规定：

1）位于路旁或人口聚居地的土质或沙土质边坡，宜采用格状框条护坡。

2）用浆砌石在坡面做成网格状。网格尺寸为2.0 m×2.0 m，或将每格上部做成圆拱形；上下两层网格呈"品"字形排列。浆砌石部分宽0.5 m左右。

3）采用预制件时，应在护坡现场直接浇制宽20~40 cm，长12 m的混凝土或用钢筋混凝土预制构件，修成格式建筑物。当格式建筑物可能沿坡面下滑时，应固定框格交叉点或在坡面深埋横向框条。

4）应在网格内种植草。

矿区坡面植被恢复工程如图7-10所示。

图 7-10 矿区坡面植被恢复工程

（2）植物措施恢复的原则和布设：

1）植物措施恢复原则。根据矿区的特有条件，按照"适地适树、适地适草"的原则，在树种、草种选择上以当地优良乡土树种、草种为主，以保证林草成活和正常生长，同时满足生物多样性和群落稳定性的要求。乔、灌木树种宜选择树形优美并具有较强抗污染、防噪声能力的树种，植草宜选择抗逆性强的草种。树种、草种应具有适应性强、发达的根系、耐贫瘠、较强的抗旱能力、改良土壤理化性状能力等，能够起到防治矿区水土流失的作用。

通过种草种树，增加地表植被覆盖度，能起到减少径流冲刷、发挥土壤蓄水能力、改善土壤肥力、促进生态系统良性循环、提高环境质量等作用。同时改造原有树种，引进适合当地生长，且价值较高的树种。在植被恢复中，要同时满足绿化和水土保持的要求，需遵从以下三个原则：

①要符合水土保持的目标，区内裸露地表恢复植被覆盖率达到95%以上。

②植物措施与主体工程设计相配合，做到快速覆盖，提高成活率。

③合理布局，选择和配置草种树种。

2）植物措施布设。常绿与落叶、针叶与阔叶、乔木与灌木、观花与赏叶植物组合配置，组成色彩丰富、错落有序、气氛浓郁的景观。

## 7.5 投资估算指标

### 7.5.1 矿区覆土修整工程投资

农村遗留工矿污染治理矿区覆土修整工程建设投资参考标准如表7-2所示。

表 7-2 矿区覆土修整工程建设投资参考标准

| 工程类型 | 分项工程名称 | 单 位 | 单位投资/元 |
|---|---|---|---|
| 矿区覆土修整工程 | 矿坑覆土回填 | m³ | 15～32 |
| | 废弃矿区修整 | m³ | 12～20 |

注：以上单位投资均为综合单价，可根据实际情况进行调整。

### 7.5.2　水土流失防治工程投资

农村遗留工矿污染治理水土流失防治工程建设投资参考标准如表 7-3 所示。

表 7-3 水土流失防治工程建设投资参考标准

| 工程类型 | 分项工程名称 | 单 位 | 单位投资/元 |
|---|---|---|---|
| 水土流失防治工程 | 建设拦沙坝 | m³ | 200～350 |
| | 建设挡土墙 | m³ | 160～300 |
| | 建设护坡 | m² | 30～55 |
| | 建设排水沟 | m | 60～100 |
| | 开挖鱼鳞坑 | m² | 15～30 |

注：以上单位投资均为综合单价，可根据实际情况进行调整。

### 7.5.3　土壤生态修复工程投资

农村遗留工矿污染治理土壤生态修复工程建设投资参考标准如表 7-4 所示。

表 7-4 土壤生态修复工程建设投资参考标准

| 工程类型 | 分项工程名称 | 单 位 | 单位投资/元 |
|---|---|---|---|
| 土壤生态修复工程 | 土壤改良 | m² | 6～15 |
| | 植物生态修复 | m² | 4～10 |

注：以上单位投资均为综合单价，可根据实际情况进行调整。

### 7.5.4　农村工矿污染治理运行和维护管理费

农村遗留工矿污染治理工程运行和维护管理费参考标准如表 7-5 所示。

表 7-5　工矿污染治理工程运行和维护管理费参考标准

| 工程类型 | 费用说明 | 运行管理费用参考 /（万元·年$^{-1}$） |
|---|---|---|
| 水土流失防治工程 | 排水沟清理、工程状况定期检查等 | 1.2～2.5 |
| 土壤生态修复工程 | 坡面植被维护、土壤污染修复情况检测 | 2.5～5.5 |

## 7.6　运行维护和管理

### 7.6.1　运行维护和管理的总体要求

实施对农村遗留矿山环境问题的动态监测，是防灾、减灾的重要手段，通过制订矿山环境问题监测方案并实施日常监测，实时掌握矿山地质环境现状及其变化趋势。整个监测工作接受当地国土资源管理部门的监督和指导。

### 7.6.2　遗留工矿污染治理设施的维护和管理

（1）植被的维护和保养。在植物生态修复的初期，植被的维护和保养相当重要。需对植物进行浇灌、施肥和补种等措施，保障植物的正常生长。

（2）农村遗留矿山治理后的监测工作。其主要监测内容有：

1）对边坡进行定期监测。监测地表是否发生变形如出现裂缝、小滑小塌等。

2）对水环境等进行监测。矿山需加强对作业人员的宣传教育，提高矿山全体职工的防灾减灾意识，自觉识别崩塌、滑坡、泥石流发生变化的迹象和前兆特征以及避让措施，实现群测群防地质灾害，最大限度地减轻因矿山地质环境问题而引发的财产损失和人员伤亡事故的发生。

# 8 工程应用实例

## 8.1 农村饮用水水源地保护工程

### 8.1.1 河源市新丰江水库

（1）工程简介。新丰江水库是华南最大的人工湖，又名万绿湖，是华南最大的生态旅游名胜，因四季皆绿，处处皆绿而得名。总面积 1600 km²，其中水域面积 370 km²，蓄水量约 139 亿 m³，里面有 360 多个绿岛。总集雨面积约 5800 km²。1993 年被国家林业局规划为国家森林公园，2001 年被授予"广东省环境教育基地"称号，2002 年 7 月被国家旅游局评为 AAAA 级旅游区。

（2）工程内容。新丰江水库饮用水水源保护的工程内容包括：界标 85 个、界碑 12 个、交通警示牌 12 个、宣传牌 121 个，设置标志牌等共 230 个。

（3）工程照片。新丰江水库饮用水水源保护工程如图 8-1 所示。

图 8-1 河源市新丰江水库饮用水水源保护工程（界标、宣传牌）

### 8.1.2 东莞市谢岗镇石鼓水库

（1）工程简介。石鼓水库横跨惠州与东莞两市，集雨面积有 17 km²，全年供水总量为 1000 m³ 左右，由东莞市谢岗镇与惠州市沥林镇共同分享，其中惠州占有 60%。正常情况下，石鼓水库的容量为 600 m³，为小二型水库。

（2）工程内容。石鼓水库饮用水水源保护的工程内容包括：隔离防护网

1.5 km、界标 2 块、宣传牌 2 块。

（3）工程照片东莞市谢岗镇石鼓水库饮用水水源保护工程如图 8-2、图 8-3 所示。

图 8-2　东莞市谢岗镇石鼓水库饮用水水源保护工程（界标、宣传牌）

图 8-3　东莞市谢岗镇石鼓水库饮用水水源保护工程（隔离网）

## 8.1.3　韶关市始兴县花山水库

（1）工程简介。花山水库位于韶关市始兴县城西南方 11 km，于 1976 年动工兴建，1986 年工程全面竣工。水库集雨面积 48.2 km$^2$，总库容 1441 万 m$^3$，是一座以防洪、城市供水、农田灌溉为主，兼顾水力发电、旅游、养殖的中型水利工程。

（2）工程内容。花山水库饮用水水源保护的工程内容包括：隔离防护网 1.2 km、界标 4 块、道路警示牌 10 块、宣传牌 10 块。

（3）工程照片。韶关市始兴县花山水库饮用水水源保护工程如图 8-4 所示。

图 8-4　韶关市始兴县花山水库饮用水水源保护工程（隔离网）

## 8.2　农村生活污水处理工程

### 8.2.1　广州市花都区花东镇李溪村

（1）工程简介。该工程位于广州市花都区花东镇李溪村，服务人口约 5770 人，设计处理规模为 700 t/d，采用"厌氧 + 人工湿地 + 砂滤池"污水处理工艺，占地面积共 1500 m²，工程总投资约 470 万元。

（2）工艺流程。污水处理工艺流程如图 8-5 所示。

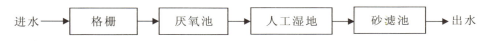

图 8-5　广州市花都区花东镇李溪村污水处理工艺流程

（3）效果评价。该项目工艺中设有污水提升泵，对污水进行了提升，以保证系统的正常运行。同时，在人工湿地后端设置了砂滤池，对人工湿地出水进行进一步净化，出水效果好。

（4）工程照片。广州市花都区花东镇李溪村农村生活污水处理设施如图 8-6 所示。

图 8-6　广州市花都区花东镇李溪村农村生活污水处理设施

## 8.2.2 惠州市仲恺开发区陈江镇社溪村

（1）工程简介。该工程位于惠州市陈江镇社溪村，服务人口约650人，设计处理规模为80 t/d，采用"厌氧水解+人工湿地"污水处理工艺，占地面积共245 m²，工程总投资约50万元。

（2）工艺流程。惠州市仲恺开发区陈江镇社溪村污水处理工艺流程如图8-7所示。

图8-7 惠州市仲恺开发区陈江镇社溪村污水处理工艺流程

（3）效果评价。该处理工艺已在农村地区进行了广泛应用，一般采用垂直潜流型人工湿地，根据运行的情况，处理效果较好。同时，项目结合周边景观进行设计，可做到农村污水处理与农村绿化景观建设协调一致。

（4）工程照片。惠州市仲恺开发区陈江镇社溪村农村生活污水处理设施如图8-8所示。

图8-8 惠州市仲恺开发区陈江镇社溪村农村生活污水处理设施

## 8.2.3 云浮市郁南县都城镇夏袭村

（1）工程简介。夏袭村位于西江流域郁南县城上游，紧靠大王山国家级森林公园。该工程服务人口约700人，设计处理规模为50 t/d，采用"水解酸化+人工湿地"污水处理工艺，占地面积约150 m²，工程总投资约23万元。

（2）工艺流程图。云浮市郁南县都城镇夏袭村污水处理工艺流程如图8-9所示。

图8-9　云浮市郁南县都城镇夏袭村污水处理工艺流程

（3）效果评价。该项目充分考虑农村生活污水排水现状，利用地形级差，在池塘边建设污水处理系统，采用无动力污水处理工艺，出水水质较好。

（4）工程照片。云浮市郁南县都城镇夏袭村农村生活污水处理设施如图8-10所示。

图8-10　云浮市郁南县都城镇夏袭村农村生活污水处理设施

## 8.2.4　梅州市平远县八尺镇石峰村

（1）工程简介。该工程位于梅州市平远县八尺镇石峰村，服务人口约500人，设计处理规模为100 t/d，采用"稳定塘+生态浮床"污水处理工艺，占地面积约600 $m^2$，工程总投资约34万元。

（2）工艺流程图。梅州市平远县八尺镇石峰村污水处理工艺流程如图8-11所示。

图8-11　梅州市平远县八尺镇石峰村污水处理工艺流程

（3）效果评价。在稳定塘内安装生态浮床，具有建设成本低、系统运行维护方便和兼容景观等特点，适合可用土地充裕的小规模污水处理设施。

(4) 工程照片。梅州市平远县八尺镇石峰村农村生活污水处理设施如图 8-12 所示。

图 8-12 梅州市平远县八尺镇石峰村农村生活污水处理设施

## 8.2.5 珠海市斗门区莲洲镇南青村

(1) 工程简介。该工程位于珠海市斗门区莲洲镇南青村,服务人口约 1300 人,设计处理规模为 180 t/d,采用"预处理+生物渗滤(快渗)"污水处理工艺,占地面积约 220 $m^2$,工程总投资约 80 万元。

(2) 工艺流程。珠海市斗门区莲洲镇南青村污水处理工艺流程如图 8-13 所示。

图 8-13 珠海市斗门区莲洲镇南青村污水处理工艺流程

(3) 效果评价。污水经预处理(预备预曝气设备)后,进入厌氧好氧交替生物渗滤池进行生物处理,出水经集水井提升进入景观池然后达标排放。该项目自动化程度高,运行稳定,出水水质较好。

(4) 工程照片。珠海市斗门区莲洲镇南青村农村生活污水处理设施如图 8-14 所示。

图 8-14　珠海市斗门区莲洲镇南青村农村生活污水处理设施

## 8.2.6　佛山市禅城区南庄镇利华员工村

（1）工程简介。利华员工村污水处理站处理规模为 200 m³/d，采用高负荷地下渗滤污水处理复合技术，系统占地 420 m²，工程总投资 45 万元。

（2）工艺流程图。佛山禅城区南庄镇利华员工村污水处理工艺流程如图 8-15 所示。

图 8-15　佛山禅城区南庄镇利华员工村污水处理工艺流程

（3）效果评价。污水处理系统大部分埋入地下，系统运行全自动控制，现场设一级控制和中央控制系统。对周围环境影响小，污泥产出量少，噪音小。

（4）工程照片。佛山市禅城区南庄镇利华员工村地埋式污水处理站如图 8-16 所示。

图 8-16　佛山市禅城区南庄镇利华员工村地埋式污水处理站（地下渗滤）

## 8.3 农村生活垃圾处理工程

### 8.3.1 惠州市博罗县农村生活垃圾清运工程

(1) 农村基本情况。惠州市博罗县位于珠江三角洲东北部，东江中下游北岸。全县辖 17 个镇和 1 个管委会（罗浮山管委会），共 356 个行政村（社区）。全县常住人口约 104 万人。

(2) 主要做法：

1) 纳入责任体系，统筹领导农村垃圾管理工作。成立了由县政府县长任组长、分管领导任副组长的"美丽乡村·清洁先行"活动领导机构，制订了《博罗县全面开展"美丽乡村·清洁先行"活动实施方案》《博罗县农村生活垃圾收运处理达标示范县建设工作实施方案》等活动有关方案。各镇也相应制订具体活动实施方案和成立活动领导机构。

2) 加大财政投入，完善农村垃圾收运处理体系的建设。博罗县建立农村生活垃圾收运处理奖补机制，包括压缩式生活垃圾转运站建设投入机制、村生活垃圾收集点建设奖补机制、全县生活垃圾处理费奖补机制、农村保洁员奖补机制和举报有奖机制等。

3) 强化综合整治，提升农村环境卫生清扫保洁质量水平。一是强化农村清扫保洁常态化管理。二是强化农村垃圾收运处理的规范化管理。三是强化农村环境的综合整治。

4) 加强科学引导，促进农村垃圾管理工作有序高效开展。根据《惠州市全面开展城乡生活垃圾收运处理工作实施方案》等系列指引文件，加强农村垃圾管理工作的规划和计划，强化城乡垃圾收运处理的统筹指引。

5) 强化督察考核，提高农村垃圾收运处理的工作绩效。一是实施农村生活垃圾常态化管理。二是建立农村生活垃圾长效工作机制。通过强有力的督察考核，促进各镇村建立健全农村垃圾管理长效机制，推进农村垃圾收运处理实现常态化的高水平管理。

6) 加大宣传教育，营造村民参与垃圾治理的良好氛围。一是广泛开展农村垃圾收运处理和农村卫生保洁的宣传教育。二是广泛开展创建卫生村镇、文明村镇和示范村镇活动。三是注重培养下一代的环卫意识。

(3) 实施成效。截至 2015 年年底，博罗县 17 个镇和罗浮山管委会共建设垃圾转运站 20 座，配备专用垃圾密封压缩车 20 台，全县 356 个行政村（社区）共建成农村垃圾收集点 7520 多个，配备各类收运车辆近 2400 台，农村保洁员 2442

名。已建成并运行处理能力达 700 t/d 的生活垃圾焚烧发电厂 1 座，日均处理垃圾 670 t。已完成"一县一场、一镇一站、一镇一辆、一村一点"的要求，完善了农村垃圾收运体系，基本实现了农村环境卫生常态化清扫保洁、农村垃圾日产日清，90%以上的农村生活垃圾得到有效处理，全县城乡生活垃圾无害化处理率达到 100%。

（4）工程照片。惠州市博罗县垃圾桶、宣传牌如图 8-17 所示。惠州市博罗县自卸式垃圾收集车、垃圾中转站如图 8-18 所示。

图 8-17　惠州市博罗县垃圾桶、宣传牌

图 8-18　惠州市博罗县自卸式垃圾收集车、垃圾中转站

## 8.3.2　云浮市新兴县农村生活垃圾清运工程

（1）农村基本情况。云浮市新兴县位于广东省中部偏西，属于西江流域。全县辖12个镇，共199个行政村（社区）、1090个自然村，全县农村人口约41万人。

（2）主要做法：

1）强化责任落实，实现管理网格化。制定管理大网格，按照"分片分线定清运服务单位、定镇、定线路、定责、定督察"的原则，明确12个镇网格责任区域、责任人，确定至少一名县处级领导挂钩联系一个镇。同时，各镇再进行"定村、定人、定岗、定责"。

2）强化技能培训，实现队伍规范化。指导各镇政府按要求配备村级保洁员，核实每一名保洁员的劳动能力和基本信息的真实性，以镇为单位，对农村保洁员进行统一管理、统一培训。

3）强化试点带动，实现亮点模式化。因地制宜，科学建设示范点，营造"比学赶超"氛围，收集群众反映强烈的环境卫生热点难点问题，及时查实、处理。

4）强化宣传发动，实现载体多样化。开展知识问答、清洁大扫除等活动，同时发放宣传册，建立"一平台两群"（即微信公众平台、农村生活垃圾处理工作经验交流微信群和工作信息员QQ群），促进政府、保洁公司、群众之间的交流，实现信息传递、经验共享和全民参与。

5）强化督导考核，实现工作长效化。建立了周督察制度、清运服务单位约谈制度、月考核通报制度和县镇两级考核制度。通过"微信督察"实现动态监督，动态督促各镇政府落实监管责任，实时监督保洁公司履行合同约定，督察情况在全县范围内进行通报。

（3）实施成效。截至2015年年底，新兴县已建成镇级生活垃圾压缩转运站12个，建成生活垃圾无害化处理场1座，每天收运农村生活垃圾约140 t。共建设村级生活垃圾收集点（垃圾池、垃圾屋）1875个，购置了压缩式转运车辆6台，自卸式垃圾收集车辆76台，保洁收集车1269台，垃圾箱（桶）358个，卫生洁具4168把（件）。全县农村生活垃圾收集清运覆盖率和无害化处理率均达到99.76%，村庄覆盖率为100%，垃圾收运延伸到所有自然村，实现自然村保洁清运全覆盖。

（4）工程照片。云浮市新兴县垃圾屋、垃圾收集宣传牌如图8-19所示。云浮市新兴县自卸式垃圾收集车、垃圾中转站如图8-20所示。

8 工程应用实例

图 8-19　云浮市新兴县垃圾屋、垃圾收集宣传牌

图 8-20　云浮市新兴县自卸式垃圾收集车、垃圾中转站

## 8.4　农村畜禽养殖污染治理工程

### 8.4.1　韶关市始兴县罗诗传养猪场

（1）工程简介。罗诗传养猪场位于韶关市始兴县太平镇斜潭村罗屋组埂背。该猪场占地面积 2100 m²，其中猪舍面积 230 m²，已建设雨污分流管道、沼液储存池、堆粪场和沼液输送灌溉设施。2015 年肉猪存栏量约为 160 头。

（2）技术措施。该养猪场采用"雨污分流+干清粪+粪污综合利用"工艺。粪便通过干清粪方式收集后进行发酵堆肥处理，猪粪全部用于附近经济林及果园的施肥。尿液污水经过沉砂池进入沼气池进行厌氧处理,产生的沼气用于厨房做饭,产生的沼渣用于猪场内部做肥料。产生的沼液通过沼液管道输送到附近猪场内部的林地浇灌经济林、果园等,或进入水生植物塘和鱼塘经处理后再用于浇灌林地。

(3) 工艺流程。韶关市始兴县罗诗传养猪场粪污处理工艺流程如图 8-21 所示。

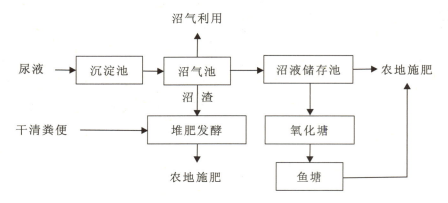

图 8-21　韶关市始兴县罗诗传养猪场粪污处理工艺流程

(4) 工程照片。韶关市始兴县罗诗传养猪场如图 8-22 所示。

图 8-22　韶关市始兴县罗诗传养猪场(沼气池和氧化塘)

## 8.4.2 云浮市新兴县簕竹镇大坪养猪场

(1) 工程简介。大坪养猪场位于云浮市新兴县簕竹镇太平村委寺云村，肉猪年存栏量约200头，采用干清粪养殖工艺。该养猪场属于养殖专业户，养殖技术接受温氏公司的统一指导，粪污处理措施必须达到温氏公司的目标要求。

(2) 技术措施。该养猪场废水采用"厌氧（沼气池）+氧化塘"处理工艺，建设有沼气池2个，容积共50 m³；氧化塘2个，容积共约220 m³。氧化塘采用防渗膜进行防渗，氧化塘出水用于灌溉竹林或者直接进入旁边的大鱼塘。干清粪便由温氏公司统一定期收集并综合利用。

(3) 工艺流程。云浮市新兴县簕竹镇大坪养猪场泼水处理工艺流程如图8-23所示。

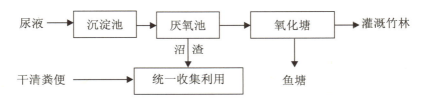

图8-23 云浮市新兴县□竹镇大坪养猪场泼水处理工艺流程

(4) 工程照片。云浮市新兴县簕竹镇大坪养猪场如图8-24所示。

图8-24 云浮市新兴县簕竹镇大坪养猪场（沼气池和氧化塘）

## 8.4.3 云浮市郁南县都城镇蓝兴养猪场

(1) 工程简介。蓝兴养猪场位于云浮市郁南县都城镇竹山村，肉猪年存栏量约250头，采用干清粪养殖工艺。养猪场配套有黄皮种植基地150亩（1亩≈666.7 m²），为"种养结合"的一体化养殖场。

(2) 技术措施。该养猪场采用"干清粪＋厌氧＋粪污综合利用"工艺。粪便通过干清粪方式进行收集，尿液进入沼气池进行厌氧处理。

废水经厌氧池处理后，全部用于浇灌果树。厌氧池尺寸为 300 m² × 3.5 m，总容积约 1050 m³，未对产生的沼气进行利用。畜禽粪便产生量为 4～5 t/月，部分用于种植果树，部分出售。

(3) 工艺流程。云浮市郁南县都城镇蓝兴养猪场粪便处理工艺流程如图 8-25 所示。

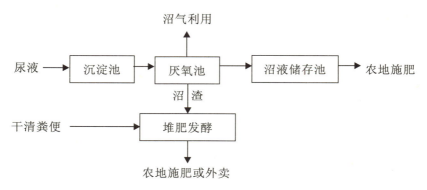

图 8-25　云浮市郁南县都城镇蓝兴养猪场粪便处理工艺流程

(4) 工程照片。云浮市郁南县都城镇蓝兴养猪场如图 8-26 所示。

图 8-26　云浮市郁南县都城镇蓝兴养猪场（厌氧池和果园）

# 附件1 城镇污水处理厂污染物排放标准（GB 18918—2002）

基本控制项目最高允许排放浓度（日均值）

单位：mg/L（pH 除外）

| 序号 | 基本控制项目 | | 一级标准 A 标准 | 一级标准 B 标准 | 二级标准 | 三级标准 |
|---|---|---|---|---|---|---|
| 1 | 化学需氧量（COD） | | 50 | 60 | 100 | 120[①] |
| 2 | 生化需氧量（$BOD_5$） | | 10 | 20 | 30 | 60[①] |
| 3 | 悬浮物（SS） | | 10 | 20 | 30 | 50 |
| 4 | 动植物油 | | 1 | 3 | 5 | 20 |
| 5 | 石油类 | | 1 | 3 | 5 | 15 |
| 6 | 阴离子表面活性剂 | | 0.5 | 1 | 2 | 5 |
| 7 | 总氮（以 N 计） | | 15 | 20 | — | — |
| 8 | 氨氮（以 N 计）[②] | | 5（8） | 8（15） | 25（30） | — |
| 9 | 总磷（以 P 计） | 2005年12月31日前建设的 | 1 | 1.5 | 3 | 5 |
| 9 | 总磷（以 P 计） | 2006年1月1日起建设的 | 0.5 | 1 | 3 | 5 |
| 10 | 色度（稀释倍数） | | 30 | 30 | 40 | 50 |
| 11 | pH | | 6～9 | | | |
| 12 | 粪大肠菌群数（个/L） | | $10^3$ | $10^4$ | $10^4$ | — |

注：①下列情况下按去除率指标执行：当进水化学需氧量（COD）大于350 mg/L时，去除率应大于60%；生化需氧量（$BOD_5$）大于160 mg/L时，去除率应大于50%。

②括号外数值为水温大于12 ℃时的控制指标，括号内数值为水温小于等于12 ℃时的控制指标。

③一级标准的A标准是城镇污水处理厂出水作为回用水的基本要求。当污水处理厂出水引入稀释能力较小的河湖作为城镇景观用水和一般回用水等用途时，执行一级标准的A标准。

④城镇污水处理厂出水排入GB 3838地表水Ⅲ类功能水域（划定的饮用水水源保护区和游泳区除外）、GB 3097海水二类功能水域和湖、库等封闭或半封闭水域时，执行一级标

准的 B 标准。

⑤城镇污水处理厂出水排入 GB 3838 地表水Ⅳ类、Ⅴ类功能水域或 GB 3097 海水三类、四类功能海域，执行二级标准。

⑥非重点控制流域和非水源保护区的建制镇的污水处理厂，根据当地经济条件和水污染控制要求，采用一级强化处理工艺时，执行三级标准。但必须预留二级处理设施的位置，分期达到二级标准。

# 附件2 广东省水污染物排放限值（DB 44/26—2001）

第二类污染物最高允许排放浓度

（第二时段）

单位：mg/L（pH除外）

| 序号 | 污染物 | 适用范围 | 一级标准 | 二级标准 |
|---|---|---|---|---|
| 1 | pH | 一切排污单位 | 6～9 | 6～9 |
| 2 | 色度 | 一切排污单位 | 40 | 60 |
| 3 | 悬浮物（SS） | 城镇二级污水处理厂 | 20 | 30 |
| 4 | 5日生化需氧量（$BOD_5$） | 城镇二级污水处理厂 | 20 | 30 |
| 5 | 化学需氧量（COD） | 城镇二级污水处理 | 40 | 60 |
| 6 | 氨氮（以N计） | 其他排污单位 | 10 | 15 |
| 7 | 磷酸盐（以P计） | 其他排污单位 | 0.5 | 1.0 |

注：①2002年1月1日起建设的项目水污染物的排放和部分行业最高允许排水量执行第二时段标准值。

②排入一类控制区［根据GHZB 1划分为Ⅲ类的水域（划定的保护区、游泳区除外）以及GB 3097划分为二类的海域］的污水执行一类标准。

③排入二类控制区（根据GHZB 1划分为Ⅳ类、Ⅴ类的水域和GB 3097划分为三类、四类的海域）的污水执行二类标准。

# 稳定同位素技术在作物水分利用策略研究中的应用

朱 林 许 兴 等 著

科学出版社

北京

## 内 容 简 介

碳、氢、氧稳定同位素在鉴定 $C_3$ 植物的蒸腾效率及示踪物鉴定植物的水分来源方面有重要的应用价值。本书介绍了宁夏不同生态条件下碳同位素分辨率（$\Delta^{13}C$）在鉴定小麦及苜蓿水分利用效率、产量的研究案例，并基于大量的田间及盆栽试验数据，归纳总结了应用碳、氧稳定同位素技术进行小麦及苜蓿抗旱节水高产品种选育及水分利用策略研究的关键技术和原理。全书分为 3 章，分别介绍了与稳定同位素技术有关的植物水分利用效率及节水高产品种选育的研究方法和原理，碳同位素分辨率技术在宁夏不同生态区春小麦节水品种鉴定中的应用研究，碳、氧稳定同位素分辨率技术在宁夏荒漠草原区苜蓿节水高产新品种鉴定及水分利用策略中的应用。本书对于稳定同位素技术研究小麦及苜蓿水分利用策略方面具有实践上和理论上的指导意义，为半干旱地区选育抗旱节水高产新品种提供了新的技术方法。

本书可供从事作物生理生态及育种科研的工作者、相关专业研究生参考。

**图书在版编目（CIP）数据**

稳定同位素技术在作物水分利用策略研究中的应用/朱林等著. —北京：科学出版社，2020.6
ISBN 978-7-03-063310-1

Ⅰ. ①稳… Ⅱ. ①朱… Ⅲ. ①稳定同位素–应用–作物–水分状况–利用率–研究 Ⅳ. ①S152.7

中国版本图书馆 CIP 数据核字(2019)第 255875 号

责任编辑：王 静 岳漫宇 付 聪 / 责任校对：郑金红
责任印制：吴兆东 / 封面设计：刘新新

科学出版社 出版
北京东黄城根北街 16 号
邮政编码：100717
http://www.sciencep.com

北京虎彩文化传播有限公司 印刷
科学出版社发行 各地新华书店经销

\*

2020 年 6 月第 一 版　　开本：787×1092 1/16
2020 年 6 月第一次印刷　　印张：8
　　　　　　　　　　　　　字数：185 000
**定价：108.00 元**
(如有印装质量问题，我社负责调换)

# 《稳定同位素技术在作物水分利用策略研究中的应用》
## 著者名单

主要著者：朱　林　许　兴

其他著者：麻冬梅　郑国琦　王桂莲

# 前　言

　　稳定同位素是指质子数相同、中子数不同且不具有放射性的元素形式。虽然相同元素的同位素在核外电子数及排列上相同，但由于不同同位素间质量上存在差异而表现出物理和化学行为上的差异，而且相对质量差异越大，物理和化学行为的差异也越大。这种由于同位素之间在物理、化学性质上的差异，导致反应底物和生成产物在同位素组成上出现差异的现象，被称为同位素效应。正是由于这些差异的存在，自然界中各种物质之间的稳定同位素比值差异明显。20 世纪 80 年代后，稳定同位素质谱测试技术的改进和费用的降低，促进了稳定同位素及其技术的研究和应用。稳定同位素技术具有示踪、整合和指示的功能，已成为科学家研究生态系统功能变化的重要研究手段之一。

　　碳、氢、氧稳定同位素被用来研究植物光合作用的途径、生物碳-水循环过程中的水分利用效率及水分来源等问题。自然条件下碳元素有两种稳定同位素，其中 $^{12}C$ 占 98.89%，$^{13}C$ 占 1.11%，各种含碳物质中 $^{12}C$ 和 $^{13}C$ 间比值具有不同的、恒定的度量值。在光合作用过程中，植物对较重的 $CO_2$ 中的 $^{13}C$ 有"判别"作用，导致植物组织中 $^{13}C$ 与 $^{12}C$ 之间的比值小于 $CO_2$ 中 $^{13}C$ 与 $^{12}C$ 的比值。植物的这种对 $^{13}C$ 分馏作用的大小与植物的光合作用类型、遗传特性有关。同时，由于这两种同位素是稳定的，所以，只要没有碳元素的损失，碳同位素比值所包含的内在信息就是不变的。基于这一特性，植物体组织中的稳定碳同位素已被成功引入到植物生理学、生物化学及农学的多个研究领域，如光合作用途径、植物水分利用率、化合物和能量移动规律、作物新品种选育等。

　　自然环境中，水中的氧绝大多数以 $^{16}O$（99.8%）的形式存在，但也有少量含有两个额外中子的同位素 $^{18}O$（0.2%）。含有同位素 $^{18}O$ 的水分子与含有较轻同位素 $^{16}O$ 的水分子相比蒸发和扩散速率较慢，而从大气中凝结和沉降的速率却较快，因此，由于地球上不同水体经历的水循环过程不同而具有各自的氧同位素组成。陆地植物根系吸收的水分在通过木质部运输到未栓化的细嫩枝条或者叶片之前一般不发生同位素分馏现象。因此，植物根系和茎干木质部水的同位素组成可以反映植物体内水分与各种水源同位素组成的状况，通过分析比较木质部水分与降水、地下水等水源的同位素组成，可以确定不同水源对植物组织水分的相对贡献率。利用二项或三项分隔线性混合模型（two-or three-compartment linear mixing model），可以估算出植物对不同水源的相对使用量。

　　自 Farquhar 等首次报道了碳同位素分辨率（$\Delta^{13}C$）与蒸腾效率负相关以来，作物育种学家也逐渐尝试把这一技术用于作物节水品种选育项目中。很多文献报道了大麦或小麦的产量与 $\Delta^{13}C$ 正相关，增加了 $\Delta^{13}C$ 这一指标在小麦高产节水品种筛选中的应用价值。

　　从 20 世纪 80 年代后期到现在，不断有来自世界各地不同环境条件下生长的多种作物 $\Delta^{13}C$ 与产量关系的报道。不同的研究者对干旱条件下产量与 $\Delta^{13}C$ 关系的报道是不尽相同的，这主要受不同的干旱模式、降水量、在小麦不同生育时期内的分布及播种时土壤中贮水量的影响。在花后胁迫条件下的研究显示 $\Delta^{13}C$ 与产量呈显著正相关，并且这一结果得到了来自不同地区研究报道的证实。花后胁迫模式下小麦 $\Delta^{13}C$ 与产量正相关的主要原因是高 $\Delta^{13}C$ 基因型气孔开度较大、净光合速率高；高 $\Delta^{13}C$ 植物个体往往成熟早，可以避免后期不利环境因素的影响。因此，在这种模式下选育高 $\Delta^{13}C$ 基因型可能有利于产量的提高。

由联合国粮食及农业组织和国际原子能机构（FAO/IAEA）资助的项目"Selection for greater agronomic water use efficiency in wheat and rice using carbon isotope discrimination"（http://www-naweb.iaea.org/nafa/swmn/crp/swmcn-carbon-isotope.html）于 2001 年启动，共有 12 个国家参加，中国项目组由许兴博士主持，宁夏农林科学院为承担单位（合同编号 No12651/R1）。该项目的总体目标是提高小麦或水稻农艺水分利用效率（产量/蒸腾蒸发量）。具体目标是：①在不同的农作条件下，评价碳同位素分辨率技术作为选择指标在小麦及水稻高产品种选育中的优劣；②繁育具有不同 $\Delta^{13}C$ 的后代品系；③通过评价这些后代在不同农作区的产量表现，制定适合当地情况的选择方案。本研究课题由国际知名作物抗旱生理育种专家 Tony Condon 博士和 Philippe Monneveux 博士等组成的专家顾问小组研究制定课题实施方案，并定期到宁夏田间和实验室指导工作。中国项目组（子课题"中国西北春小麦农艺水分利用效率的遗传改良"）主要是在宁夏 3 个具有代表性的小麦种植区［中部灌区（银川）、北部盐碱区（石嘴山市惠农区）及南部雨养旱作区（固原）］研究 $\Delta^{13}C$ 的遗传变异及其与产量和其他相关指标的关系，验证 $\Delta^{13}C$ 作为产量的间接指标在育种中的应用价值，确立不同生态区育种选择目标，为制定育种方案奠定基础。同时，对 $\Delta^{13}C$ 的替代指标进行研究。作者作为项目的主要参与人，除了完成项目的目标任务外，又对 $\Delta^{13}C$ 在水分精确控制的管栽条件与主要农艺指标、替代指标的关系进行了研究；同时，对 $\Delta^{13}C$ 与营养器官中碳水化合物向籽粒转运的关系进行了探讨，力图从生理机制上解释田间试验中所观察到的现象，为 $\Delta^{13}C$ 在实践中的应用提供理论依据。2007 年 6 月，由国际原子能机构核技术在粮农领域的应用（Nuclear Techniques in Food and Agriculture）部门项目官员 Chalk Philip 先生召集，宁夏大学主办、宁夏农林科学院协办的第三届应用碳同位素分辨率技术提高作物水分利用效率国际研讨会在银川召开。11 个项目参与国的代表出席了会议，就各自项目进展情况进行了交流，并考察了宁夏课题组在固原和银川的试验基地，各国专家对我们取得的成就给予了很高的评价，并对项目执行中遇到的问题提出了一些合理化建议和指导。

在国家自然科学基金项目（31160478）的资助下，本研究团队于 2011～2014 年在位于宁夏中部半旱带的吴忠市孙家滩开发区宁夏现代农业集团有限公司苜蓿基地开展紫花苜蓿（*Medicago sativa*，以下简称苜蓿）水分利用效率试验研究。在三种模拟水分条件（人工灌水模拟半干旱偏旱、半湿润偏旱及半湿润偏湿气候类型）下研究 10 个不同遗传背景的苜蓿基因型的农艺水分利用效率、形态及生理指标的遗传变异，分析不同部位 $\Delta^{13}C$ 与水分利用效率的关系及其影响因素，从而构建苜蓿节水品种（系）早代鉴定指标体系，并试图提示苜蓿抗旱节水的生理机制。

本书基于大量的田间及盆栽试验数据，归纳总结了应用碳、氧稳定同位素技术进行小麦及苜蓿抗旱节水高产品种选育及水分利用策略研究的关键技术和原理。

因作者水平有限，书中难免有错误和不足之处，敬请读者批评指正。

著　者

2020 年 4 月 11 日于银川

# 目　　录

前言

## 第一章　研究基础 ... 1

### 第一节　植物水分利用效率 ... 1
一、植物 WUE 的含义及其测定和计算方法 ... 1
二、气孔与植物 WUE 的关系 ... 3
三、作物 WUE 及其与产量的关系 ... 4

### 第二节　植物 $\Delta^{13}C$ ... 7
一、植物 $\Delta^{13}C$ 的原理 ... 7
二、植物 $\Delta^{13}C$ 的测定分析方法 ... 7
三、植物 $\Delta^{13}C$ 与 WUE 的关系 ... 8
四、植物 $\Delta^{13}C$ 与气孔导度及光合作用的关系 ... 9
五、植物光合作用后的生理生化过程对碳同位素的分馏作用 ... 10
六、$\Delta^{13}C$ 在作物育种中的应用 ... 11
七、$\Delta^{13}C$ 替代指标的研究 ... 13

### 第三节　基于碳同位素分辨率技术的作物节水品种选育方法 ... 14
一、研究区自然概况 ... 14
二、试验材料 ... 15
三、试验设计 ... 17
四、主要分析指标及其测定方法 ... 18
五、数据处理 ... 21

主要参考文献 ... 21

## 第二章　碳稳定同位素技术在宁夏不同生态区春小麦节水品种鉴定中的应用研究 ... 27

### 第一节　宁夏不同生态区小麦 $\Delta^{13}C$ 与籽粒产量的关系 ... 28
一、宁夏不同生态区小麦 $\Delta^{13}C$ 及重要生理指标的时空变化 ... 29
二、宁夏不同生态区小麦 $\Delta^{13}C$ 与籽粒产量及重要农艺和生理指标的相关性 ... 30
三、宁夏不同生态区小麦 $\Delta^{13}C$ 与光合气体交换参数的相关性 ... 32
四、宁夏不同生态区小麦 $\Delta^{13}C$ 替代指标的筛选 ... 33
五、宁夏不同生态区小麦 3 种基因型间各农艺和生理指标的差异 ... 33
六、讨论与结论 ... 35

第二节　不同水分条件下小麦 $\Delta^{13}C$ 与蒸腾效率及相关农艺和生理指标的关系 ……… 39
　　一、不同水分处理对 $\Delta^{13}C$、籽粒产量、蒸腾效率及灰分含量的影响 ……… 39
　　二、不同水分条件下小麦基因型间 $\Delta^{13}C$ 的差异 ……… 41
　　三、不同水分条件下小麦 $\Delta^{13}C$ 与 WUE 的关系 ……… 42
　　四、不同水分条件下小麦 $\Delta^{13}C$ 与籽粒产量构成因素的关系 ……… 42
　　五、不同水分条件下小麦 $\Delta^{13}C$ 与灰分含量、3 种矿质元素的关系 ……… 43
　　六、不同水分条件下小麦 $\Delta^{13}C$ 与气体交换参数的关系 ……… 44
　　七、讨论与结论 ……… 46
第三节　春小麦 $\Delta^{13}C$ 与籽粒产量、灰分含量茎秆中碳水化合物的关系 ……… 49
　　一、银川试验点不同年份气候条件及土壤含水量的差异 ……… 51
　　二、银川试验点不同年份间 $\Delta^{13}C$、籽粒产量和收获系数的变化 ……… 52
　　三、银川试验点小麦花后不同天数比茎秆重和碳水化合物含量的变化 ……… 52
　　四、银川试验点不同年份小麦 $\Delta^{13}C$ 与籽粒产量及重要农艺和生理指标之间的关系 ……… 53
　　五、银川试验点小麦 $\Delta^{13}C$ 与比茎秆重、3 种碳水化合物含量、积累效率和转运效率的关系 ……… 54
　　六、讨论与结论 ……… 56
第四节　$\Delta^{13}C$ 在小麦节水高产后代选育中的应用 ……… 59
　　一、宁夏不同生态区基于 $\Delta^{13}C$ 的亲本选择及杂交后代群体的构建 ……… 59
　　二、宁夏不同生态区 3 个杂交类型后代品系旗叶 $\Delta^{13}C$ 及籽粒 $\Delta^{13}C$ 的表现 … 60
　　三、宁夏不同生态区 3 个杂交类型后代品系籽粒产量的表现 ……… 63
　　四、宁夏不同生态区 3 个杂交类型后代品系 $\Delta^{13}C$ 与籽粒产量的关系 ……… 66
　　五、讨论与结论 ……… 66
主要参考文献 ……… 66

第三章　碳、氧稳定同位素技术在宁夏荒漠草原区苜蓿节水高产新品种鉴定及水分利用策略中的应用 ……… 71
第一节　宁夏荒漠草原苜蓿不同部位 $\Delta^{13}C$ 与干草产量及 WUE 的关系 ……… 71
　　一、灌水量、生长年限和基因型对各测定指标的影响 ……… 73
　　二、基因型与环境的互作 ……… 74
　　三、不同时间尺度光合产物 $\Delta^{13}C$ 与干草产量及 WUE 的相关性 ……… 75
　　四、讨论与结论 ……… 82
第二节　宁夏荒漠草原不同水分条件下苜蓿 $\Delta^{13}C$ 与光合同化特征的关系 ……… 84
　　一、不同水分处理对 $\Delta^{13}C$、碳含量及光合气体交换参数的影响 ……… 85
　　二、不同水分条件下 $\Delta^{13}C$ 与叶片碳含量的关系 ……… 90

三、不同水分条件下 $\Delta^{13}C$ 与光合气体交换参数的关系 ·········· 92
　　四、讨论与结论 ·········· 94
第三节　宁夏中部干旱带苜蓿 $\Delta^{13}C$ 替代指标的研究 ·········· 96
　　一、不同水分条件下 $\Delta^{13}C$ 及相关指标的表现 ·········· 97
　　二、苜蓿各参试品种生长及生理指标的表现 ·········· 98
　　三、不同水分条件下 $\Delta^{13}C$ 与各测定指标的相关性 ·········· 98
　　四、讨论与结论 ·········· 99
第四节　宁夏毛乌素沙地南缘缓坡丘陵区不同坡位旱地苜蓿水分利用特征的研究 ·········· 100
　　一、试验区降雨及其同位素组成 ·········· 101
　　二、不同坡位苜蓿地土壤含水量的变化 ·········· 102
　　三、不同坡位苜蓿生物量、地上整株 $\Delta^{13}C$、水势及气孔导度的变化 ·········· 103
　　四、不同坡位土壤水及苜蓿茎秆水稳定同位素组成 ·········· 106
　　五、不同坡位苜蓿对各潜在水源的利用率 ·········· 109
　　六、讨论与结论 ·········· 110
主要参考文献 ·········· 113

# 第一章 研究基础

## 第一节 植物水分利用效率

当前,水资源短缺已成为人类共同面对和关注的问题。我国人均水资源量仅占世界人均水资源量的1/4,水与农业生产的矛盾日益突出。干旱是我国北方粮食生产的首要限制因子。发展节水农业是我国农业生产的必由之路,而在农业综合节水体系中,生物节水占有举足轻重的地位。生物节水,即通过遗传改良和生理调控的途径来提高植物水分利用效率和抗旱性。它的直接作用是提高蒸腾水的比例及其利用效率,同时也是采取相应工程和农业节水措施的依据。特别是当水的流失、蒸发、渗漏得到最大限度的控制之后,作物本身高效用水就显得更为重要,被视为进一步实现节水增产的潜力所在,也是节水农业中未知数最多的一个研究领域(山仑,2003)。

抗旱和节水并非等同,它们之间既有区别又有联系。张明义和张娟(1992)认为抗旱性和节水性是两个不同的概念:抗旱性是指在水分胁迫条件下,植物能否维持代谢活动、比较正常地生长发育的特性;节水性是指植株正常生长发育获得一定的经济产量所消耗水分多少的特性,反映作物水分利用效率的高低。抗旱的品种不一定节水,节水的品种不一定抗旱,只有既抗旱又节水的品种,在干旱条件下才能正常生长发育获得好的产量。目前,已有的作物抗旱研究表明,具有典型抗旱特征的野生品种已不适应当前高肥地力的要求,表现为抗旱有余而产量不足,使旱地小麦育种趋向于抗旱、丰产、矮秆型品种的选育。

农作物的水分利用效率(water use efficiency,WUE)是指农作物消耗单位质量的水分所合成的干物质量。有关这方面的研究已成为当前半干旱和半湿润地区植物生理和农业研究的热点。一方面是因为抗旱性与WUE有密切关系,高WUE是作物抗旱性的一种重要机理,有利于作物在缺水条件下形成产量(Hall et al.,1979)。二是WUE研究属于从基础到应用的一个中间环节,对它的研究有助于解决植物生理学与农业生产的衔接问题,从而为提高作物的抗旱性开辟一条较为现实的途径(山仑,1994)。WUE与农业生产有着密切的关系,研究和鉴定作物种质资源的WUE可以为引进和选育用水效率高的作物种类与品种提供理论依据与筛选指标,为用水效率的提高制定合理的耕作栽培技术;同时,可以估测作物的增产潜力,为农业区划和生产提供科学依据。

### 一、植物WUE的含义及其测定和计算方法

植物的WUE是指植物消耗单位质量的水分所合成的干物质量。WUE既是反映植物对水分胁迫的适应能力,又是反映植物丰产性与经济性高低的指标,对于WUE的研究是属于从基础到应用的一个中间环节,与农业生产有着密切的联系。有关这方面的研究已成为当前干旱、半干旱地区植物生理和农业研究的一个热点。

研究植物 WUE 的途径和水平有很多，不同的学科对它的定义也是不同的，Bolger 和 Turner（1998）把植物蒸腾效率归纳为 3 种：蒸腾效率（TE）指植物消耗单位质量的水所生产的干物质量；蒸腾效率可以通过不同的技术手段获得，其中，最古老的方法是用植物的生物量除以总的蒸腾量；蒸腾效率反映的是植物个体水平上的 WUE，但在田间测定时难以将蒸腾蒸发分开，计算 WUE 仍有一定的难度和误差（Wright et al.，1988）。随着现代气体交换测量技术的发展，科研工作者可以测定单叶水平上的蒸腾效率，即瞬间 $CO_2$ 的同化速率和蒸腾速率（林植芳等，1995）或与叶片导度之比（Kramer and Kozlowski，1979）。由于农作物的干物质主要是光合作用形成的（颜景义等，1995），因而干物质的形成量可以由同期光合量来代替。另外，在农作物生长的中后期，作物封行以后，农田中的耗水主要为生理耗水——蒸腾耗水，故此时农田中的耗水量可用蒸腾耗水量来表征。当然，干物质的形成并非全部来自光合产物，蒸腾失水也不是农田中的全部耗水（即使在完全封行的农田里）。但是，二者的比值十分接近作物的实际 WUE，差异极小（于沪宁和刘萱，1990）。因而，我们也可以把作物的 WUE 用净光合作用与蒸腾作用的比值来表示，即 $U = P/E$，式中，$U$ 为单叶 WUE（$\mu mol\ CO_2/mmol\ H_2O$）；$P$ 为作物的净光合速率[$\mu mol\ CO_2/(m^2 \cdot s)$]；$E$ 为蒸腾速率[$mmol\ H_2O/(m^2 \cdot s)$]。最近几年，研究者发现植物对空气中的稳定碳同位素 $^{13}C$ 具有分馏作用，因此，植物组织中的碳同位素分辨率（$\Delta^{13}C$）被发展为测定蒸腾效率的一种方法（Farquhar et al.，1982）。群体水平上的 WUE 直接与作物的产量或生物产量有关，因而与生产实际结合最为紧密（刘文兆，1998）。对于农业生产而言，群体 WUE = 作物产量/（蒸腾量 + 蒸发量），这就是所谓的农艺水分利用效率。计算农艺 WUE 主要依赖于作物及土壤的水分平衡，作物 WUE 通过土壤的耗水常常难以测定，只能通过水分平衡方程估算（李秋秋，2000）。农田蒸散蒸发量的测定一般采用大田水量平衡法、波比-能量平衡法和大型蒸发渗漏仪法（谢贤群，2001）。大田水量平衡法较为常用，其计算公式为

$$P + I + Eg = Rf + Pa + Pi + ET \pm \Delta\omega \tag{1-1}$$

式中，$P$ 为降水量（mm）；$I$ 为灌溉量（mm）；Eg 为地下水补给土壤水量（mm）；Rf 为地表径流量（mm）；Pa 和 Pi 分别为因降水和灌溉产生的地下水补给量（mm）；ET 为观测时段内的农田蒸散量（mm）；$\Delta\omega$ 为观测时段内的土体储水量的变化量（mm）（左大康和谢贤群，1991）。

不同作物对水分亏缺的反应不同，高 WUE 是作物抵御水分胁迫的重要机理。研究证明，作物种间 WUE 存在很大差异，通常可达到 2~5 倍。作物品种间 WUE 虽然不如作物种间差异大，但也很明显，小麦不同品种的 WUE 可相差 40%。早在 20 世纪初，对 6 种作物 4 年的盆栽试验中发现，不同植物的需水量（当时用蒸腾系数表示）有明显差别，其中小麦的 WUE 最高，达到 1.97g/kg，苜蓿的 WUE 最低，为 1.16g/kg，最高比最低的高约 70%，研究认为低的需水量一定与作物耐旱性有关，但当时没有合理的解释（Tanner and Sinclair，1983）。陈尚谟（1995）分别在 6 个冬小麦、夏玉米、谷子上的研究表明，作物品种间群体蒸腾效率的差异非常明显，抗旱性最强的谷子品种间 WUE 相差可达 6 倍，小麦品种间 WUE 相差达到 2 倍，抗旱性最弱的玉米品种间差异最小，为 20%。

由于光合途径不同及固定 $CO_2$ 的羧化酶不同，$C_3$、$C_4$、景天酸代谢（CAM）植物

的 WUE 也是不同的。CAM 植物叶片退化或具有很厚的角质层，而且气孔白天关闭，夜间开放吸收 $CO_2$，所以蒸腾速率很低，WUE 很高（Nobel，1991）。$C_4$ 植物有两条固定 $CO_2$ 的途径：卡尔文循环和 $C_4$ 途径。由于磷酸烯醇丙酮酸（PEP）羧化酶具有很高的 $CO_2$ 亲和力和 $C_4$ 途径"$CO_2$ 泵"的作用，$C_4$ 植物在水分不足、气孔开度变小时仍能利用叶肉组织较低的 $CO_2$ 进行光合作用，光呼吸速率低，并且叶肉细胞中的 PEP 羧化酶能将从维管束鞘中光呼吸作用释放出的 $CO_2$ 再次固定，所以 $C_4$ 植物比 $C_3$ 植物具有更高的 WUE（蒋高明和何维明，1999）。

WUE 是一个综合性状，一方面与品种基因型对水分代谢反应的遗传差异密切相关，另一方面与光合产物的合成和分配的基因型差异有关。在实践上，现已证明植物 WUE 是一个可遗传的性状，高 WUE 有可能将抗旱性和丰产性结合为一体。试验表明，随着由野生种到栽培品种的驯化，由旱地低产型到水地高产型的进化，小麦旗叶 WUE 有递增趋势（张正斌和山仑，1997）。这启示我们：定向培育高产与高 WUE 相结合的新类型是可能的，这一育种技术路线应受到重视（山仑和邓西平，2000）。Farquhar 等（1989）认为植物 WUE 是由多个基因决定的。国内外研究者应用数量性状基因座定位（quantitative trait locus，QTL 定位）和 $\delta^{13}C$ 分析方法鉴定了影响植物 WUE 的基因，发现这些基因位于不同染色体上（Mian et al.，1996；张正斌等，2000）。Ellis 等（2002）将大麦植株 $\delta^{13}C$ 的 QTL 定位在 3H 染色体上。Masle 等（2005）利用 $\delta^{13}C$ 分析方法作为 WUE 的代表性状，将控制蒸腾效率的 QTL 定位在第 2 染色体上的 *ERECTA* 基因标记上，然后他们从拟南芥中克隆出了这个 *ERECTA* 基因。*ERECTA* 基因是 1 个富亮氨酸重复片段的受体激酶基因，可以改变叶片气孔数目和叶片结构，已被证实能调控植株的蒸腾效率，是蒸腾效率的主效基因。Hubick 等（1988）对花生的研究表明，WUE 的遗传力达 34%，因此可通过遗传育种手段选育 WUE 高的植物品种。

在常规育种方面，尚未形成公认可行的选育高 WUE 品种的技术路线。如何选育出高产与高 WUE 结合紧密的品种是今后遗传改良的一项重要任务。在这方面有两个可供选择的研究方向：一是在不降低产量的情况下大幅度减少蒸腾量，二是在不增加相应蒸腾量的情况下有效地增加产量，通过增加蒸腾阻力和减少辐射能的途径来降低蒸腾量的作用是有限的，而且不可避免地影响到同化物质的积累，因而第二个研究方向的可行性较大（山仑，2003）。

## 二、气孔与植物 WUE 的关系

气孔是植物进行气体交换的主要窗口，控制着叶片和大气之间的 $CO_2$ 及水蒸气的扩散传导。因此气孔的结构特征及其行为对光合作用和蒸腾作用乃至 WUE 都有着深刻的影响（张岁岐和山仑，2002），但是，气孔的开闭对植物光合作用和蒸腾作用的影响程度是不同的，从理论上讲，$CO_2$ 的扩散阻力是水蒸气的 0.64 倍（赵平等，2000），因此气孔导度对净光合速率的影响比蒸腾速率大，所以随着气孔导度的下降，虽然净光合速率和蒸腾速率都下降，但蒸腾速率下降得比净光合速率快，从而使 WUE 升高（接玉玲等，2001；朱林和许兴，2005）。从这一点意义上讲，气孔阻力的增加会提高叶片水平上的 WUE。

植物气孔对大气干旱的反应并不是仅受一种反馈机制控制。当空气相对湿度下降，而叶片水分状况并未改变时，气孔导性下降，蒸腾降低，气孔较早地关闭防止了叶子可能发生的水分亏缺和水势下降，因而将这种气孔反应称为前馈式反应或"预警系统"（Turner and Kramer，1980）。研究表明，干旱条件下，根系脱水产生脱落酸（ABA）并随水流传递到叶片，控制了植物的气孔导度（Tardieu et al.，1992；杨建昌和乔纳圣，1995），但 ABA 并非唯一的根系信号，木质部汁液中细胞分裂素（CTK）（Bano et al.，1993）、pH（Wilkinson et al.，1998）等有可能共同参与 ABA 对气孔运动的调节。干旱条件下，水力学和化学信号共同调控着植物的气孔运动（张岁歧和李金虎，2001）。除了气孔开度外，叶片上的气孔密度和气孔大小对叶片水平的 WUE 有影响并由此对其他层次的 WUE 产生影响。在小麦由 $2n$—$4n$—$6n$ 的进化中，气孔由小变大，气孔密度则由大变小，导致了气孔导度由大变小，同时造成小麦净光合速率和蒸腾速率均呈递减进化，在这种情况下，由于气孔对二者比例的优化调控而导致了小麦旗叶 WUE 有递增进化的趋势（Ehleringer，1993）。

## 三、作物 WUE 及其与产量的关系

从提高作物对太阳光的辐射利用率的角度来讲，作物的籽粒总产量与其整个生育期间所接收的太阳辐射的总和、其一生中冠层所截获的太阳辐射占整个生育期间所接收的太阳辐射总和的百分率、太阳辐射利用率及收获系数相关。作物的总生物量可以理解为作物冠层一生所积累的净光合作用产物。提高太阳辐射利用率的途径有：提高净光合速率、降低光呼吸、改善叶倾角、提高 N 向冠层的分配率。作物冠层的快速建成对于提高太阳辐射截获率和减少早期土壤表面水分的蒸发是有利的，而较低的叶面积指数（LAI）和卷叶性状在胁迫条件下是有利的，可以减少过量太阳辐射对作物的伤害。在生育后期，叶片较低的叶绿素含量可能是有利的，因为这可能意味着叶片中贮存的碳同化产物向籽粒转运（Richards，1996）。

从提高 WUE 的角度来讲，产量是可获得水的函数：GY = W × WUE × HI（Passioura，1996），式中，W 为蒸腾蒸发量（mm）；WUE 为作物生物量与蒸腾蒸发量之比 $kg/(hm^2 \cdot mm)$。根据这一公式，所选择的指标就应该是：①提高作物对水的获得能力；②提高作物对单位水分的利用效率；③提高作物将生物量转化成产量的能力。作物更高的产量表现可以通过以下 3 个方面来实现：提高对水分的利用率、提高 WUE、提高收获系数。在作物成熟时土壤中仍然有可获得的水分或土壤水分贮存在较深土层的情况下，提高作物对水分的利用率是十分重要。而当所有的水分在作物成熟时都基本被利用完的情况下，提高 WUE 和收获系数就是获得高产的关键。解决上述 3 个方面最简单的途径就是物候期，通过对后代物候期的选择使作物的生育期与其所在地区的降雨模式相适应（Richards，1996），从而影响作物对水分的利用率或者提高其 WUE。通过其他性状（如深根性、早发特性及渗透调节能力）对后代进行选择，可以提高作物对水分的利用率。

由于从事农业生产的农民或农艺学家最关心的是在单位降水或灌溉量下取得最大的作物可收获部位的生物量，即产量。因此，提高农艺 WUE 是作物育种改良的最终目标。Condon 等（2004）提出了一个更为细化的公式：

$$\text{Yield} = \text{ET} \times \text{T/ET} \times \text{DM/T} \times \text{HI} \qquad (1\text{-}2)$$

式中，Yield 为产量（kg/hm²）；ET 为蒸腾蒸发量（mm）；T/ET 为作物植株所蒸腾的水量占田间作物蒸腾蒸发量的比例（%）；DM/T 为作物的蒸腾效率 [kg/(mm·hm²)]；HI 为收获系数。

根据上式，产量是以下 4 个因子的函数：①作物所能利用的总水量，即蒸腾蒸发量；②作物蒸腾的水量占总蒸腾蒸发量的比例；③作物的蒸腾效率；④籽粒产量与其整株总生物量的比值，即收获系数。这个公式所考虑的不是作物的抗旱性，而是作物在水分有限的条件下所能获得的产量（Richards et al.，2002；Condon et al.，2004）。这些与产量有关的因子并不是彼此独立的，每一个因素都可作为遗传改良的目标（Condon and Richards，1993）。单叶水平的 WUE 直接与蒸腾效率有关。但研究表明，蒸腾效率实际上与其他 3 个因素都有关。

通过研究墨西哥国际玉米小麦改良中心（CIMMYT）选育的小麦发现，在充分灌溉的条件下，气孔导度、冠层温度降低率与产量相关（Fischer，1998）。稳定性 $\Delta^{13}C$ 与产量呈正相关（Merah et al.，2001a，2001b；Condon et al.，2002；Monneveux et al.，2005），也就是说植物蒸腾效率较高（低 $\Delta^{13}C$）并不一定最终获得较高的产量。这主要是因为在充分供水条件下，产量主要依靠作物群体光合作用来实现，基因型的高蒸腾效率（单位叶面积光合能力较强）如果与较低的群体叶面积有关，或者与基本较低的气孔导度有关时，往往会导致产量的降低（Richards，2000）。小麦光合和蒸腾的进化研究表明，六倍体小麦的净光合速率较野生种低，而蒸腾速率又高于野生种。由此可推知，六倍体小麦单叶 WUE 低于野生种，这和生产中六倍体小麦产量高于野生种的现实不一致（Khan and Tsunoda，1970）。在小麦进化过程中叶面积的增长大于光合强度的下降，因此现代小麦每叶片的光合作用增强了。在小麦进化过程中，小麦高产并不取决于单叶净光合速率和蒸腾速率的大小，而是通过协调整株与群体光合作用和蒸腾作用的优化比例，再经过经济系数的提高，而达到大田 WUE 的提高（张正斌，1998）。$\Delta^{13}C$ 反映的是植物个体单叶水平的净光合速率、蒸腾速率和 WUE，个体水平 WUE 的提高并不一定意味着群体水平 WUE 的提高。研究表明，叶片大小与叶片净光合速率有关。小叶由于叶肉细胞较小导致其 $CO_2$ 导度增加和光合机构相对集中，因而有较高的光合速率和单叶 WUE（Bhagsari and Brown，1986）。小麦叶片大小与单位叶面积净光合速率呈负相关，而对叶片气孔导度几乎没有影响，因而与单叶 WUE 也呈负相关。虽然叶片大小与叶片净光合速率和单叶 WUE 呈负相关，但大的叶片在单叶固定较多同化物方面的优点可能超过其负效应，因而可能有利于群体蒸腾效率的提高（Morgan and Lecain，1991）。另外，还有一种情况也会导致个体水平的 WUE 与群体水平的 WUE 呈正相关，那就是在地中海条件下，小麦个体蒸腾量的增加往往会导致群体 WUE 的提高，这主要是因为作物冠层对土壤表面的覆盖减少了水分蒸发（Oweis et al.，2000）。

Condon 等（2002）很好地阐述了作物产量与内在 WUE（即 $CO_2$ 固定速率与蒸腾速率之比）间的关系（表 1-1）。他们认为内在 WUE 的基因型差异对产量的影响主要是通过 3 个方面来实现的：①内在 WUE 对作物生长速率的影响；②内在 WUE 对作物水分利用率的影响；③作物生长及其对水分的利用与生育期之间的互作。为了研究植物内在

WUE 与产量的关系，他们选择了'Quarrion'和'Matong'两个品种。这两个品种株高及生育期比较接近，但是前者与后者相比气孔导度较低、$\Delta^{13}C$ 较小（与后者相差 2‰）、内在 WUE 较高。研究人员把两个品种种植在 Wagga Wagga 和 Condobolin 两个地点，进行了面积为 1~2hm² 的大区试验。虽然这两个试验点都处于雨养区，但水分条件有很大的不同，前者降雨量较高，并且在小麦整个生长期内分布均匀；后者在小麦的生长后期干旱少雨，作物生长所需的水分大多来自于土壤中贮存的上一个夏季的雨水。在两个试验点，'Quarrion'的生长速率都较低，对土壤中水分的消耗也较慢。在干旱的试验点 Condobolin，两个品种的蒸腾量比较接近，但由于'Quarrion'的气孔导度较低，而内在 WUE 较高，所获得的生物量和产量都比'Matong'高。在水分条件较好的 Wagga Wagga，情况与此相反，虽然'Quarrion'的内在 WUE 高，气孔导度低，但是生物量和产量都比较低。由于'Quarrion'在水分的使用上较为"保守"，其蒸腾蒸发量很小，在生长结束时还有 24mm 的水分留在土壤中没有用完，而'Matong'却会将水分全部用完。两个品种蒸腾量相差很大（相差 58mm），对于'Quarrion'来说，蒸腾量在蒸腾蒸发量中占的比例较小，而土壤的蒸发量在整个的水分消耗中所占的比例较大。这主要是因为'Quarrion'的生长速率较慢，不能尽快覆盖地面，水分很容易从经常干湿交替的土壤表面蒸发出去。

表 1-1 'Quarrion'和'Matong'两个品种在两个试验点水分利用状况和产量表现（Condon et al.，2002）

| 试验点 | 年份 | 种植面积/hm² | 品种 | 内在 WUE/(g DW·kg H₂O) | 气孔导度 | $\Delta^{13}C$/‰ | 蒸腾蒸发量/mm | 蒸腾量/mm | 蒸腾量/蒸腾蒸发量 | 生物量/(t/hm²) | 收获系数 | 生物量/蒸腾蒸发量/[kg/(hm²·mm)] | 生物量/蒸腾量/[kg/(hm²·mm)] | 产量/蒸腾量/[kg/(hm²·mm)] |
|---|---|---|---|---|---|---|---|---|---|---|---|---|---|---|
| Wagga Wagga | 1989 | 5 | 'Quarrion' | 高 | 低 | 低 | 378 | 215 | 0.57 | 13.1 | 0.42 | 34.6 | 60.8 | 25.6 |
| | | | 'Matong' | 低 | 高 | 高 | 402 | 273 | 0.68 | 14.3 | 0.41 | 35.5 | 52.3 | 21.6 |
| Condobolin | 1990 | 15 | 'Quarrion' | 高 | 低 | 低 | 290 | 172 | 0.59 | 10.2 | 0.38 | 35.2 | 59.4 | 22.7 |
| | | | 'Matong' | 低 | 高 | 高 | 296 | 181 | 0.61 | 9.6 | 0.37 | 32.6 | 53.2 | 19.9 |

这个例子很好地说明了在水分条件比较有利的环境中，较低的气孔导度和较高的内在 WUE 会带来不利的后果；但是在只能利用"土壤贮存水分"的情况下，较高的内在 WUE 对作物生长和产量的提高是一个有利的条件。

在生育晚期生长出的植物器官的 $\Delta^{13}C$ 与产量的相关性最好，高 $\Delta^{13}C$ 的基因型（高气孔导度）其水分状况也比较好，这或者是其本身性状（如物候期、株高）优化的结果，或者是对胁迫适应能力（如渗透调节能力）较强的结果，这些都提高了作物避旱者抗旱的能力。除生理机制的原因（如根系性状、渗透调节能力等）外，一个品种在其一生中比别的品种利用更多的水还可能是由于其较大的气孔开度、较高的冠层温度与气温的差值及较高的 $\Delta^{13}C$。从这一意义上讲，那些能够获得较高产量的作物是以消耗更多的水分为代价的。在水分胁迫不是很严重或者没有水分胁迫的条件下，选择高的蒸腾效率可能会限制栽培材料产量潜力的发挥，因为高蒸腾效率会提高气孔对干旱的敏感性从而降低对水分的利用（Richards，1996）。在没有额外可获得水的情况下（即所有的水分在作物的生育期内全部被耗尽），提高作物的蒸腾效率可以改善其生长表现，在这种情况下，低 $\Delta^{13}C$ 品系会获得较大的生物量和较高的产量（Richards，2000）。

## 第二节 植物 $\Delta^{13}C$

### 一、植物 $\Delta^{13}C$ 的原理

自然条件下碳元素有两种稳定性同位素，其中 $^{12}C$ 占 98.89%，$^{13}C$ 占 1.11%，各种含碳物质中碳同位素 $^{12}C$ 和 $^{13}C$ 的比值具有不同的恒定的度量值。在光合作用过程中，植物对较重的 $CO_2$ 中 $^{13}C$ 同位素有"判别"作用，导致植物组织中 $^{13}C$ 与 $^{12}C$ 之间的比值小于 $CO_2$ 中 $^{13}C$ 与 $^{12}C$ 的比值（Farquhar et al.，1982）。植物的这种碳同位素分馏与植物的光合作用类型、遗传特性、生长环境、光合产物向韧皮部装载与运输过程及呼吸作用等因素密切相关（O'Leary，1981；Farquhar et al.，1982；Farquhar et al.，1989）。同时，由于这两种同位素是稳定的，所以，只要没有碳元素的损失，碳同位素比值所包含的内在信息就是不变的。基于这一特性，植物体组织中的稳定性碳同位素已被成功地引入到植物生理学、生物化学及农学的多个研究领域，如光合作用途径、植物水分利用率、化合物和能量移动规律、作物新品种选育等的研究（Farquhar et al.，1989；Gebbing and Schnyder，2001）。

### 二、植物 $\Delta^{13}C$ 的测定分析方法

植物 $\Delta^{13}C$ 是由碳同位素组成计算而来，$\delta^{13}C$ 为植物组织中 $^{13}C$ 与 $^{12}C$ 的组成比。由于在自然界中任一元素的重同位素含量比轻同位素低得多，用绝对丰度来表示某种物质的同位素组成比较困难，所以通常使用相对量来表示物质的同位素组成，利用 Pee Dee Belnite（PDB，美国南卡罗来纳州白垩纪皮狄组层位中的拟箭石化石）标准物，计算试样与标准样品偏离的千分率，以 $\delta^{13}C$（‰）表示：

$$\delta^{13}C = \frac{(^{13}C/^{12}C)_{样品}}{(^{13}C/^{12}C)_{PDB}} - 1 \times \frac{1000‰}{(^{13}C/^{12}C)_{PDB}} \quad (1-3)$$

植物样品的 $^{13}C/^{12}C$ 主要是通过燃烧将试验材料转化成 $CO_2$，然后应用高精度同位素比质谱仪测定 $CO_2$ 的 $^{13}C$ 含量而获得。

所得的 $\delta^{13}C$ 值均为负值，表示样品中的 $^{13}C$ 少于 PDB 标准物的千分率值。若同时分析植物生长地点空气的 $\delta^{13}C$，用下面公式计算出 $\Delta^{13}C$。

$$\Delta^{13}C = \frac{(\delta^{13}C_{空气} - \delta^{13}C_{样品}) \times 1000‰}{1 + \delta^{13}C_{样品}} \quad (1-4)$$

已知空气中 $CO_2$ 的 $^{13}C/^{12}C$ 与 PDB 的 $^{13}C/^{12}C$ 偏离 $-8‰$～$-7‰$，将式（1-3）中计算的 $\delta^{13}C_{样品}$ 值代入式（1-4）中，则可求得分析样品的 $\Delta^{13}C$ 值。

$\Delta^{13}C$ 就是植物干物质中稳定性碳同位素比率（$^{13}C/^{12}C$）相对于大气中用于植物光合作用的 $^{13}C/^{12}C$ 的度量。$\Delta^{13}C$ 总是正值，反映植物在光合作用期间对 $^{13}C$ 的主动分辨能力。

## 三、植物 $\Delta^{13}C$ 与 WUE 的关系

20 世纪 80 年代，Farquhar 和 Richards（1984）从理论上推导出植物 $\Delta^{13}C$ 与 WUE 呈负相关，并通过实验证实这一理论是成立的，从而发现稳定性碳同位素技术在植物 WUE 研究中的重要价值。从此植物稳定性碳同位素技术成为相关领域科研工作者关注和研究的热点，研究涉及的范围也越来越广。

Farquhar 等（1982）的研究表明，$\delta^{13}C$ 是 $C_3$ 植物白天时细胞内 $CO_2$ 浓度（$C_i$）的函数。$C_i$ 与 $\delta^{13}C$ 的数量关系为

$$\delta^{13}C_{\text{叶片}} = \delta^{13}C_{\text{空气}} - a - (b-a)(C_i/C_a) \tag{1-5}$$

式中，$C_i$ 为 $C_3$ 植物白天时细胞内 $CO_2$ 浓度（ppm）；$C_a$ 为空气中的 $CO_2$ 浓度（ppm）；$\delta^{13}C_{\text{空气}}$ 取值 $-7.8‰$；$a$ 为气孔扩散作用对 $^{13}C$ 的辨别力，取值 $4.4‰$；$b$ 为核酮糖-1,5-双磷酸羧化酶（RuBP 羧化酶）对 $^{13}C$ 的辨别力，取值 30。将以上参数代入式（1-5）得

$$\delta^{13}C_{\text{叶片}} = -7.8 - 4.4 - (30-4.4)(C_i/C_a) = -12.2 - 25.6(C_i/C_a) \tag{1-6}$$

从式（1-6）中可以看出，植物叶片的 $\delta^{13}C$ 是 $C_i/C_a$ 的有效函数，与 $C_i$ 呈正相关，已知植物的 $\delta^{13}C$ 与空气中的 $CO_2$ 浓度即可求得 $C_i$ 值，反之亦然。又因为在一定条件下，单叶 WUE 为净光合速率 [$A$, $\mu mol\ CO_2/(m^2 \cdot s)$] 与蒸腾速率 [$T$, $mmol\ H_2O/(m^2 \cdot s)$] 之比，主要由气孔调控，因而单叶 WUE 与气孔导度 [$G$, $mmol/(m^2 \cdot s)$] 和细胞内 $CO_2$ 浓度（$C_i$）等因素有关，关系如下

$$C_i = C_a - A/G \tag{1-7}$$

从式（1-7）可以看出，较快的净光合速率导致较小的细胞内 $CO_2$ 浓度，从而产生较大的 $\delta^{13}C_{\text{叶片}}$；气孔导度越大，细胞内 $CO_2$ 浓度越小。

Farquhar 等（1984）还确定了 $C_i$ 与单叶 WUE（$\mu mol\ CO_2/mmol\ H_2O$）的数量关系：

$$WUE_{\text{单叶}} = (C_a - C_i)/1.6\Delta W \tag{1-8}$$

式中，$C_a$ 为空气中的 $CO_2$ 浓度（ppm）；$C_i$ 为 $C_3$ 植物白天时细胞内 $CO_2$ 浓度（ppm）；$\Delta W$ 为叶片气孔下腔中水蒸气浓度与空气水蒸气浓度之差（‰）；1.6 为气孔对水蒸气的传导性转为对 $CO_2$ 传导性的转换因子。可以看出，细胞内 $CO_2$ 浓度越小，单叶 WUE 越高，反之，细胞内 $CO_2$ 浓度越大，单叶 WUE 越低，即细胞内 $CO_2$ 浓度与单叶 WUE 呈负相关。

Farquhar 等（1982）进一步建立了 $\Delta^{13}C$（‰）与 $C_i$ 的数量关系式：

$$\delta^{13}C_{\text{叶片}} = -7.8 - 4.4 - (30-4.4)(C_i/C_a) = -12.2 - 25.6(C_i/C_a) \tag{1-9}$$

从式（1-9）和式（1-8）可以看出，$\Delta^{13}C$ 与细胞内 $CO_2$ 浓度呈正相关，而细胞内 $CO_2$ 浓度与单叶 WUE 呈负相关，因而推理 $\Delta^{13}C$ 与单叶 WUE 呈负相关。这就是 $\Delta^{13}C$ 作为作物 WUE 的选育指标的理论基础。

Farquhar 等（1982）进行了一系列关于稳定同位素比与植物组织 WUE 方面的研究，从理论上论证了植物组织，尤其是 $C_3$ 植物的 $^{13}C/^{12}C$（$\delta^{13}C$）及 $C_3$ 植物对 $^{13}C$ 的分馏作用（$\Delta^{13}C$），可以反映不同植物的 $C_i/C_a$ 和 WUE，并以此比较了小麦不同基因型的 $\Delta^{13}C$ 与实际的 WUE 之间的关系，指出小麦的 $\Delta^{13}C$ 与 WUE 呈负相关。对其他植物（如花生、

豇豆、番茄、鸡冠草等）的研究也发现类似的规律。Ehdaie 等（1991）两年温室盆栽试验的研究表明，干旱和供水处理 $\Delta^{13}C$ 与抽穗期、总干重、根干重、WUE 均呈显著负相关（$r$=–0.99～–0.62，多数在–0.8 以上）。

林植芳等（2001）比较了大豆和小麦不同基因型的碳同位素分馏作用及 WUE，发现叶片 $\Delta^{13}C$ 的基因型差异大于种子，并且抗旱性强的基因型叶片和种子的 $\Delta^{13}C$ 比抗旱性中等和差的基因型叶片和种子的 $\Delta^{13}C$ 低，而相应的 WUE 较高。同时，试验结果表明，充分供水条件下不同抗旱性的大豆或小麦 $\Delta^{13}C$ 的基因型差别不明显，适度的干旱可增大基因型的差别,提示我们抗旱基因型的充分表达需要特定的水分条件。因此,利用 $\Delta^{13}C$ 作为筛选具有高 WUE 种类的指标显示出潜在的应用前景。

以上事实表明，$C_3$ 植物 $\Delta^{13}C$ 可反映植物长期水平的 WUE，并可反映植物生境的水分状况。此法比气体交换法的优越之处在于可以通过对长期积累于叶片或其他器官中碳代谢产物的稳定碳同位素分析，来评估叶片或植株生长过程中的 WUE，比用气体交换法测定的单叶 WUE 更具代表性。

## 四、植物 $\Delta^{13}C$ 与气孔导度及光合作用的关系

根据 Farquhar 等（1982）推导的公式［见式（1-5）］，$C_3$ 植物组织中碳同位素组成比的差异主要是由于大气 $CO_2$ 通过扩散作用进入气孔腔的过程中，气孔对 $^{13}C$ 的辨别力不同，以及 RuBP 羧化酶对 $^{13}C$ 的分馏效应不同造成的。因此，与植物光合作用及气孔导度有关的因素（包括内部因素和外部因素）都会导致 $\Delta^{13}C$ 的差异。较低的气孔导度或较高的净光合速率，都会降低 $\Delta^{13}C$（Farquhar et al.，1989；Condon et al.，2002）。根据 Condon 等（1990）在小麦上的研究结果，气孔导度和光合作用对 $\Delta^{13}C$ 变化的贡献率是相等的。Morgan 等（1993）认为在胁迫条件下，$\Delta^{13}C$ 的差异主要是由气孔导度造成的，而光合作用的影响居次要地位。

根据式（1-9），$\Delta^{13}C$ 与 $C_i/C_a$ 正相关（Farquhar et al.，1982；Farquhar and Richards，1984）。$C_i/C_a$ 受两个因素的影响：气孔导度和净光合速率。在叶片胞间 $CO_2$ 浓度较低时，植物细胞因 $CO_2$ 供应不足来不及分馏重碳同位素，从而导致叶片 $\delta^{13}C$ 增大，即降低了 $\Delta^{13}C$（O'Leary，1981）。较低的气孔导度或较高的净光合速率都会降低 $C_i/C_a$，也会降低 $\Delta^{13}C$（Farquhar et al.，1989；Condon et al.，2002）。根据 Condon 等（1990）在小麦上的研究结果，两者对 $\Delta^{13}C$ 变化的贡献率是相等的。

土壤水分含量下降时，植物就会通过关闭部分气孔来避免水分的丢失。虽然在水分胁迫时羧化速率会下降，但是叶片导度对胞间 $CO_2$ 浓度的影响比对光合作用的影响更大。叶片导度的下降会引起 $C_i$ 的下降和 $\delta^{13}C$ 的增加，使 $\Delta^{13}C$ 降低（Farquhar et al.，1989；Merah et al.，1999；Merah，2001；Merah et al.，2001b，2001c；Xu et al.，2007a，2007b）。

很多在温室和田间条件下进行的研究都表明，在土壤干旱胁迫下，植物叶片具有高的 $\delta^{13}C$（Warren et al.，2001）。Ehdaie 等（1991）的研究表明，干旱处理下 WUE（3.08～4.53g 干物质/kg 水）大于供水处理下 WUE（2.85～4.41g 干物质/kg 水），而供水处理下 $\Delta^{13}C$ 平均值（21.7‰）略高于干旱处理下 $\Delta^{13}C$ 平均值（21.3‰）。WUE 和 $\Delta^{13}C$ 的广义

遗传变异力分别为93%和90%。温室中的$\Delta^{13}C$高于大田，这主要是由于温室空气湿度大，植株水分状况好，因而气孔导度大。Farquhar和Richards（1984）指出，在澳大利亚冬季生长的小麦植株$\Delta^{13}C$要比春季生长的植株$\Delta^{13}C$高，主要是由于冬季植株气孔导度比春季的大。

有研究报道盐分胁迫会降低$C_3$植物的$\Delta^{13}C$（Isla et al.，1998；Poss et al.，2004）。盐分胁迫与干旱胁迫对植物生长的影响有许多相似之处，如导致气孔导度降低、光合速率降低、生物量减少等。盐本身不影响光化学过程，盐胁迫条件下净光合速率的降低基本上是由气孔导度降低导致（Downton et al.，1988）。对棉花、大豆、冰草、盐角草和碱茅属植物 *Puccinellia nuttalliana* 的研究发现，盐胁迫条件下植物的$\Delta^{13}C$值比非胁迫条件下小（Brugnoli and Lauteri，1991；Johnson，1991）。提高培养液的盐分可使一些植物的$\delta^{13}C$增大，最大变幅可达$-10‰\sim-6‰$（Guy et al.，1980）。Ansari 等（1998）发现，盐胁迫时$\Delta^{13}C$与小麦籽粒产量及整株生物量呈正相关。

彭长连等（2000）利用碳稳定同位素技术与净光合速率的测定，比较了8个小麦品种的WUE与光合作用特性。土壤干旱条件下，$\delta^{13}C$提高约2‰，净光合速率降低16%～75%，长期的WUE增大2.3～3.0μmol/mmol，因磷素利用效率不同而异。高磷素利用效率小麦对$^{13}C$的分馏（$\Delta^{13}C$）较低，不论在正常的田间土壤水分或干旱下，其瞬时的WUE或长期的WUE皆高于中等或低磷素利用效率的品种。同时，叶片$\Delta^{13}C$的基因型间差异较大，用叶片$\Delta^{13}C$来选择高WUE品种比用种子$\Delta^{13}C$更有效。

林植芳等（2001）比较了26个大豆基因型和18个小麦基因型对$^{13}C$的分馏作用及WUE，表明叶片和种子$\Delta^{13}C$在正常供水和缺水的田间条件下皆有明显的基因型间差异。土壤干旱可降低$\Delta^{13}C$、提高WUE并增大不同基因型间的差值。

## 五、植物光合作用后的生理生化过程对碳同位素的分馏作用

碳同位素分馏现象不仅发生在碳固定过程而且发生在光合后的生理代谢过程（Gebbing and Schnyder，2001；Badeck et al.，2005）。植物个体不同器官中$\Delta^{13}C$是不同的。一般来说，叶片中$^{13}C$的比例相对其他器官要低一些。这种差异可能是由于两种生理过程中发生的分馏作用引起的：一个是光合产物由韧皮部的输出过程；一个是暗呼吸过程，在不同的器官中呼吸作用对碳同位素的分馏作用是不同的（Ghashghaie et al.，2003）。Badeck 等（2005）用大量数据证明了叶片中$^{13}C$比例要比其他器官低，暗示光合作用后的生理生化代谢过程可以改变植物器官中的同位素组成，使不同器官具有不同碳同位素组成。在光合产物运输过程中会发生碳同位素的分馏，韧皮部汁液蔗糖中$^{13}C$的比例要比叶片中蔗糖$^{13}C$的比例高，这与同化产物输出前碳同位素在空间上的区隔化和生化上的分馏有关，从而使自养器官中的$^{13}C$比例下降（Brandes et al.，2006；Bathellier et al.，2008；Gessler et al.，2008）。植物干物质中的$\Delta^{13}C$不仅与白天光合作用同化$CO_2$时对$^{13}C$的分馏作用有关，同时，也与夜间呼吸作用过程对同位素的分馏作用有关。夜间呼吸过程中，对重或轻的底物（$^{13}C$的比例高或低）分馏作用的不同或是利用的不同都会改变叶片中有机物中的碳同位素组成。对于非光合器官来说，释放出富含$^{13}C$或缺

乏 $^{13}C$ 的 $CO_2$ 都会导致整个植物碳同位素组成的变化。Henderson 等（1992）在测定一些 $C_4$ 植物的 $\Delta^{13}C$ 时发现，叶片干物质中 $\Delta^{13}C$ 显著高于叶片即时同化产物中的 $\Delta^{13}C$。他们应用模型分析的方法研究后认为，这种差异一定程度上是由于呼吸作用对同位素的分馏，即与植物中 $^{13}C$ 组成相比，呼吸作用释放出的 $CO_2$ 中 $^{13}C$ 的比例较高，从而引起底物中碳同位素组成的下降。关于 $C_3$ 植物叶片暗呼吸的研究报道表明，呼出的 $CO_2$ 与底物蔗糖相比明显富含 $^{13}C$（2‰～6‰）；而与此正相反，根系呼出的 $CO_2$ 与底物蔗糖相比缺乏 $^{13}C$（Badeck et al.，2005；Bathellier et al.，2008）。这样，叶片负的呼吸分馏作用和根系正的呼吸分馏作用就解释了众所周知的自养器官中 $^{13}C$ 比例低而异养器官中 $^{13}C$ 比例高的现象（Bathellier et al.，2008）。植物器官中不同的组分也会有不同的同位素组成，植物组织中的 $^{13}C$ 比例与淀粉、蔗糖及可溶性碳水化合物等组分中 $^{13}C$ 的比例相比要低（Ocheltree and Marshall，2004），可能是不同的碳水化合物组分合成途径不同，而不同的生理生化过程对碳同位素产生分馏作用的结果。另外，植物器官中较多可溶性碳水化合物的运出必然会使剩余组织中有机物的 $^{13}C$ 比例降低，而使 $\Delta^{13}C$ 升高。

## 六、$\Delta^{13}C$ 在作物育种中的应用

自 Farquhar 等首次报道了 $\Delta^{13}C$ 与蒸腾效率负相关以来，作物生理育种家也逐渐尝试把这一技术用于本专业。很多文献报道了大麦或小麦的产量与 $\Delta^{13}C$ 正相关（Ehdaie et al.，1991；Morgan et al.，1993；Araus et al.，1998；Merah et al.，2001a；Monneveux et al.，2005；Misra et al.，2006；Xu et al.，2007a；Zhu et al.，2009），增加了 $\Delta^{13}C$ 这一指标在小麦高产节水品种筛选中的应用价值。

小麦在全球的分布范围非常广，Rajaram 等（1995）把全球小麦的种植区划分为 12 大类（表 1-2）。其中，温带干旱区春小麦的 ME4 类型又分为 3 种不同的亚类型。①开花后水分胁迫类型（ME4A）。这种类型主要分布于地中海地区，该类型的气候特点是冬

表 1-2　全球小麦的种植区划分（Rajaram et al.，1995）

| 种植区 | 水分条件 | 温度 | 小麦类型 | 小麦面积/$10^6 hm^2$ |
|---|---|---|---|---|
| ME1 IR | 降雨量中等 | 温和 | 春生 | 32.0 |
| ME2 HR | 高降雨量（降雨量>500mm） | 温和 | 春生 | 10.0 |
| ME3 AS | 高降雨量（降雨量>500mm） | 温和 | 春生 | 1.7 |
| ME4 SA | 低降雨量（降雨量<500mm） | 温和/热 | 春生 | 21.6 |
| ME5 TA | 中等降雨量或高降雨量 | 热 | 春生 | 7.1 |
| ME6 HL | 半干旱 | 温和 | 春生 | 5.4 |
| ME7 IR | 中等降雨量 | 冷凉 | 冬春性 | — |
| ME8 HR | 高降雨量 | 冷凉 | 冬春性 | — |
| ME9 SA | 半干旱 | 冷凉 | 冬春性 | — |
| ME10 IR | 中等降雨量 | 冷凉 | 冬生 | — |
| ME11 HR | 高降雨量 | 冷凉 | 冬生 | — |
| ME12 SA | 半干旱 | 冷凉 | 冬生 | — |

注：ME 为全球小麦大生态区；IR 为灌溉条件；HR 为高降雨量条件；AS 为酸性土壤条件；SA 为半干旱条件；TA 为热带地区；HL 为高纬度地区

季冷凉湿润。小麦开花后降雨较少，并伴随有轻度高温胁迫，总面积在 600 万 $hm^2$。②开花前水分胁迫类型（ME4B）。这种类型分布在南美洲南部地区和我国西北地区，总面积 300 万 $hm^2$。③土壤残余水分胁迫类型（ME4C）。这种类型的主要特征是小麦播种前由季风带来的降雨贮存在土壤中，而在小麦生长季中没有降雨或降雨很少，随着小麦的生长，土壤含水量逐渐降低。这种类型主要分布在印度半岛部分地区和澳大利亚南部地区，总面积 200 万～300 万 $hm^2$。

从 20 世纪 80 年代后期到现在，相继发表了世界各地不同环境条件下生长的多种作物 $\Delta^{13}C$ 与产量关系的文献，这些关于干旱条件下产量与 $\Delta^{13}C$ 关系的报道不尽相同，主要是受不同的干旱模式、降雨量、在小麦不同生育时期内的分布及播种时土壤中贮水量的影响。在花后胁迫条件下，$\Delta^{13}C$ 与产量呈显著正相关，并且这一结果得到了来自不同地区研究报道的证实（Merah et al.，1999，2001a，2001b；朱林等，2006；Xu et al.，2007a，2007b；Zhu et al.，2008）。研究者提出了几种假说来解释在花后胁迫的环境模式下小麦 $\Delta^{13}C$ 与产量及收获系数正相关的原因。第一，高 $\Delta^{13}C$ 基因型往往能够保持更大的气孔开度，从而保证光合作用正常进行（Merah et al.，2001c）。第二，在花后胁迫模式下，高 $\Delta^{13}C$ 往往是植物个体早熟的结果（Condon et al.，2002）。很多研究者报道了花后胁迫条件下麦类作物抽穗时间与 $\Delta^{13}C$ 呈负相关，也就是说低 $\Delta^{13}C$ 的基因型比高 $\Delta^{13}C$ 的基因型抽穗晚（Craufurd et al.，1991；Ehdaie et al.，1991；Acevedo，1993；Sayre et al.，1995）。作物在生长后期制造的碳水化合物往往由于此时叶片气孔导度降低而具有较低的籽粒 $\Delta^{13}C$（Kondo et al.，2004）。晚开花的材料在灌浆时更多的是利用生长后期制造的碳水化合物，因此籽粒 $\Delta^{13}C$ 较低。对于这些开花晚的材料而言，由于它们的灌浆期较短，制造的碳水化合物较少，降低了其收获系数和产量。第三，在花后胁迫的模式下，高的籽粒 $\Delta^{13}C$ 是小麦个体对开花前贮存在营养器官中的光合产物利用率较高的结果。这是因为在这种干旱模式下，小麦生长前期水分胁迫较轻，所制造的光合产物的 $\Delta^{13}C$ 较高（Monneveux et al.，2005）。在灌浆期把贮存在营养器官中的碳水化合物向籽粒运转能力较强的基因型，其籽粒 $\Delta^{13}C$ 会因此较高（Ehdaie and Waines，1993）。

在开花前胁迫及土壤残余水分模式下，$\Delta^{13}C$ 与产量的关系在不同的年份有较大的变化（Misra et al.，2006；Xu et al.，2007a，2007b）。在极低产环境下，$\Delta^{13}C$ 与产量相关性不显著。在极干旱条件下，小麦植株的开花过程及籽粒的形成受到严重影响，籽粒产量与籽粒"库容"的关系要比与气孔导度和光合能力的关系更加密切（这两个指标与 $\Delta^{13}C$ 密切相关），从而导致产量与 $\Delta^{13}C$ 相关性不显著（Araus et al.，1998）。Condon 等（2002）报道了澳大利亚南部生长的小麦 $\Delta^{13}C$ 与产量呈负相关。其原因可能是高 $\Delta^{13}C$ 小麦基因型对土壤中水分的消耗较大，而低 $\Delta^{13}C$ 小麦基因型在用水方式上较为"保守"，使得后期小麦生长状况较好，有利于产量的形成。

Monneveux 等（2005）报道了在充分灌水条件下小麦的籽粒产量与籽粒或叶片的 $\Delta^{13}C$ 均相关性不显著；但是当减少小麦灌浆期的水分供应时，籽粒产量与穗轴和籽粒的 $\Delta^{13}C$ 均呈正相关（Araus et al.，1998）。这是因为在充分供水条件下，各基因型小麦的气孔开度都比较大，$C_i/C_a$ 和 $\Delta^{13}C$ 都较高，不同基因型间气孔导度的差异较小；这时候较强的光合能力会使 $C_i/C_a$ 和 $\Delta^{13}C$ 下降（Morgan et al.，1993）。一方面，气孔导度增大

会使 $C_i/C_a$ 和 $\Delta^{13}C$ 增加，而另一方面气孔导度增大对光合作用的促进作用又会使 $C_i/C_a$ 和 $\Delta^{13}C$ 下降。由于净光合速率的增加有利于提高产量，但这种净光合速率对 $C_i/C_a$ 和 $\Delta^{13}C$ 的"颉抗"作用会减弱 $\Delta^{13}C$ 与产量间的相关性（Monneveux et al.，2005；Xu et al.，2007a）。

关于 $\Delta^{13}C$ 与生物量关系的报道大多是显著正相关或相关性不显著（Condon et al.，1987；Ehdaie et al.，1991；Condon and Richards，1993；López-Castañeda and Richards，1994）。低 $\Delta^{13}C$ 的个体对水分利用较为"保守"，生长速率较慢，因此生物量及产量都较低（Condon and Richards，1993；López-Castañeda and Richards，1994；Condon et al.，2002）。少数文献也报道了在土壤贮藏水分模式下生长的小麦 $\Delta^{13}C$ 与产量或生物量呈负相关（Condon and Richards，1993；Condon and Hall，1997；Condon et al.，2002）。

## 七、$\Delta^{13}C$ 替代指标的研究

鉴于同位素分析较高的成本，几种测定成本较低而且方便的替代指标便应运而生。在 1992 年有研究者提出用植株体内的灰分含量及单位面积叶片干物质重作为蒸腾效率和产量的间接选择指标（Masle et al.，1992；Zhao et al.，2006）。Monneveux 等（2004）发现成熟期旗叶灰分含量与蒸腾水量呈正相关；Voltas 等（1998）发现生长在半干旱条件下的大麦籽粒 $\Delta^{13}C$ 与籽粒灰分呈负相关；Merah 等（2001b）报道了在雨养条件下测得的小麦籽粒灰分与产量呈显著负相关。在植物叶片蒸腾过程中，大部分矿物质通过木质部被运输并累积在参与蒸腾的器官和组织中（Sayre et al.，1995）。生产单位质量干物质消耗的蒸腾水多（低蒸腾效率、高 $\Delta^{13}C$）的基因型，其叶片中单位干物质重灰分含量就会相应较高。有文献报道，叶片 $\Delta^{13}C$ 与碳含量呈负相关，暗示植株蒸腾单位水分制造的碳水化合物越少（高 $\Delta^{13}C$）时叶片中灰分含量就会越高；反之，叶片中碳含量会下降（Araus et al.，1998；Merah，2001）。Ehdaie 和 Waines（1993）报道了蒸腾量大（高 $\Delta^{13}C$）的小麦个体往往在灌浆时向籽粒转运碳水化合物的效率较高，对于这些个体而言，在灌浆期其营养器官中碳水化合物含量会下降，反过来，灰分含量会升高。因此，成熟期旗叶灰分含量反映了双重信息：叶片的蒸腾作用和碳水化合物向籽粒运输的情况。与叶片不同，籽粒灰分含量主要来源于叶片及开始衰老的器官向籽粒的再转运（Wardlaw，1990），与蒸腾作用没有直接的关系（Merah，2001）。由于用于灌浆的碳水化合物来自于花前的贮存及花后的光合作用，低 $\Delta^{13}C$ 小麦基因型在灌浆期气孔导度和净光合速率都较低，灌浆主要依靠花前营养积累及从开始衰老的器官向籽粒的再转运，因此籽粒灰分含量较高（Merah et al.，1999）。

比叶重与蒸腾效率的关系是不确定的，Wright 等（1993）发现花生叶片比叶重与蒸腾效率呈正相关；Ismainl 和 Hall（1993）发现豇豆的比叶重与蒸腾效率相关性不显著；Araus 等（1997）发现，在正常供水条件下大麦的比叶重与 $\Delta^{13}C$ 呈负相关。比叶重是一个反映叶片厚度及光合能力的指标，而有利于提高光合能力的叶片组分的变化都会导致蒸腾效率的提高和 $\Delta^{13}C$ 的下降（Araus et al.，1997；Byrd and May，2000），较厚的叶片中参与光合作用的单元较多，因此厚叶基因型的光合能力较强，而 $\Delta^{13}C$ 较低（Wright et al.，1993）。叶片比叶重不仅能够反映叶片的结构，同时也可能反映灌浆期叶片中碳水化合物的含量变化，而这一变化又与净光合速率、呼吸消耗及同化物的输出有关。因此，不同基因型间在碳水化合物转运能力上的差异与比叶重有关（Mullen and Koller，1988）。

国内外有学者报道了灰分中矿质元素 K 和 Mg 与 $\Delta^{13}C$ 的关系（Malse et al.，1992；Merah，2001；Zhao et al.，2006）。Zhao 等（2006）报道了沙漠植物柠条（*Caragana korshinskii*）叶片 $\Delta^{13}C$ 与 $K^+$ 含量呈负相关，而沙漠植物油蒿（*Artemisia ordosica*）和花棒（*Hedysarum scoparium*）枝条的 $\Delta^{13}C$ 与 $K^+$ 含量呈正相关。Masle 等（1992）也报道了 $\Delta^{13}C$ 与 $K^+$ 含量在草地植物中呈正相关。Merah（2001）报道了地中海条件下生长的硬粒小麦 3 个器官中 4 种矿质元素（K、Mg、P 和 Si）含量与 $\Delta^{13}C$ 的关系，发现旗叶中 $Si^{4+}$ 含量与 $\Delta^{13}C$ 显著正相关，芒中 $K^+$ 含量与 $\Delta^{13}C$ 呈正相关。

## 第三节 基于碳同位素分辨率技术的作物节水品种选育方法

### 一、研究区自然概况

（一）春小麦田间试验研究区概况

小麦节水品种田间鉴定试验在宁夏 3 个有代表性的生态区进行，即银川试验点（38°17′N，106°15′E）、惠农试验点（39°12′N，106°36′E）及固原试验点（36°06′N，106°17′E）。银川试验点位于宁夏中部，惠农试验点位于宁夏北部盐碱区，固原试验点位于宁夏南部山区，这 3 个试验点的年均降水量为 190～700mm。在银川平原小麦种植地区有较为完善的灌溉系统，田间水分条件较好（Chen et al.，2003）。宁夏北部灌区由于地下水位较高，次生盐渍化问题严重（樊丽琴等，2012）。固原试验点位于宁夏南部旱地小麦区，年均降水量为 300～400mm，该区降水多于中北部地区。降水多集中在 7～9 月，并且年度间变化幅度较大，6 月以前有效降水较少，小麦受到严重的花前水分胁迫（Shan and Chen，1993；Xu et al.，2007a）。

各试验点地理、土壤及气象参数见表 1-3。

表 1-3 试验点的地理、土壤及气象参数

| 试验点 | 海拔/m | 年均降雨量/mm | 年均蒸发量/mm | 土壤有机物含量/% | 土壤含水量/% | 土壤含盐量/% | 土壤 pH |
| --- | --- | --- | --- | --- | --- | --- | --- |
| 银川 | 1111 | 150～200 | 1700～1900 | 1.69 | 23.35 | 0.055 | 8.01 |
| 惠农 | 1089 | 180～200 | 2200～2300 | 1.45 | 28.30 | 0.190 | 8.61 |
| 固原 | 1730 | 300～400 | 1700～1900 | 1.50 | 15.66 | 0.067 | 7.79 |

（二）苜蓿试验地概况

试验点 1 苜蓿节水品种田间鉴定试验地位于宁夏中部干旱带吴忠市孙家滩开发区，37°28′N，106°10′E，海拔 1350m，中温带半干旱大陆性气候，年均气温 8.7℃，无霜期 165～183 天，年均降水量 277mm，年均蒸发量 2050mm。降雨多集中在 7～9 月，占全年降水量的 72%。该区域地处黄土高原和鄂尔多斯台地东部，南部以黄土丘陵沟壑

区为主，荒漠和半荒漠草原面积占土地总面积的70%，植被覆盖率不足20%，水土流失严重。试验区土壤类型为地带性的灰钙土和风沙土，0~20cm 土层为砂质黏壤土，20~60cm 土层为砂质壤土，60~100cm 土层为黏壤土。土壤全氮含量0.187g/kg、全磷含量0.353g/kg、全钾含量17.0g/kg、碱解氮含量23.0mg/kg、速效磷含量4.63mg/kg、速效钾含量74.7mg/kg、有机质含量2.65g/kg，土壤容重1.46g/cm$^3$，田间持水量29.04%。

试验点 2  荒漠丘陵区苜蓿水分利用特征试验点在宁夏盐池县北王圈村（37°52′01″N~37°52′19″N，107°28′24″E~107°28′52″E），海拔1317~1328m，典型的中温带大陆性气候，是干旱与半干旱气候的过渡地带，自然环境本底具有典型的过渡性。该地区地形处于黄土高原向鄂尔多斯台地过渡的地域，属鄂尔多斯缓坡丘陵区。年均气温7.5℃，极端最高气温34.9℃，极端最低气温-24.2℃，年均无霜期165天，年均降水量280mm，其中70%以上降水集中在6~9月，且年际变化大，年均蒸发量2710mm。该区域地下水丰富，埋深较浅，深度不等（韩霁昌等，2012）。在地势平坦的缓坡丘陵梁地和丘间低地，选择4个坡位（根据海拔分为坡1、坡2、坡3和坡4）的8年生旱地苜蓿为研究对象，因选择的试验地较为平整，苜蓿水分状况不受坡向和坡位的影响。在每个坡位选取3个小区进行生长和生理指标测定，并埋设3米深时域反射（TDR）探管（TRIME-PICO-IPH，德国）。在坡2附近预挖地下水观测井，在苜蓿生长期观测地下水位。在采集土壤样品时用洛阳铲探测其他坡位的地下水位。试验地基本情况见表1-4。

表1-4  试验地基本情况

| 坡位 | 海拔/m | 坐标 | 地下水位/m | 生境类型 | 0~300cm土层体积含水量/% |
|---|---|---|---|---|---|
| 坡1 | 1317 | 37°52′19″N，107°28′25″E | 3.2~3.7 | 丘间低地 | 9.6~12.4 |
| 坡2 | 1322 | 37°52′11″N，107°28′36″E | 4.8~5.4 | 丘间低地 | 6.8~8.4 |
| 坡3 | 1324 | 37°52′07″N，107°28′32″E | 5.5~6.0 | 丘间低地 | 5.8~6.8 |
| 坡4 | 1328 | 37°52′02″N，107°28′52″E | >6.0 | 缓坡丘陵梁地 | 5.6~7.8 |

## 二、试验材料

### （一）小麦田间鉴定试验材料

材料分别来自于中国西部及宁夏区内各育种单位育成的地方品种、育成品种和高代材料（品系）共20份（表1-5）。根据宁夏农林科学院多年多点的试验结果，这些小麦材料对不同的田间水分条件有不同的适应性。'宁春4'是引入了墨西哥CIMMYT育成的品种'Sonora'与当地品种杂交而来，1983以来在华北及西北地区广泛种植，每年的播种面积达330 000hm$^2$。'永3119'和'宁春32'在水分条件好的条件下生长良好并有较高的籽粒产量，'宁春27'适宜生长在宁夏南部旱地。'红芒麦'和'毛火麦'是古老的地方品种，在旱地有很好的籽粒产量表现。高代材料95H30是宁夏农林科学院农业生物技术重点实验室用花培方法育成，具有较强的耐盐性。这20个小麦基因型都是春小麦，生育期相差不大（抽穗期平均相差9.7天，成熟期平均相差8.3天），但是形态指标（如株高、收获系数等）有较大的差异。

表 1-5  试验材料的来源及遗传背景

| 品种/品系 | 遗传背景（来源） |
| --- | --- |
| '毛火麦' | 地方品种（宁夏南部山区） |
| '红芒麦' | 地方品种（宁夏南部山区） |
| '永 2638' | 育成品种（宁夏农林科学院农作物研究所） |
| '永 3119' | 育成品种（宁夏农林科学院农作物研究所） |
| '宁春 4' | 育成品种（宁夏农林科学院农作物研究所） |
| '宁春 30' | 育成品种（宁夏农林科学院农作物研究所） |
| '宁春 32' | 育成品种（宁夏农林科学院农作物研究所） |
| '新 93-32' | 育成品种（新疆农业科学院） |
| '陕 SW1206' | 育成品种（陕西省农林科学院） |
| '晋鄂 746-9' | 育成品种（山西省农业科学院） |
| '宁春 27' | 育成品种（宁夏农林科学院农作物研究所） |
| 2003A4045 | 高代材料（宁夏农林科学院） |
| 2003A4016 | 高代材料（宁夏农林科学院） |
| 2003A4022 | 高代材料（宁夏农林科学院） |
| 2003A4269 | 高代材料（宁夏农林科学院） |
| 03S47 | 高代材料（宁夏农林科学院） |
| 03S111 | 高代材料（宁夏农林科学院） |
| 03Y8 | 高代材料（宁夏农林科学院） |
| 01H219 | 高代材料（宁夏农林科学院） |
| 98H30 | 高代材料（宁夏农林科学院） |
| $F_3$-7 | 高代材料（宁夏农林科学院） |

（二）小麦管栽试验材料

根据以前多年田间试验，从 20 个基因型中选择 $\Delta^{13}C$ 差异较大的 10 个基因型春小麦作为试验材料，其中包括在西北地区播种面积较大的育成品种、宁夏农林科学院选育的高代材料、地方古老品种和澳大利亚品种，其中，'红芒麦'、'毛火麦'、'陕 SW1206'、2003A4016、'宁春 4'、03S111、98H30、'宁春 27' 的遗传背景与来源见表 1-5，'山麦' 为宁南山区的地方品种，'Drysdale' 为澳大利亚育成品种 1。

（三）苜蓿田间鉴定试验材料

苜蓿节水品种鉴定试验采用 10 个遗传背景不同的苜蓿品种，其中，4 个国外引进品种和 6 个国内地方品种，材料来源见表 1-6。

表 1-6  供试品种信息

| 品种 | 秋眠级 | 材料来源 | 产地 |
| --- | --- | --- | --- |
| '阿尔冈金' | 2 | 宁夏固原农业科学研究所 | 加拿大 |
| '金皇后' | 2~3 | 宁夏西贝农林牧生态科技有限公司 | 美国 |
| '固原紫花' | 2 | 宁夏固原农业科学研究所 | 中国 |

续表

| 品种 | 秋眠级 | 材料来源 | 产地 |
|---|---|---|---|
| '博拉图' | 3 | 宁夏西贝农林牧生态科技有限公司 | 德国 |
| '宁苜1号' | 2 | 宁夏固原农业科学研究所 | 中国 |
| '三得利' | 5 | 宁夏西贝农林牧生态科技有限公司 | 法国 |
| '中苜1号' | 2 | 中国农业科学院北京畜牧兽医研究所 | 中国 |
| 'CW400' | 4 | 宁夏固原农业科学研究所 | 中国 |
| '宁苜2号' | 2 | 宁夏固原市草原工作站 | 中国 |
| '甘农3号' | 3 | 甘肃农业大学 | 中国 |

## 三、试验设计

### （一）春小麦田间鉴定试验设计

3个试验点均采用随机区组排列，每个小区种5行，行长2m，每行种200粒种子，3次重复。银川试验点于3月1日播种，惠农试验点于3月5日播种。这两个试验点全生育期灌两次水，灌水时间为分蘖期和拔节期，灌水总量为180mm/hm²（其中，分蘖期120mm/hm²，拔节期60mm/hm²）。试验地四周压入100cm深的塑料薄膜，以防水分渗透。灌水时用量水堰监测灌水量。固原试验点于3月20日播种，全生育期不灌水。

播种前施磷酸二铵345kg/hm²（折合成纯N为62.1kg/hm²、$P_2O_5$为158.7kg/hm²）。头水前追施尿素199.5kg/hm²（折合成纯N 91.8kg/hm²）。分蘖期后每隔10天人工锄草一次，灌浆期喷化学杀虫剂一次。

### （二）春小麦管栽试验设计

管栽试验采用规格为16cm×105cm的PVC管，每管装过筛风干土22kg。共设3个水分处理：重度水分胁迫处理（土壤含水量45%±5%田间持水量）、中度水分胁迫处理（土壤含水量55%±5%田间持水量）、正常灌水（轻度水分胁迫处理，土壤含水量75%±5%田间持水量）。播种前根据每管装土量、土壤含水量、田间持水量及各处理的含水量计算加水量。装管时每管先加土21kg，再将水分缓慢加入，待水完全下渗时播种，再覆1kg风干土。各基因型每处理设6个重复。于4月1日播种，每管播25粒种子，土表用干麦草覆盖，出苗至三叶期定苗，每管留苗11株。5月20日后将PVC管埋入土中，上部露出地面15cm。每隔7天称重1次，记录水分消耗量并加入等量的水。

### （三）苜蓿节水品种田间鉴定设计

采用裂区试验设计，主处理为灌溉量，副处理为苜蓿品种。小区面积16m²（4m×4m），3次重复。于2011年5月25日播种，采用单行条播，播种量15.0kg/hm²，行距30cm。采取微喷灌的方式进行灌溉，4~9月每10天灌溉1次，11月上旬补灌一次冬前水，每个小区均安装水表记录灌水量。出苗后进行人工中耕锄草，用化学方法防治病虫害。于2012年进行水分处理，水分处理为主处理。为了模拟降雨量对参试苜蓿品种WUE的影响，本试验共设置3个水分处理：重度水分胁迫处理（灌溉定额230mm）、中度水分胁迫处理（灌溉定额 460mm）、正常灌水（轻度水分胁迫处理，灌溉定额 700mm），分别模拟半干旱偏旱、半湿润偏旱及半湿润偏湿气候类型。品种为副处理，每个水分胁迫条件下均种植相同的 10 个品种。

### （四）不同坡位苜蓿水分利用特征试验设计

在宁夏盐池县北部地势平坦的缓坡丘陵梁地和丘间低地选择 4 个坡位（根据海拔从低到高分为坡 1、坡 2、坡 3 和坡 4）的 8 年生旱地苜蓿为研究对象，因选择的试验地较为平整，苜蓿水分状况不受坡向和坡位的影响。在每个坡位选取 3 个小区进行生长和生理指标测定，并埋设 3 米深 TDR 探管（TRIME-PICO-IPH，德国）。在坡 2 附近预挖地下水观测井，在苜蓿生长期观测地下水位。并在采集土壤样品时用洛阳铲探测其他坡位的地下水位。

## 四、主要分析指标及其测定方法

### （一）土壤体积含水量

在小麦每个生育期及苜蓿返青期和每次刈割前进行测定。用便携式土壤水分测定仪（TDR Trime-T$_3$，Germany）测定。各小区均埋设 1 根 TDR 探管，入土深度 200cm。测定时每隔 20cm 记录一次数据。

### （二）刈割

苜蓿试验地每年刈割 3 次，分别于 6 月初、8 月初及 9 月底进行刈割，留茬高 3~4cm。

### （三）籽粒产量及物候期

当小麦小区中有一半的植株抽穗或成熟时开始记录抽穗期及成熟期，以 DH 表示从出苗到抽穗的天数，DM 表示从出苗到成熟的天数。小麦扬花期，在每个小区随机采集 10 株小麦，烘干后测单株干物质重。在成熟期每小区收割中央 3 行并记录和计算植株地上部生物量（AGB, kg/hm$^2$）和产量（GY, kg/hm$^2$），收获系数（HI）用公式 HI = GY/AGB 计算。用下式折算成每公顷产量：每公顷产量 = 小区收获籽粒重/0.9×10 000。苜蓿刈割后称取鲜重，然后从中取 0.5kg 鲜草，带回实验室烘干，称量干重，计算干鲜比，从而折算出单位面积干草产量。

### （四）WUE

小麦管栽试验于扬花期及成熟期将 2 个重复的地上部分收割并在 60℃烘干 48h，称量地上部生物量（g）。用下式计算各管扬花期水分消耗量：扬花期水分消耗量（$W$, kg）= 播种时管重（kg）− 开花期管重（kg）+ 加入的水量（kg）。因各管土表用麦草覆盖，土表蒸发损失可忽略不计，则各基因型的蒸腾效率（TE, %）：TE = AGB$_p$/$W$×100%，式中，AGB$_p$ 为管栽试验植株地上部生物量（kg）；$W$ 为扬花期水分消耗量（kg）。苜蓿

WUE [kg/（mm·hm²）] 为苜蓿干草产量（GY，kg/hm²）与蒸腾蒸发量（ET，mm）之比，即 WUE = GY/ET。蒸腾蒸发量参照谢贤群（2001）的方法，但因研究区地下水位较低，地下水补给忽略不计，蒸腾蒸发量可采用下列简化公式计算：ET = P + I + Δω，式中，P 为两次刈割期间降雨量（mm）；I 为灌溉量（mm）；Δω 为 0～2m 土层两次刈割期间土壤含水量之差（mm）。

## （五）Δ¹³C

在小麦拔节期取地上部整株、开花期旗叶和成熟期籽粒，取样量为每个基因型 10 株整株、20 片旗叶和 10g 成熟期籽粒。苜蓿取样时期为每一茬的始花期（刈割前），在每小区取植株上部叶 50 片和整株 10 株，2 个重复。放入烘箱，在 105℃下杀青 15min，然后 80℃下烘干 48h。磨细过 100 目筛。各样品的碳同位素组成由同位素质谱仪（Model Thermo Finnigan, Bremen, 美国）检测，样品在元素分析仪（FlashEA 1112 HT, Thermo Fisher Scientific, Inc., 美国）中高温燃烧后生成 $CO_2$，质谱仪通过检测 $CO_2$ 的 $^{13}C$ 与 $^{12}C$ 比值，并与 PDB 比对后计算出样品的 $^{13}C$ 比值（$\delta^{13}C_{样品}$）。计算公式如下

$$\delta^{13}C = \frac{R_{样品}}{R_{PDB}} - 1 \times 1000‰ \qquad (1-10)$$

式中，R 是 $^{13}C$ 与 $^{12}C$ 的比值。

Δ¹³C 根据式（1-4）计算，式中 $\delta^{13}C_{空气}$ = −8‰。

## （六）氢氧同位素组成

在苜蓿主要生育期进行木质部水和土壤水取样。土壤样品每隔 20cm 深取样一次，直至接近地下水层。在取植物茎秆水样时选取木质化枝条，采集之后用小刀削去表皮，迅速装入特制玻璃瓶，用封口膜封口。每个植物及土壤取样重复两次，样品进行冷冻。在中国科学院植物研究所采用 FLASHEA 1112HT 型元素分析仪（美国）和 DELTA V 型同位素质谱仪（美国）对不同水体 $\delta^{18}O$ 和 $\delta D$ 进行测定。$\delta^{18}O$ 的实验误差小于 0.5‰，$\delta D$ 的实验误差小于 1.0‰。

## （七）光合气体交换参数

在小麦拔节期后，每隔 7 天测定完全展开的倒二叶，开花期测定旗叶。在苜蓿的始花期和盛花期，每次每个小区选 5 片上部完全展开的叶片进行测定。用英国 ppSystems 公司产 CIRAS-1 型（PP Systems, Hitchin, UK）便携式光合仪测定各项光合生理指标，温度、湿度均为环境水平。每次每个小区测定 5 株旗叶，自然光下待数据稳定后保存 5 个数据，取其平均值。该仪器测量的光合气体交换参数有：净光合速率、蒸腾速率、气孔导度、旗叶温度、胞间 $CO_2$ 浓度、大气中 $CO_2$ 浓度。单叶 WUE 用净光合速率/蒸腾速率计算。

## （八）比茎秆重

在小麦抽穗开花期，对同一个小区内开花日期一致的主穗挂牌标记。在开花当天、

开花后 7 天、开花后 21 天、开花后 35 天及成熟期，每个小区取 5 株地上部主穗茎，立即放入烘箱，在 105℃下杀青 15min，然后 80℃下烘干 48h。剪掉叶片和穗，保留叶鞘。用米尺测量茎长，用每茎干物质重与长度的比值表示比茎秆重。

（九）水溶性碳水化合物

根据高俊凤（2000）等的方法，提取小麦茎秆及苜蓿叶片中的可溶性碳水化合物。于小麦开花当天、开花后 7 天、开花后 14 天、开花后 35 天，每个小区取 5 株地上部主穗茎；于苜蓿开花初期（刈割前 15 天左右），取 50 片上部成熟叶片，放入烘箱，在 105℃下杀青 15min，然后 80℃下烘干 48h。将烘干的茎秆样磨至粉末状，称取 0.15g 装入离心管中，再加入 5ml 80%（$V/V$）乙醇，在 80℃的水浴中提取半小时。冷却后，4000r/min 离心 8min，将上清液倒入 20ml 大离心管中，重复提取 3 次。向大离心管中加入 2ml 0.1mol/L 氢氧化钡溶液，4000r/min 离心 8min，将上清液收集到 25ml 容量瓶中，在沉淀物中加入 2ml 0.2mol/L 的硫酸锌溶液中和过量的氢氧化钡。用蒸馏水定容至 25ml。在沸水浴中加热 15min，冷却后加入 2ml 4.6mol/L 的高氯酸溶液，搅拌 15min，然后 4000r/min 离心 8min，将上清液收集到 50ml 容量瓶中。用蒸馏水定容至 50ml。用蒽酮-浓硫酸比色法测定茎秆碳水化合物含量，用分光光度计（UV2800H，中国）测定各提取液的光密度值，用茎秆干物质中的葡萄糖质量百分数表示茎秆碳水化合物含量。

（十）茎秆碳水化合物积累效率和转运效率

茎秆水溶性碳水化合物、淀粉、总碳水化合物积累效率和转运效率分别用以下公式计算：

$$\text{茎秆碳水化合物积累效率} = \frac{\text{灌浆期茎秆碳水化合物含量} - \text{开花期茎秆碳水化合物含量}}{\text{灌浆期茎秆碳水化合物含量}} \times 100\%$$

（1-11）

$$\text{茎秆碳水化合物转运效率} = \frac{\text{灌浆期茎秆碳水化合物含量} - \text{成熟期茎秆碳水化合物含量}}{\text{灌浆期茎秆碳水化合物含量}} \times 100\%$$

（1-12）

式中，积累效率和转运效率的单位为%，碳水化合物含量的单位为%。

（十一）比叶重

小麦采样期为开花期和灌浆中期，在每小区的外侧两行随机取 10 片旗叶；苜蓿采样期为始花期，在每小区取植株上部叶 30 片。样品采集后迅速装入塑料袋中密封，并迅速在室内将叶片表面擦干净。用 Li-Cor 型叶面积仪（LI-3000，Lincoln，NE，美国）测定叶面积（$cm^2$）。然后在 70℃下烘干 48h，用万分之一天平称量叶片干物质重（g）。比叶重用叶干物质重与面积的比值计算。

（十二）灰分含量

小麦采样期为拔节期、开花期和灌浆中期，在每小区的外侧两行随机取 10 片旗叶；

苜蓿采样期为始花期，在每小区取植株上部叶 50 片和整株 10 株。样品采集后迅速装入塑料袋中密封，并迅速在室内将叶片表面擦干净。将样品放入 SX4-10 箱式电阻炉中，在 550℃的温度下完全燃烧至恒重，用万分之一的电子天平称重，计算单位干物质的灰分含量。将灰分样品保存，以测定矿质元素含量，$Mg^{2+}$、$K^+$ 和 $Ca^{2+}$ 的含量在西北农林科技大学生命学院实验中心用原子吸收光谱仪（日立 180-80，日本）测定。3 种元素的含量用 mg/g 干物质重表示，其总和 $\sum_m = K^+$ 含量 $+Mg^{2+}$ 含量 $+Ca^{2+}$ 含量。

## （十三）相对含水量

取样方法同比叶重，取样后迅速测定叶片鲜重（FW，g），然后将叶片放入装有蒸馏水的培养皿中，在 4℃冰箱保存 12h。定期称量叶片重，恒定后的质量即为叶片饱和重（TW，g）。然后将叶片烘干（温度及时间同比叶重），烘干后的质量为干物质重（DW，g）。用下列公式计算叶片相对含水量（RWC，%），RWC =（FW–DW）/（TW–DW）× 100%。

## 五、数据处理

应用 Excel 2003 及 SPSS 11.5 软件，分别对基因型及水分处理各指标进行单因素方差分析，采用 Ducan 新复极差法对各测定数据进行多重比较；分析不同部位 $\Delta^{13}C$ 与产量、WUE、蒸腾蒸发量及产量的相关性。应用 Sigma Plot 10.0 进行制图。

应用 IsoSource 软件（Phillips and Gregg，2003）分析不同潜在水源对植物的贡献比例。计算时来源增量（source increment）设为 1%，质量平衡公差（mass balance tolerance）设为 0.2%。虽然我们测定了 9 个土壤层次土壤水的氢氧同位素组成，但这些源的数量太多，无法用 IsoSource 程序计算，同时，由于 $\delta^{18}O$ 及 $\delta D$ 相关性较强，因此，我们计算不同坡位苜蓿水分来源时只采用 $\delta^{18}O$。根据土壤水 $\delta^{18}O$ 的分布特征，我们把 0~450cm 土壤剖面的土层划分为 0~20cm、20~150cm、150~270cm、270~450cm（4 月为 270~400cm），再加上地下水共 5 个源。应用上述方法计算 4 个坡位苜蓿对各水源的利用百分率（%）（包括平均值及变化范围）。

## 主要参考文献

陈尚谟. 1995. 旱区农田水分利用效率探讨. 干旱地区农业研究，(1): 14-19.
樊丽琴，杨建国，许兴，等. 2012. 宁夏引黄灌区盐碱地土壤盐分特征及相关性. 中国农学通报，28(35): 221-225.
高俊凤. 2000. 植物生理学实验技术. 西安：世界图书出版公司.
韩霁昌，刘彦随，罗林涛. 2012. 毛乌素沙地砒砂岩与沙快速复配成土核心技术研究. 中国土地科学，26(8): 87-94.
蒋高明，何维明. 1999. 毛乌素沙地若干植物光合作用、蒸腾作用和水分利用效率种间及生境间差异. 植物学报，41(10): 1114-1124.
接玉玲，杨洪强，翟明刚. 2001. 土壤含水量与苹果叶片水分利用效率的关系. 应用生态学报，12(3): 387-390.

李秧秧. 2000. 碳同位素技术在 $C_3$ 作物水分利用效率研究中的应用. 核农学报, 14(2): 115-121.

林植芳, 林桂珠, 孔国辉. 1995. 生长光强对亚热带自然林两种木本植物稳定碳同位素比、细胞间 $CO_2$ 浓度和水分利用效率的影响. 热带亚热带植物学报, 3(2): 77-82.

林植芳, 彭长连, 林桂珠. 2001. 大豆和小麦不同基因型的碳同位素分馏作用及水分利用效率. 作物学报, 27(4): 410-414.

刘文玲. 2001. 宁夏红寺堡灌区土地沙化现状及对策. 宁夏科技, (6): 30.

刘文兆. 1998. 作物生产、水分消耗与水分利用效率间的动态联系. 自然资源学报, 13(1): 23-27.

彭长连, 林植芳, 林桂珠. 2000. 磷素利用效率不同小麦的光合作用和水分利用效率. 作物学报, 26(5): 543-548.

山仑. 1994. 改善作物抗旱性及水分利用效率研究进展. // 邹琦, 王学臣. 作物高产高效生理学研究进展.《农作物高产高效抗逆生理基础研究文集》. 北京: 科学出版社.

山仑. 2003. 节水农业与作物高效用水. 河南大学学报(自然科学版), 33(1): 1-5.

山仑, 邓西平. 2000. 黄土高原半干旱地区的农业发展与高效用水. 中国农业科技导报, 2(4): 34-38.

谢贤群. 2001. 农田生态系统水分循环与作物水分关系研究. 中国生态农业学报, 9(1): 9-12.

颜景义, 郑有飞, 郭林, 等. 1995. 小麦累积光合量的估算及规律分析. 中国农业气象, 16(1): 5-8.

杨建昌, 乔纳圣. 1995. 水分胁迫对水稻叶片气孔频率、气孔导度及脱落酸含量的影响. 作物学报, 21(5): 533-539.

于沪宁, 刘萱. 1990. 麦田 $CO_2$ 通量密度和水分利用效率的研究. 中国农业气象, 11(3): 18-21.

张明义, 张娟. 1992. 冬小麦抗旱性节水性和产量关系的研究. 山西农业科学, (5): 13-15.

张岁岐, 李金虎, 山仑. 2001. 干旱下植物气孔运动的调控. 西北植物学报, 21(6): 1263-1270.

张岁岐, 山仑. 2002. 植物水分利用效率及其研究进展. 干旱地区农业研究, 20(4): 1-5.

张正斌. 1998. 小麦水分利用效率若干问题探讨. 麦类作物, 18(1): 35-38.

张正斌, 山仑. 1997. 小麦旗叶水分利用效率比较研究. 科学通报, 42(17): 1876-1881.

张正斌, 山仑, 徐旗. 2000. 控制小麦种、属旗叶水分利用效率的染色体背景分析. 遗传学报, 27(3): 240-246.

赵平, 曾小平, 彭少麟. 2000. 海南红豆夏季叶片气孔交换、气孔导度和水分利用效率的日变化. 热带亚热带植物学报, 35(42): 35-42.

朱林, 许兴. 2005. 植物水分利用效率的影响因子研究综述. 干旱地区农业研究, 23(6): 204-209.

朱林, 许兴, 李树华, 等. 2006. 春小麦碳同位素分辨率的替代指标研究. 西北植物学报, 26(7): 1436-1442.

左大康, 谢贤群. 1991. 农田蒸发研究. 北京: 气象出版社.

Acevedo E. 1993. Potential of carbon isotope discrimination as a selection criterion in barley breeding. Stable isotopes and plant carbon/water relations. New York: Academic Press: 399-417.

Ansari R, Naqvi S S M, Khanzada A N, et al. 1998. Carbon isotope discrimination in wheat under saline conditions. Pakistan Journal of Botany, 30(1): 87-93.

Araus J L, Amaro T, Casadesus J, et al. 1998. Relationships between ash content, carbon isotope discrimination and yield in durum wheat. Australian Journal of Plant Physiology, 25(7): 835-842.

Araus J L, Amaro T, Zuhair Y, et al. 1997. Effect of leaf structure and water status on carbon isotope discrimination in field-grown durum wheat. Plant Cell Environment, 20(12): 1484-1494.

Badeck F W, Tcherkez G, Nogues S, et al. 2005. Post-photosynthetic fractionation of stable carbon isotopes between plant organs: a widespread phenomenon. Rapid Communications in Mass Spectrometry, 19(11): 1381-1391.

Bano A, Dorffling K, Bettin D, et al. 1993. Abscisic acid and cytokinins as possible root-to-shoot signals in xylem sap of rice plants in drying soil. Australian Journal of Plant Physiology, 20(1): 109-115.

Bathellier C, Badeck F W, Couzi P, et al. 2008. Divergence in $\delta^{13}C$ of dark respired $CO_2$ and bulk organic matter occurs during the transition between heterotrophy and autotrophy in Phaseolus vulgaris plants.

New Phytologist, 177(2): 406-418.

Bhagsari A S, Brown R H. 1986. Leaf photosynthesis and its correlation with leaf area. Crop Science, 26(1): 127-132.

Bolger T P, Turner N C. 1998. Transpiration efficiency of three Mediterranean annual pasture species and wheat. Oecologia, 115(1): 32-38.

Brandes E, Kodama N, Whittaker K, et al. 2006. Short-term variation in the isotopic composition of organic matter allocated from the leaves to the stem of *Pinus sylvestris*: effects of photosynthetic and post-photosynthetic carbon isotope fractionation. Global Change Biology, 12(10): 1922-1939.

Brugnoli E, Lauteri M. 1991. Effects of salinity on stomatal conductance, photosynthetic capacity, and carbon isotope discrimination of salt tolerant (*Gossypium hirsutum* L.) and salt sensitive (*Phaseolu svulgare* L.) $C_3$ non-halophytes. Plant Physiology, 95(2): 628-635.

Byrd G T, May P A. 2000. Physiological comparisons of Switchgrass cultivars differing in transpiration efficiency. Crop Science, 40(5): 1271-1277.

Chen J, He D, Cui S. 2003. The response of river water quality and quantity to the development of irrigated agriculture in the last 4 decades in the Yellow River Basin, China. Water Resource Research, 39(3): 1047-1057.

Condon A G, Farquhar G D, Richards R A. 1990. Genotypic variation in carbon isotope discrimination and transpiration efficiency in wheat. Leaf gas exchange and whole plant studies. Australian Journal of Plant Physiology, 17(1): 9-22.

Condon A G, Hall A E. 1997. Adaptation to diverse environments: variation in water-use efficiency within crop species. San Diego: Academic Press.

Condon A G, Richards R A, Farquhar G D. 1987. Carbon isotope discrimination is positively correlated with grain yield and dry matter production in field-grown wheat. Crop Science, 27(5): 996-1001.

Condon A G, Richards R A, Rebetzke G J, et al. 2002. Improving intrinsic water-use efficiency and crop yield. Crop Science, 42(1): 122-131.

Condon A G, Richards R A. 1993. Exploiting genetic variation in transpiration efficiency in wheat: an agronomic view. Stable Isotopes and Plant Carbon-Water Relations: 435-450.

Condon A G, Richards R A, Rebetzke G J, et al. 2004. Breeding for high water-use efficiency. Journal of Experimental Botany, 55(407): 2447-2460.

Craufurd P Q, Austin R B, Acevedo E, et al. 1991. Carbon isotope discrimination and grain yield in barley. Field Crop Research, 27(4): 301-313.

Deng X P, Shan L, Kang S Z, et al. 2003. Improvement of wheat water use efficiency in semiarid area of China. Agricultural Sciences in China, 2(1): 35-44.

Downton W J S, Loveys B R, Grant W J R. 1988. Stomatal closure fully accounts for the inhibition of photosynthesis by abscisicacid. New Phytologist, 108(3): 263-266.

Ehdaie B, Hall A E, Farquhar G D, et al. 1991. Water-use efficiency and carbon isotope discrimination in wheat. Crop Science, 31(5): 1282-1288.

Ehdaie B, Waines J G. 1993. Variation in water-use efficiency and its components in wheat. I: Well-watered pot experiment. Crop Science, 33(2): 294-299.

Ehleringer J R. 1993. Variation in leaf carbon isotope discrimination in Encelia farinosa: implications for growth, competition, and drought survival. Oecologia, 95: 340-346.

Ellis R P, Forster B P, Gordon D C, et al. 2002. Phenotype/genotype associations for yield and salt tolerance in a barley mapping population segregating for two dwarfing genes. Journal of Experimental Botany, 53(371): 1163-1176.

Farquhar G D, Ehleringer J R, Hubick K T. 1989. Carbon isotope discrimination and photosynthesis. Annual Review of Plant Physiology and Plant Molecular Biology, 40: 503-537.

Farquhar G D, O'Leary M H, Berry J A. 1982. On the relationship between carbon isotope discrimination and the intercellular carbon dioxide concentration in leaves. Australian Journal of Plant Physiology, 9(2): 121-137.

Farquhar G D, Richards R A. 1984. Isotopic composition of plant carbon correlates with water-use efficiency of wheat genotypes. Australian Journal of Plant Physiology, 11(6): 539-552.

Fischer R A. 1998. Wheat yield progress associated with higher stomatal conductance and photosynthetic rate, and cooler canopies. Crop Science, 38(6): 1467-1475.

Gebbing T, Schnyder H. 2001. $^{13}C$ Labeling kinetics of sucrose in glumes indicates significant refixation of respiratory $CO_2$ in the wheat ear. Australian Journal of Plant Physiology, 28(10): 1047-1053.

Gessler A, Tcherkez G, Peuke A D, et al. 2008. Experimental evidence for diel variations of the carbon isotope composition in leaf, stem and phloem sap organic matter in *Ricinus communis*. Plant Cell Environment, 31(7): 941-953.

Ghashghaie J, Badeck F W, Lanigan G, et al. 2003. Carbon isotope discrimination during dark respiration and photorespiration in $C_3$ plants. Phytochemistry Reviews, 2: 145-161.

Guy R D, Reid D M, Krouse H R. 1980. Shifts in carbon isotope ratios of two $C_3$ halophytes under natural and artificial conditions. Oecologia, 44(2): 241-247.

Hall A E. Cannell G H, Lawton H W. 1979. Agriculture in semiarid environment. Berlian: Spriger-verlag.

Henderson S A, Caemmerer S V, Farquhar G D. 1992. Short-term measurements of carbon isotope discrimination in several $C_4$ species. Australian Journal of Plant Physiology, 19: 263-285.

Hubick K T, Shorter R, Farquhar G D. 1988. Heritability and genotype × environment interactions of carbon isotope discrimination and transpiration efficiency in peanut (*Arachis hypogaea* L.). Australian Journal of Plant Physiology, 15: 799-813.

Isla R, Aragu R, Royo A. 1998. Validity of various physiological traits as screening criteria for salt tolerance in barley. Field Crop Research, 58(2): 97-107.

Ismail A M, Hall A E. 1993. Inheritance of carbon isotope discrimination and water-use efficiency in cowpea. Crop Science, 33(3): 498-503.

Johnson R C. 1991. Salinity resistance, water relations, and salt content of crested and tall wheat grass accesions. Crop Science, 31(3): 730-734.

Khan M A, Tsunoda S. 1970. Evolutionary trends in leaf photosynthesis and related leaf characteristics among cultivated wheat species and its wild relatives. Japanese Journal of Breeding, 20(3): 133-140.

Kondo M, Pablico P P, Aragones D V, et al. 2004. Genotypic variations in carbon isotope discrimination, transpiration efficiency, and biomass production in rice as affected by soil water conditions and N. Plant Soil, 267(1): 165-177.

Kramer P J, Kozlowski T T. 1979. Physiology of woody plants. London: Academic Press.

López-Castañeda C, Richards R A. 1994. Variation in temperate cereals in rainfed environments. 3. Water use and water-use efficiency. Field Crop Research, 39(2-3): 85-98.

Masle J, Farquhar G D, Wong S C. 1992. Transpiration ratio and plant mineral content are related among genotypes of a range of species. Australian Journal of Plant Physiology, 19(6): 709-721.

Masle J, Gilmore S R, Farquhar G D. 2005. The ERECTA gene regulates plant transpiration efficiency in Arabidopsis. Nature, 436(11): 866-870.

Merah O. 2001. Carbon isotope discrimination and mineral composition of three organs in durum wheat genotypes grown under Mediterranean conditions. Comptes Rendus de l'Academie des Sciences Series III Sciences de la Vie, 324(4): 355-363.

Merah O, Deléens E, Monneveux P. 1999. Grain yield, carbon isotope discrimination, mineral and silicon content in durum wheat under different precipitation regimes. Plant Physiology, 107(4): 387-394.

Merah O, Deléens E, Monneveux P. 2001a. Relationships between carbon isotope discrimination, dry matter production, and harvest index in durum wheat. Journal of Plant Physiology, 158(6): 723-729.

Merah O, Deléens E, Souyris I, et al. 2001b. Ash content might predict carbon isotope discrimination and grain yield in durum wheat. New Phytologist, 149(2): 275-282.

Merah O, Monneveux P, Deléens E. 2001c. Relationships between flag leaf carbon isotope discrimination and several morpho-physiological traits in durum wheat genotypes under Mediterranean conditions. Environmental and Experimental Botany, 45(1): 63-71.

Mian M A R, Bailey M A, Ashley D D, et al. 1996. Molecular markers associated with water use efficiency and leaf ash in soybean. Crop Science, 36: 1252-1257.

Misra S C, Randive R, Rao V S, et al. 2006. Relationship between carbon isotope discrimination, ash content and grain yield in wheat in the peninsular zone of India. Journal of Agronomy and Crop Science, 192(5): 352-362.

Monneveux P, Reynolds M P, Gonzalez-Santoyo H, et al. 2004. Relationships between grain yield, flag leaf morphology, carbon isotope discrimination and ash content in irrigated wheat. Journal Agronomy and Crop Science, 190(6): 395-401.

Monneveux P, Reynolds M P, Trethowan R, et al. 2005. Relationship between grain yield and carbon isotope discrimination in bread wheat under four water regimes. European Journal of Agronomy, 22(2): 231-242.

Morgan J A, Lecain D R. 1991. Leaf gas exchange and related leaf traits among 15 winter wheat genotypes. Crop Science, 31: 443-448.

Morgan J A, Lecain D R, McCaig T N, et al. 1993. Gas exchange, carbon isotope discrimination, and productivity in winter wheat. Crop Science, 33(1): 178-186.

Mullen J A, Koller H R. 1988. Trends in carbohydrate depletion, respiratory carbon loss, and assimilate export from soybean leaves at night. Plant Physiology, 86(2): 517-521.

Nobel P S. 1991. Achievable productivities of certain CAM plants: Basis for high values compared with $C_3$ and $C_4$ plants. New Phytologist, 119: 183-205.

Ocheltree T W, Marshall J D. 2004. Apparent respiratory discrimination is correlated with growth rate in the shoot apex of sunflower (*Helianthus annuus*). Journal of Experimental Botany, 55(408): 2599-2605.

O'Leary M H. 1981. Carbon isotope fractionation in plants. Phytochemistry, 20(4): 553-567.

Oweis T, Zhang H, Pala M. 2000. Water use efficiency of rainfed and irrigated bread wheat in a Mediterranean environment. Agronomy Journal, 92(2): 231-238.

Passioura J B. 1996. Drought and drought tolerance. Plant Growth Regulation, 20(2): 79-83.

Phillips D L, Gregg J W. 2003. Source partitioning using stable isotopes: coping with too many sources. Oecologia, 136(2): 261-269.

Poss J A, Zeng L H, Grieve C M. 2004. Carbon isotope discrimination and salt tolerance of rice genotypes. Cereal Research Communication, 32(3): 339-346.

Rajaram S, van Ginkel M, Fischer R A. 1995. CIMMYT's wheat breeding mega-environments (ME). Proceedings of the 8th International Wheat Genetic Symposium, Beijing, China.

Richards R A. 1996. Defining selection criteria to improve yield under drought. Plant Growth Regulation, 20(2): 157-166.

Richards R A. 2000. Selectable traits to increase crop photosynthesis and yield of grain crops. Journal of Experimental Botany, 51(90001): 447-458.

Richards R A, Rebetzke G J, Condon A G, et al. 2002. Breeding opportunities for increasing the efficiency of water use and crop yield in temperate cereals. Crop Science, 42(1): 111-121.

Sayre K D, Acevedo E, Austin R B. 1995. Carbon isotope discrimination and grain yield for three bread wheat germplasm groups grown at different levels of water stress. Field Crop Research, 41(1): 45-54.

Shan L, Chen G L. 1993. The principle and practices of dryland farming on the Loess Plateau. Beijing: Chinese Academic Press.

Tanner C B, Sinclair T R. 1983. Efficient water use in crop production: Research or Re-Search. Limitations to Efficient Water Use in Crop Production: 1-27.

Tardieu F, Zhang J, Davies W J. 1992. What information is conveyed by an ABA signal from maize roots in drying field soil? Plant, Cell and Environment, 15(2): 185-191.

Turner N C, Kramer P J. 1980. Adaptation of plants to water and high temperature stress. Proceedings of a seminar, Stanford, Calif. (USA), 6-10 Nov 1978: 123.

Voltas J, Romagosa I, Muñoz P, et al. 1998. Mineral accumulation, carbon isotope discrimination and indirect selection for grain yield in two-rowed barley grown under semiarid conditions. European Journal of Agronomy, 9(2-3): 147-155.

Wardlaw I F. 1990. The control of carbon partitioning in plants. New Phytologist, 116(3): 341-381.

Warren C R, McGrath J F, Adams M A. 2001. Water availability and carbon isotope discrimination in conifers. Oecologia, 127(4): 476-486.

Wilkinson S, Corlett J E, Oger L, et al. 1998. Effects of xylem sap pH on transpiration from wild-type and flacca mutant tomato leaves: a vital role for abscisic acid in preventing excessive water loss from well-watered plants. Plant Physiologist, 117: 703-709.

Wright G C, Hubick K T, Farquhar G D. 1988. Discrimination in carbon isotope of leaves correlated with water-use efficiency of field-grown peanut cultivars. Australian Journal of Plant Physiology, 15: 815-825.

Wright G C, Hubick K T, Farquhar G D, et al. 1993. Stable isotopes and plant carbon-water relations. New York, USA: Academic Press: 247-267.

Xin Z B, Xie Z R. 2005. Response of climate change to ENSO events in Ningxia Hui Autonomous Region, China. Arid Land Geography, 28(2): 239-243.

Xu X, Yuan H M, Li S H, et al. 2007a. Relationship between carbon isotope discrimination and grain yield in spring wheat under different water regimes and under saline conditions in the Ningxia Province (North-west China). Journal Agronomy and Crop Science, 193(6): 422-434.

Xu X, Yuan H M, Li S H, et al. 2007b. Relationship between carbon isotope discrimination and grain yield in spring wheat cultivated under different water regimes. Journal of Integrative Plant Biology, 49(10): 1497-1507.

Zhao L, Xiao H, Liu X. 2006. Variations of foliar carbon isotope discrimination and nutrient concentrations in Artemisia ordosica and Caragana korshinskii at the southeastern margin of China's Tengger Desert. Environmental Geology, 50(2): 285-294.

Zhu L, Liang Z S, Xu X, et al. 2008. Relationships between carbon isotope discrimination and leaf morpho-physiological traits in spring planted spring wheat under drought and salinity stress in Northern China. Australian Journal of Agricultural Research, 59(10): 1-9.

# 第二章 碳稳定同位素技术在宁夏不同生态区春小麦节水品种鉴定中的应用研究

宁夏位于中国西北，35.14°N～39.23°N，104.17°E～107.38°E，总面积为 60 400km²，海拔 1000～2000m，由南向北逐渐降低，年均降雨量为 190～700mm，南部山区降雨多于中北部地区，降雨多集中在 7～9 月，并且年度间变化幅度较大（山仑和陈国良，1993）。在宁夏北部小麦种植区有较为完善的灌溉系统，田间水分条件较好（Chen et al.，2003）。但是，由于近年来黄河上游地区降水持续较低，黄河来水呈下降趋势，并且与下游的用水矛盾日渐突出，宁夏灌区的用水配额逐年下降（Xin and Xie，2005），在这种情况下，提高这一地区小麦的 WUE 就显得十分必要。另外，在宁夏引黄灌区土壤盐渍化调查的结果表明，盐渍化面积为 24.06 万 hm²，占自流灌区现有耕地面积的 48.93%（樊丽琴等，2012）。北部小麦种植区受到土壤盐渍化的影响，提高该地区小麦的抗盐碱能力及籽粒产量成为育种工作者努力的目标。固原试验点位于宁夏南部旱地小麦区，年平均降雨量为 300～400mm（多于中北地区），降雨多集中在 7～9 月，并且年度间变化幅度较大（Shan and Chen，1993）。在南部山区，小麦种植主要依靠天然降水，而由于 6 月以前有效降水较少，小麦受到严重的花前水分胁迫（Xu et al.，2007a）。因此，提高宁夏地区小麦的抗旱耐盐碱能力和选育节水高产品种就成为育种工作者努力的目标（Deng et al.，2003）。

为了提高干旱地区对有限水分的利用效率，提高单位水分的作物产量是核心环节。但是由于在育种过程中直接对产量的选择存在弊端，产量的遗传力较低，并且存在很高的基因型与环境互作。通过替代指标对产量进行间接选择可以弥补传统方法的不足。在干旱条件下，作物产量的遗传力下降，而一些间接指标的遗传力上升（Bolanos and Edmeades，1996）。在众多间接指标中，选择在不同遗传材料间遗传变异大，与产量相关性较好，可以稳定遗传，测定容易、快速的指标用于育种有利于提高选择效率（Monneveux et al.，2006b）。植物 $\Delta^{13}C$ 能够反映植物光合作用、水分代谢及物质代谢运输等许多生理生化过程，与 $C_3$ 植物的蒸腾效率有很强的负相关关系（Farquhar and Richards，1984）。对 $\Delta^{13}C$ 的研究可评价长期水平的 WUE，并可反映作物产地的水分供应状况。不断有文献报道 $\Delta^{13}C$ 与产量有很好的相关关系，提升了 $\Delta^{13}C$ 作为产量的间接指标在育种中的应用价值；另外，此种测定不受时间和季节的限制，采集样品烘干之后，其中的碳同位素组成不再改变，故可以存放至生长季节后较空闲时进行测定（Ehdaie et al.，1991）。由于 $\Delta^{13}C$ 具有以上优点，故日益受到作物生理育种家的关注，关于 $\Delta^{13}C$ 在各种作物节水高产育种中的研究报道层出不穷，展示出其广阔的应用前景。

本研究以选择宁夏不同小麦种植区籽粒产量替代指标为目的，主要围绕 $\Delta^{13}C$ 及其相关生理形态指标展开研究，选用不同来源、遗传背景差异较大的小麦品种（系）作为试验材料，分别在宁夏不同生态区进行了多年多点的田间试验，并开展了管栽模拟试验，

测定了 $\Delta^{13}C$、光合气体交换参数、生理形态指标及常规农艺指标，旨在揭示宁夏不同生态环境、同一生态区不同年份及不同水分条件下小麦 $\Delta^{13}C$ 的遗传变异及其与籽粒产量的相关性。此项研究可以为不同生态条件采用 $\Delta^{13}C$ 技术筛选高产小麦品种提供理论依据。

## 第一节 宁夏不同生态区小麦 $\Delta^{13}C$ 与籽粒产量的关系

很多研究者认为，在干旱及盐碱条件下，可以把小麦 $\Delta^{13}C$ 作为籽粒产量的间接选择指标（Merah et al.，2001a，2001b；Condon et al.，2002；Monneveux et al.，2005）。对 $C_3$ 植物而言，$\Delta^{13}C$ 与 $C_i/C_a$ 呈正相关（Farquhar and Richards，1984）。叶片气孔导度及光合能力通过影响 $C_i/C_a$ 而与 $\Delta^{13}C$ 有密切的关系（Condon et al.，1987）。研究表明，在干旱胁迫条件下，基因型间 $\Delta^{13}C$ 的差异更多是由气孔导度的差异而不是光合能力的差异引起的（Xu et al.，2007a）。在小麦花后胁迫条件下，$\Delta^{13}C$ 与籽粒产量呈显著正相关，并且这一结果得到了来自不同地区的研究报道的证实（Merah et al.，2001a，2001b；Monneveux et al.，2005）。研究者们认为，在小麦开花后胁迫模式下，由于高 $\Delta^{13}C$ 基因型能够保持较高的气孔导度，因而其籽粒产量表现及生长表现都比低 $\Delta^{13}C$ 基因型要好（Merah et al.，2001a；Monneveux et al.，2006a）。而在其他的干旱模式下，$\Delta^{13}C$ 与产量的关系不确定并且受降雨量、降雨分布及播种时土壤中贮存水分多少的影响。在开花前胁迫及土壤残余水分模式下，$\Delta^{13}C$ 与籽粒产量的关系在不同的年份有较大的变化（Xu et al.，2007a，2007b）。盐碱条件可以降低 $C_3$ 植物的 $\Delta^{13}C$（Poss et al.，2004），Ansari 等（1998）发现在盐胁迫时 $\Delta^{13}C$ 与小麦籽粒产量及整株生物量呈正相关。Monneveux 等（2005）报道在充分灌水条件下，小麦的籽粒产量与籽粒或叶片 $\Delta^{13}C$ 均相关性不显著；但是当减少小麦灌浆期的水分供应量时，籽粒产量与穗轴 $\Delta^{13}C$ 和籽粒 $\Delta^{13}C$ 均呈正相关（Araus et al.，1998）。

为了进一步验证在宁夏不同生态条件下 $\Delta^{13}C$ 在小麦育种中的价值，有必要研究 $\Delta^{13}C$ 与能够反映植株水分状况的形态生理指标的关系，从而明晰 $\Delta^{13}C$ 与籽粒产量相关性的生理基础，同时，也可以从中发现 $\Delta^{13}C$ 的替代指标。很多文献报道了小麦 $\Delta^{13}C$ 与收获系数呈正相关（Ehdaie and Waines，1993；Merah et al.，2001a）。关于 $\Delta^{13}C$ 与生物量关系的报道大多数是两者呈正相关或相关性不显著（Condon et al.，1987；Ehdaie et al.，1991），少数文献也报道两者间是负相关关系（Condon and Richards，1993；Condon and Hall，1997；Condon et al.，2002）。Virgona 等（1990）经过研究认为比叶重可以作为向日葵 $\Delta^{13}C$ 的替代指标，Wright 等（1993）报道花生 $\Delta^{13}C$ 与比叶重有较好的相关性。López-Castañeda 和 Richards（1994）与 Araus 等（1997）研究了充分供水条件下小麦和大麦 $\Delta^{13}C$ 与比叶重的关系，发现两者是负相关的。Merah 等（2001d）报道在干旱条件下生长的硬粒小麦的 $\Delta^{13}C$ 与比叶重的相关性较差或者不相关，但硬粒小麦 $\Delta^{13}C$ 与反映植株水分状况的指标有很强的相关性。Monneveux 等（2005）报道，叶片 $\Delta^{13}C$ 与开花期冠层温度呈显著的负相关。上述关于 $\Delta^{13}C$ 与籽粒产量及其他形态生理指标关系的研究结果多是在灌溉条件或花后胁迫条件下获得，而在花前水分胁迫及盐碱胁迫条件下的 $\Delta^{13}C$ 与籽粒产量及其他形态生理指标的关系却鲜有报道。

本研究在宁夏不同生态条件（有限灌溉、盐碱条件及雨养条件）下，通过研究春小麦 $\Delta^{13}C$ 与重要的农艺和生理指标（如籽粒产量、收获系数、生物量、灰分含量、比叶重、相对含水量、气体交换参数）的变化规律，分析了上述指标与籽粒产量的关系并寻找 $\Delta^{13}C$ 的替代指标，从而为在宁夏不同生态区应用 $\Delta^{13}C$ 选育春小麦节水品种提供理论依据和技术支撑。

## 一、宁夏不同生态区小麦 $\Delta^{13}C$ 及重要生理指标的时空变化

从图 2-1 可以看出，固原试验点的月平均降水量比银川和惠农试验点高。随着小麦的生育进程，1～7月气温及 3～6 月日平均潜在蒸腾蒸发量在逐步升高，尤其在银川和惠农试验点，在小麦生长后期（即 5～7 月）气温急剧升高（图 2-1，表 2-1）。银川的日平均潜在蒸腾蒸发量最高，而固原的蒸腾蒸发量最低。在固原降雨主要发生在 7～9 月，在小麦开花前（1～6月）缺乏有效降水，这对于春小麦来说是一种开花前胁迫模式。在银川和惠农，由于有灌溉条件，小麦受到胁迫的程度较低，但是在惠农存在盐碱胁迫。

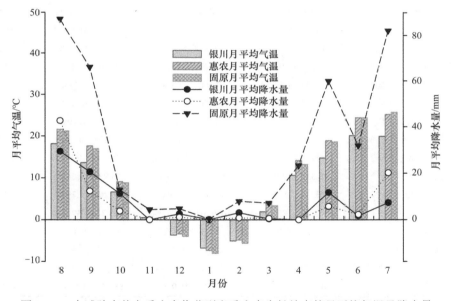

图 2-1　3 个试验点从上季小麦收获到当季小麦生长结束的月平均气温及降水量

表 2-1　3 个试验点小麦田间日平均潜在蒸发量及蒸腾蒸发量

| 月份 | 日平均潜在蒸发量/（mm/d） | | | 日平均潜在蒸腾蒸发量/（mm/d） | | |
| --- | --- | --- | --- | --- | --- | --- |
| | 银川 | 惠农 | 固原 | 银川 | 惠农 | 固原 |
| 3 | 3.5 | 5.0 | 2.3 | 4.4 | 6.1 | 2.8 |
| 4 | 1.1 | 1.1 | 0.7 | 6.9 | 6.3 | 4.6 |
| 5 | 0.3 | 0.3 | 0.2 | 7.5 | 6.6 | 4.8 |
| 6 | 0.4 | 0.3 | 0.3 | 8.5 | 6.2 | 5.3 |
| 7 | 0.3 | 0.2 | 0.2 | 5.5 | 4.1 | 3.2 |

由表 2-2 可知，除了开花期旗叶灰分含量和开花期相对含水量在 3 个试验点间没有显著差异外，其他所测的各个指标的平均值在不同的试验点间均呈显著差异。位于灌区的试验点（银川和惠农）的小麦生物量比雨养条件的固原试验点高。固原试验点的比叶重在 3 个试验点中最高，惠农试验点所测的气孔导度和 $C_i/C_a$ 最低。惠农和固原试验点的旗叶 $\Delta^{13}C$ 没有显著差异，银川试验点的旗叶 $\Delta^{13}C$ 显著高于惠农和固原试验点的旗叶 $\Delta^{13}C$，而籽粒 $\Delta^{13}C$ 在不同试验点间存在显著差异。在所有试验点的旗叶 $\Delta^{13}C$ 都比籽粒 $\Delta^{13}C$ 高。银川试验点的成熟期旗叶及整株灰分含量最高，而固原试验点的最低。而籽粒灰分含量正好相反：固原试验点最高，银川试验点最低。

表 2-2　3 个试验点 $\Delta^{13}C$ 及重要农艺和生理指标的平均值及变异系数

| | 平均值（变异系数） | | | $F$ 值（$df$=2） |
|---|---|---|---|---|
| | 银川 | 惠农 | 固原 | |
| 旗叶 $\Delta^{13}C$/‰ | 20.25a（2.33%） | 19.16b（2.89%） | 19.35b（1.97%） | 48.47*** |
| 籽粒 $\Delta^{13}C$/‰ | 18.49a（2.73%） | 16.70b（2.26%） | 15.70c（2.03%） | 324.16*** |
| 籽粒产量/（t/hm²） | 7.67a（15.38%） | 3.93b（11.96%） | 0.82c（24.39%） | 553.02*** |
| 收获系数/% | 40.27a（13.52%） | 33.85b（10.12%） | 15.54c（23.76%） | 286.76*** |
| 开花期单株干物质重/g | 3.09a（15.51%） | 2.80b（14.44%） | 1.86c（31.19%） | 60.89*** |
| 成熟期地上部生物量/（kg/m²） | 1.93a（19.99%） | 0.96b（18.51%） | 0.56c（18.82%） | 208.92*** |
| 开花期整株灰分含量/% | 7.72a（0.99%） | 6.34b（0.73%） | 5.93b（0.59%） | 25.13*** |
| 开花期旗叶灰分含量/% | 7.36a（1.12%） | 7.50a（0.64%） | 7.49a（1.49%） | 0.14 |
| 成熟期整株灰分含量/% | 5.05a（0.44%） | 4.55b（0.44%） | 4.14c（0.52%） | 22.49*** |
| 成熟期旗叶灰分含量/% | 14.54a（1.91%） | 11.53b（0.89%） | 7.45c（1.41%） | 328.66*** |
| 成熟期籽粒灰分含量/% | 1.33a（0.12%） | 1.61b（0.14%） | 1.80c（0.1%） | 85.60*** |
| 开花期比叶重/（g/m²） | 46.35b（10.22%） | 49.12b（11.44%） | 58.18a（12.89%） | 27.29*** |
| 灌浆期比叶重/（g/m²） | 47.33c（14.88%） | 55.92b（11.85%） | 70.97a（9.64%） | 68.14*** |
| 开花期相对含水量/% | 86.17a（2.86%） | 83.08a（8.57%） | 86.26a（4.79%） | 2.45 |
| 气孔导度/[mmol/（m²·s）] | 1368.21a（32.27%） | 1030.61b（35.01%） | 1298.35a（37.49%） | 3.69* |
| $C_i/C_a$ | 0.82a（8.28%） | 0.72b（7.39%） | 0.79a（8.08%） | 13.28*** |
| 旗叶温度/℃ | 24.07c（1.61%） | 27.55a（3.97%） | 24.66b（3.69%） | 118.49*** |
| 从出苗到抽穗的天数/d | 58.40a（4.49%） | 55.90b（5.44%） | 56.25b（5.68%） | 23.73*** |
| 株高/cm | 107.42a（14.06%） | 84.37b（16.97%） | 58.97c（13.63%） | 423.24*** |

注：同一行小写字母不同表示平均值间差异显著（$P<0.05$）。星号表示差异显著，*$P<0.05$，**$P<0.01$，***$P<0.001$，本章下同。

## 二、宁夏不同生态区小麦 $\Delta^{13}C$ 与籽粒产量及重要农艺和生理指标的相关性

在银川试验点籽粒产量与籽粒 $\Delta^{13}C$ 呈极显著正相关，在惠农试验点籽粒产量与旗叶 $\Delta^{13}C$ 呈显著正相关，在固原试验点籽粒产量与旗叶 $\Delta^{13}C$ 和籽粒 $\Delta^{13}C$ 均相关性不显著（图 2-2）。在惠农试验点收获系数与旗叶 $\Delta^{13}C$ 呈极显著正相关，在银川试验点收获系数与籽粒 $\Delta^{13}C$ 呈极显著正相关（图 2-3）。在惠农试验点地上部生物量与旗叶 $\Delta^{13}C$ 呈显著负相关（图 2-4）。

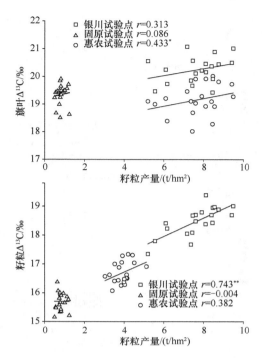

**图 2-2　3 个试验点小麦籽粒产量与旗叶 $\Delta^{13}C$ 及籽粒 $\Delta^{13}C$ 的关系**

银川试验点：花后水分胁迫；惠农试验点：花后水分胁迫+盐碱；固原试验点：花前水分胁迫；星号表示差异显著，
$*P<0.05$，$**P<0.01$，本章下同

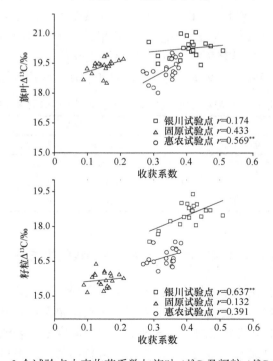

**图 2-3　3 个试验点小麦收获系数与旗叶 $\Delta^{13}C$ 及籽粒 $\Delta^{13}C$ 的关系**

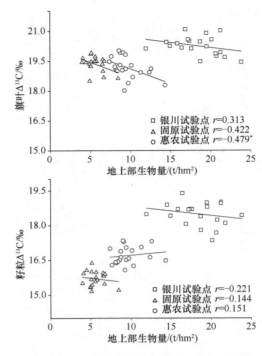

图 2-4　3 个试验点小麦地上部生物量与旗叶 $\Delta^{13}C$ 及籽粒 $\Delta^{13}C$ 的关系

由表 2-3 可知,在银川和惠农试验点株高与旗叶 $\Delta^{13}C$ 呈显著或极显著负相关,在银川和固原试验点株高与籽粒 $\Delta^{13}C$ 呈显著或极显著负相关。在惠农和固原试验点从出苗到抽穗的天数与旗叶 $\Delta^{13}C$ 呈显著或极显著负相关,在银川和固原试验点从出苗到抽穗的天数与籽粒 $\Delta^{13}C$ 呈极显著负相关。在固原试验点开花期单株干物质重与旗叶 $\Delta^{13}C$ 及籽粒 $\Delta^{13}C$ 均呈极显著负相关,在惠农开花期单株干物质重与旗叶 $\Delta^{13}C$ 呈显著负相关。

表 2-3　3 个试验点旗叶 $\Delta^{13}C$ 和籽粒 $\Delta^{13}C$ 与株高、从出苗到抽穗的天数及单株干物质量的相关性

| 性状 | 银川 | | 惠农 | | 固原 | |
| --- | --- | --- | --- | --- | --- | --- |
| | 旗叶 $\Delta^{13}C$ | 籽粒 $\Delta^{13}C$ | 旗叶 $\Delta^{13}C$ | 籽粒 $\Delta^{13}C$ | 旗叶 $\Delta^{13}C$ | 籽粒 $\Delta^{13}C$ |
| 株高 | −0.493* | −0.696** | −0.601** | −0.097 | −0.149 | −0.549* |
| 从出苗到抽穗的天数 | −0.301 | −0.630** | −0.444* | −0.135 | −0.670** | −0.626** |
| 开花期单株干物质重 | −0.348 | −0.078 | −0.495* | 0.089 | −0.626** | −0.602** |

## 三、宁夏不同生态区小麦 $\Delta^{13}C$ 与光合气体交换参数的相关性

由表 2-4 可知,在银川试验点,$C_i/C_a$ 与旗叶 $\Delta^{13}C$ 和籽粒 $\Delta^{13}C$ 均呈显著正相关,在固原试验点 $C_i/C_a$ 与旗叶 $\Delta^{13}C$ 呈极显著正相关。在固原和惠农试验点,$C_i/C_a$ 与净光合速率均呈显著负相关。3 个试验点的气孔导度均与旗叶温度呈显著或极显著负相关。旗叶温度分别在银川和惠农试验点与旗叶 $\Delta^{13}C$ 呈显著负相关,在银川和固原试验点与籽粒 $\Delta^{13}C$ 呈显著或极显著负相关。

表 2-4  3 个试验点旗叶 $\Delta^{13}C$、籽粒 $\Delta^{13}C$ 与光合气体交换参数的相关性

| 试验点 | 气体交换参数 | 旗叶 $\Delta^{13}C$ | 籽粒 $\Delta^{13}C$ | 净光合速率 | 气孔导度 | $C_i/C_a$ |
|---|---|---|---|---|---|---|
| 银川 | 净光合速率 | −0.195 | −0.175 | | | |
| | 气孔导度 | 0.483* | 0.736** | 0.337 | | |
| | $C_i/C_a$ | 0.501* | 0.449* | −0.040 | 0.686** | |
| | 旗叶温度 | −0.485* | −0.564** | 0.216 | −0.856** | −0.643** |
| 惠农 | 净光合速率 | 0.107 | 0.376 | | | |
| | 气孔导度 | 0.456* | 0.120 | 0.421 | | |
| | $C_i/C_a$ | 0.375 | 0.232 | −0.445* | 0.797** | |
| | 旗叶温度 | −0.521* | −0.289 | −0.054 | −0.638** | −0.589** |
| 固原 | 净光合速率 | −0.126 | 0.143 | | | |
| | 气孔导度 | 0.466* | 0.077 | 0.512* | | |
| | $C_i/C_a$ | 0.579** | 0.148 | −0.485* | 0.872** | |
| | 旗叶温度 | −0.154 | −0.498* | −0.170 | −0.517* | −0.275 |

## 四、宁夏不同生态区小麦 $\Delta^{13}C$ 替代指标的筛选

在银川试验点，籽粒 $\Delta^{13}C$ 与开花期及成熟期旗叶灰分含量均呈显著正相关，而与成熟期籽粒灰分含量呈显著负相关，旗叶 $\Delta^{13}C$ 与成熟期旗叶灰分含量呈显著正相关；在固原试验点，旗叶 $\Delta^{13}C$ 与成熟期整株灰分含量呈显著正相关，籽粒 $\Delta^{13}C$ 与开花期整株灰分含量、开花期旗叶灰分含量及成熟期旗叶灰分含量呈显著正相关（表 2-5）。在固原试验点开花期旗叶相对含水量与旗叶 $\Delta^{13}C$ 呈显著正相关（图 2-5），在惠农试验点灌浆期比叶重与旗叶 $\Delta^{13}C$ 呈显著负相关（图 2-6）。

表 2-5  3 个试验点旗叶 $\Delta^{13}C$ 和籽粒 $\Delta^{13}C$ 与灰分含量的相关性

| 性状 | 旗叶 $\Delta^{13}C$ | | | 籽粒 $\Delta^{13}C$ | | |
|---|---|---|---|---|---|---|
| | 银川 | 惠农 | 固原 | 银川 | 惠农 | 固原 |
| 开花期整株灰分含量 | −0.151 | −0.335 | 0.217 | 0.358 | −0.06 | 0.474* |
| 开花期旗叶灰分含量 | 0.041 | 0.125 | 0.222 | 0.445* | 0.393 | 0.449* |
| 成熟期旗叶灰分含量 | 0.457* | 0.066 | 0.434 | 0.520* | 0.290 | 0.545* |
| 成熟期整株灰分含量 | 0.205 | 0.304 | 0.496* | 0.421 | −0.089 | 0.375 |
| 成熟期籽粒灰分含量 | 0.183 | 0.170 | 0.434 | −0.453* | −0.077 | 0.152 |

## 五、宁夏不同生态区小麦 3 种基因型间各农艺和生理指标的差异

除固原试验点地方品种旗叶 $\Delta^{13}C$ 显著高于育成品种外，在不同试验点 3 种基因型（地方品种、高代材料和育成品种）间的旗叶 $\Delta^{13}C$ 没有显著差异，而银川试验点地方品种籽粒 $\Delta^{13}C$ 显著低于高代材料和育成品种的籽粒 $\Delta^{13}C$。在银川试验点，3 个材料类型的籽粒产量、收获系数、灌浆期比叶重、开花期旗叶相对含水量、旗叶温度、气孔导度、株高及籽粒灰分含量存在显著的差异。在固原试验点，除了株高和成熟期旗叶灰分含量在 3 个材料类型间有显著差异外，其他指标均无显著差异。在惠农试验点，这 3 个材料类型的收获系数、籽粒产量、气孔导度、成熟期旗叶灰分含量、从出苗到抽穗的天数及株高存在显著的差异。在银川试验点，地方品种的籽粒 $\Delta^{13}C$、籽粒产量、收获系数、相对含水量及气

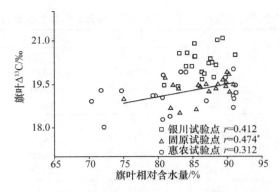

图 2-5　3 个试验点开花期旗叶相对含水量与旗叶 Δ¹³C 的关系

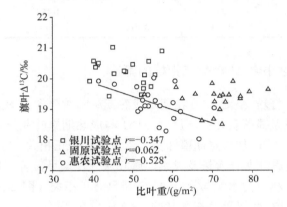

图 2-6　3 个试验点灌浆期比叶重与旗叶 Δ¹³C 的关系

孔导度在 3 个材料类型中最低,而旗叶温度却最高。无论在哪个试验点,3 个材料类型中地方品种都是株高最高和开花较晚的(表 2-6)。

表 2-6　3 个试验点小麦不同材料类型的 Δ¹³C 及相关农艺和生理指标的表现

| 农艺和生理指标 | 地方品种 | | | 高代材料 | | | 育成品种 | | | $F$ 值 | | |
| --- | --- | --- | --- | --- | --- | --- | --- | --- | --- | --- | --- | --- |
| | 银川 | 惠农 | 固原 | 银川 | 惠农 | 固原 | 银川 | 惠农 | 固原 | 银川 | 惠农 | 固原 |
| 旗叶 Δ¹³C | 20.02a | 19.05a | 19.60a | 20.39a | 19.19a | 19.41ab | 20.15a | 19.16a | 19.22b | 0.40 | 1.51 | 13.21 |
| 籽粒 Δ¹³C | 17.57b | 16.41a | 15.67a | 18.46a | 16.78a | 15.69a | 18.72a | 16.69a | 15.72a | 21.74* | 5.66 | 0.41 |
| 籽粒产量 | 5.37b | 3.85b | 0.97a | 7.86a | 4.03b | 0.86a | 7.98a | 3.84b | 0.74a | 33.07* | 1882.41*** | 0.95 |
| 收获系数 | 30.10b | 27.37b | 17.40a | 40.91a | 34.89a | 15.66a | 41.89a | 34.25a | 15.01a | 40.85* | 73.4* | 0.32 |
| 灌浆期比叶重 | 53.16a | 54.44a | 56.95b | 48.46b | 59.30a | 73.31a | 44.92c | 52.86a | 71.73a | 164.11** | 6.08 | 15.04 |
| 开花期旗叶相对含水量 | 84.99b | 82.48a | 83.96a | 87.05a | 82.48a | 88.19a | 86.05a | 84.19a | 84.40a | 120.95** | 0.37 | 0.48 |
| 气孔导度 | 829.01b | 622.34b | 1309.25a | 1290.53ab | 1135.34a | 1438.32a | 1503.75a | 1015.29a | 1094.85a | 18.98* | 37.34* | 1.17 |
| 旗叶温度 | 24.35a | 27.80a | 24.62a | 24.12a | 27.48a | 24.89a | 23.95a | 27.57a | 24.43a | 936.94*** | 0.50 | 3.69 |
| 从出苗到抽穗的天数 | 63.50a | 60.50a | 59.50a | 58.11a | 55.00a | 55.44b | 57.56a | 55.78a | 56.33ab | 32.12* | 35.02* | 11.83 |
| 株高 | 130.00a | 107.00a | 71.99a | 105.96b | 83.33b | 59.89ab | 103.85b | 80.37b | 55.15b | 243.32* | 294.84** | 41.29* |
| 成熟期旗叶灰分含量 | 12.15a | 9.98b | 4.96b | 14.75a | 11.69b | 7.68a | 14.99a | 11.74a | 7.94a | 5.25 | 18.94* | 31.92* |
| 籽粒灰分含量 | 1.46a | 1.53a | 1.77a | 1.23c | 1.63a | 1.81a | 1.39b | 1.61a | 1.80a | 143.86** | 0.95 | 0.94 |

注:同一行同一试验点不同字母表示不同材料类型间在 0.05 水平上差异显著

## 六、讨论与结论

**1. 水分状况对所测指标的影响**

在固原，降雨主要发生在 7~9 月，在小麦开花前缺乏有效降水，这对于春小麦来说是一种开花前胁迫模式。在银川和惠农，由于有灌溉条件，小麦受到胁迫的程度较低，但是在惠农存在盐碱胁迫。干旱和盐碱胁迫是造成3个试验点籽粒产量差异的主要原因。

固原试验点的籽粒产量、成熟期地上部生物量、收获系数、籽粒 $\Delta^{13}C$、开花期整株灰分含量及成熟期旗叶灰分含量比其他两个试验点都低，而成熟期籽粒灰分含量在 3 个试验点中却最高。根据许多学者的报道，干旱会显著降低植物的 $\Delta^{13}C$ 和灰分含量（Farquhar et al., 1989；Araus et al., 1997；Merah et al., 2001a；Xu et al., 2007a, 2007b）。这些文献强调 $\Delta^{13}C$ 可以作为植物水分状况的指示性指标，并可以反映环境水分条件的变化。Morgan 等（1993）指出，植物 $\Delta^{13}C$ 的下降是由于气孔导度减小而使 $C_i/C_a$ 降低所致。Merah 等（1999）指出，叶片中的矿物质大多是通过木质部导管、随蒸腾流被动地积累的，因此，叶片灰分含量与蒸腾作用密切相关。可以理解为：在固原试验点，由于田间水分状况较差，小麦叶片气孔导度较低，蒸腾作用较弱，故而叶片灰分含量较少。籽粒灰分的积累方式却与叶片截然不同，籽粒灰分主要来源于叶片及开始衰老的器官向籽粒的再转运，而与蒸腾作用没有直接的关系。由于用于灌浆的碳水化合物来自于花前的贮存及花后的光合作用，碳水化合物高效率地向籽粒运输会"稀释"籽粒中的灰分，而使灰分含量下降（Zhu et al., 2008a）。在固原试验点，由于没有灌溉条件，田间水分状况较差，光合作用受到影响，由叶片向籽粒输送的碳水化合物较少，因而籽粒灰分含量较高。我们的试验发现，固原试验点的比叶重比其他两个试验点都高，与 Araus 等（1997）关于硬粒小麦比叶重的报道一致：比叶重增加是植物对水分亏缺的一种反映。

盐胁迫同样会影响气孔开度，因此也会影响 $\Delta^{13}C$。在我们的试验结果中，虽然惠农试验点的灌水量与银川试验点一样，但是小麦的收获系数、株高、旗叶 $\Delta^{13}C$ 及籽粒 $\Delta^{13}C$ 都比银川试验点小麦的低。土壤盐分胁迫会降低 $C_3$ 植物的 $\Delta^{13}C$（Shaheen and Hood-Nowotny, 2005）。对于本试验而言，惠农试验点的气孔导度、$C_i/C_a$ 显著较低而旗叶温度却显著较高，这可能是该试验点土壤含盐量较高造成气孔导度下降所致，这也解释了为什么惠农试验点的 $\Delta^{13}C$ 较低。

**2. $\Delta^{13}C$ 与籽粒产量、生物量及收获系数的关系**

银川试验点的籽粒 $\Delta^{13}C$ 与籽粒产量及收获系数呈显著的正相关，惠农试验点的旗叶 $\Delta^{13}C$ 与籽粒产量及收获系数呈显著正相关，这与相关的报道是一致的。许多文献报道小麦 $\Delta^{13}C$ 与收获系数及籽粒产量都有着很强的相关性，而且 $\Delta^{13}C$ 与前者的相关比与后者的相关更强（Ehdaie et al., 1991；Morgan et al., 1993；Merah et al., 2001a）。

研究者们对 $\Delta^{13}C$ 与籽粒产量及收获系数的正相关关系提出了 3 点解释。第一，高 $\Delta^{13}C$ 基因型往往能够保持更大的气孔开度，从而保证光合作用正常进行（Morgan et al., 1993；Merah et al., 1999, 2001d）。第二，在花后胁迫模式下，高 $\Delta^{13}C$ 往往是植物个体早熟的结果（Condon et al., 2002）。很多研究者报道，花后胁迫条件下麦类作物抽穗时间与 $\Delta^{13}C$ 是负相关的，也就是说低 $\Delta^{13}C$ 基因型比高 $\Delta^{13}C$ 基因型抽穗晚（Ehdaie et al., 1991）。作物叶片的气孔导度在生长后期往往较低，此时制造的碳水化合物具有较低的籽粒 $\Delta^{13}C$（Kondo et al., 2004）。晚开花的材料在籽粒灌浆时更多地利用后期制造的碳水化合物，因此籽粒 $\Delta^{13}C$ 较低。对于这些开花晚的材料而言，由于它们的灌浆期较短，制造的碳水化合物较少，反过来也降低了收获系数和籽粒产量。第三，在花后胁迫的模式下，高的籽粒 $\Delta^{13}C$ 是小麦个体对开花前贮存在营养器官中的光合产物利用率较高的结果。这是因为在这种干旱模式下，小麦生长前期水分胁迫较轻，所制造的光合产物的 $\Delta^{13}C$ 较高（Monneveux et al., 2005）。在灌浆期把贮存在营养器官中的碳水化合物向籽粒运转能力较强的基因型其籽粒 $\Delta^{13}C$ 会因此较高（Ehdaie and Waines, 1993）。

在固原试验点（花前胁迫条件），小麦籽粒产量与 $\Delta^{13}C$ 相关性不显著。Araus 等（1998）和 Misra 等（2006）也观察到在低产水平下两者相关性不显著。Monneveux 等（2005）报道，在小麦开花前胁迫条件下，$\Delta^{13}C$ 与籽粒产量的相关性强弱主要与播种时土壤含水量有关。在极度干旱和极低产水平下，小麦穗分化过程受到严重影响，很多小穗不能正常形成及受精。在这种情况下，产量更多是与小穗库的容量有关，与气孔导度及光合能力的关系不大（Xu et al., 2007a），而 $\Delta^{13}C$ 主要受气孔导度及光合能力两个因素影响，因此，这时籽粒产量与 $\Delta^{13}C$ 相关性不显著也就不难理解了。在雨养地区，由于当季降水较少，小麦主要依靠贮藏在土壤中的前一季降水生长。高 $\Delta^{13}C$ 基因型小麦对于水分的消耗量较大，可能在开花期时土壤中的水分就过早地被消耗掉了，使其后期生长受到严重影响。而低 $\Delta^{13}C$ 基因型小麦气孔导度较小，对水分的利用比较"保守"，因此在生长后期能保证土壤中有较多的水分可供利用。在我们的试验结果中，固原小麦籽粒产量与籽粒 $\Delta^{13}C$ 呈弱的负相关，说明在这一地区低 $\Delta^{13}C$ 基因型可能相比高 $\Delta^{13}C$ 基因型有一定的优势。

在我们的试验结果中，$\Delta^{13}C$ 与开花期单株干物质重及株高都呈显著或极显著负相关或相关性不显著。以往关于 $\Delta^{13}C$ 与生物量关系的报道大多是正相关或相关性不显著（Condon et al., 1987；Ehdaie et al., 1991；Condon and Richards, 1993）。Condon 等（2004）认为，低 $\Delta^{13}C$ 的个体对水分利用较为"保守"，生长速率较慢，生物量及籽粒产量都较低。少数文献也报道，在土壤贮藏水分模式下生长的小麦 $\Delta^{13}C$ 与产量或生物量是呈负相关的（Condon and Richards, 1993；Condon et al., 2002）。我们所观察到的这种负相关关系可能是长期以来在宁夏灌区（小麦花后胁迫）以籽粒产量作为育种目标所导致的株高降低和开花期提前的结果，而这两个指标都是可高度遗传的。由于开花期提前会降低营养器官的生长量，高 $\Delta^{13}C$ 基因型比低 $\Delta^{13}C$ 基因型开花早，营养器官的生长时间短，因此到开花时生物量和株高较低，从而减少了营养器官与穗部之间竞争，对籽粒灌浆和提高收获系数有利（Richards et al., 2002）。

与灌区的情况不同，对于位于宁夏南部的旱地雨养麦作区（开花前胁迫或土壤残贮水分模式），开花前较大的营养生长量可以促进根系生长和下扎，有利于作物利用深层的土壤水分，这一点可以通过延迟开花和更大的早期生长活力来实现（Richards et al., 2002）。我们的试验材料中，南部山区地方古老品种'红芒麦'和育成品种'宁春27'

与灌区品种相比都具有较高的早期生长活力、花期较晚、生长期较长的特点，而它们的 $\Delta^{13}C$ 也是与之相一致的：都较低，它们的这些性状都与其在此地区较强的适应性有关，暗示在宁夏南部雨养旱作区低 $\Delta^{13}C$ 是有一定优势的。

### 3. $\Delta^{13}C$ 与光合气体交换参数及水分状况参数的关系

根据 Farquhar 及其同事的研究成果，对 $C_3$ 植物而言，$\Delta^{13}C$ 与 $C_i/C_a$ 正相关，与单叶 WUE（即净光合速率与蒸腾速率之比）负相关（Farquhar et al.，1982；Farquhar and Richards，1984）。在我们的试验结果中，$C_i/C_a$ 与 $\Delta^{13}C$ 的正相关支持了上述报道。一般来说，$C_i/C_a$ 受两个因素的影响：气孔导度和净光合速率。较低的气孔导度或较高的净光合速率都会降低 $C_i/C_a$，也会降低 $\Delta^{13}C$（Farquhar et al.，1989；Condon et al.，2002）。Morgan 等（1993）提出假说，认为在胁迫条件下，基因型间 $\Delta^{13}C$ 的差异主要受气孔导度的影响，而光合作用的影响居次要地位。在我们的试验结果中，$\Delta^{13}C$ 及 $C_i/C_a$ 与气孔导度的关系比净光合速率的关系更强，暗示，在我们这 3 个试验点气孔导度是造成基因型间 $\Delta^{13}C$ 差异的主要原因。

在我们的试验结果中，旗叶温度与旗叶 $\Delta^{13}C$ 或籽粒 $\Delta^{13}C$ 呈负相关。Jones 等（2002）报道，叶片温度可以作为一个指示指标来反映叶片气孔导度及植物水分状况。高 $\Delta^{13}C$ 植物个体可以保持较高的气孔导度和冠层蒸腾速率，因而可以降低叶片温度，有利于避免高温对植物的伤害（Fischer，1998），这一点对于属于花后胁迫类型的银川和惠农试验点来说是很重要的。我们所发现的旗叶温度与旗叶 $\Delta^{13}C$ 及籽粒 $\Delta^{13}C$ 的负相关关系可能是银川试验点 $\Delta^{13}C$ 与籽粒产量呈正相关的生理基础，这提升了 $\Delta^{13}C$ 在育种中的应用价值。近年来遥感热成像技术迅速发展，使在较大尺度范围内监测作物冠层温度成为可能（Cohen et al.，2005）。由于旗叶温度与 $\Delta^{13}C$ 相关性较强，并且测定简便、成本低廉，很有希望成为 $\Delta^{13}C$ 的替代指标。

固原试验点的旗叶 $\Delta^{13}C$ 与旗叶相对含水量呈显著正相关，这可能暗示相对含水量高的基因型叶片水分状况较好，因而能保持较高的气孔导度，$\Delta^{13}C$ 也相应较高。这一结果与 Merah 等（2001d）的报道是相符合的。

### 4. $\Delta^{13}C$ 与灰分含量及比叶重的关系

在银川和固原两个试验点都发现成熟期旗叶灰分含量与旗叶 $\Delta^{13}C$ 呈正相关，这与前人的报道是一致的。在植物叶片蒸腾过程中，大部分矿物质通过木质部被动运输并累积在参与蒸腾的器官和组织中，生产单位干重物质所消耗的蒸腾水多的基因型，其叶片单位干物质重灰分含量就会相应较高（Merah et al.，1999，2001b）。生产单位质量物质消耗的蒸腾水多（低蒸腾效率、高 $\Delta^{13}C$）的基因型，其叶片中单位干物质重灰分含量较高。有文献报道，叶片 $\Delta^{13}C$ 与碳含量负相关，暗示当植株蒸腾单位水分制造的碳水化合物增多时叶片中灰分含量会提高，反之，碳含量会下降（Araus et al.，1998；Merah et al.，2001d）。Ehdaie 和 Waines（1993）报道蒸腾量大（高 $\Delta^{13}C$）的植株个体往往在灌浆时向籽粒转运碳水化合物的效率较高，对于这些个体而言，在灌浆期其营养器官中的碳水化合物的含量会下降较快，反过来，灰分含量会升高。因此，成熟期旗叶灰分含量反映了双重信息：叶片的蒸腾作用和碳水化合物向籽粒运输的情况。我们的研究所发现的银川和惠农试验点成熟期籽粒灰分含量与籽粒 $\Delta^{13}C$ 之间的负相关证实了前人的报道（Merah et al., 1999, 2001b）。与叶片不同，籽粒灰分主要来源于叶片及开始衰老的器官向籽粒的再转运，而与蒸腾作用没有直接的关系。由于用于灌浆的碳水化合物来自于花前的贮存及花后的光合作用，低 $\Delta^{13}C$ 基因型在灌浆期气孔导度和净光合速率都较低，灌浆主要依靠花前营养积累及从开始衰老的器官向籽粒的再转运，而这些器官中的灰分含量是较高的，因此籽粒灰分含量较高（Merah et al., 1999）。

比叶重是一个反映叶片厚度及光合能力的指标（Araus et al., 1997），而有利于提高光合能力的叶片组分的变化都会导致蒸腾效率的提高和 $\Delta^{13}C$ 的下降（Byrd and May, 2000），较厚的叶片中参与光合作用的单元较多，因此厚叶的基因型光合能力较强而 $\Delta^{13}C$ 较低（Wright et al., 1993）。叶片比叶重不仅能够反映叶片的结构，同时也可能反映灌浆期叶片中碳水化合物的含量变化，而这一变化又与净光合速率、呼吸消耗及同化物的输出有关。因此，不同基因型间在碳水化合物转运能力上的差异会导致比叶重的差异（Mullen and Koller, 1988）。

我们的试验发现，在惠农试验点，灌浆期比叶重与旗叶 $\Delta^{13}C$ 呈显著负相关，以前没有类似报道。Loss 和 Siddique（1994）指出，在干旱条件下，光合作用受到影响而植株体内的物质运输却不易受到影响。在小麦灌浆后期，净光合速率下降，营养器官的贮藏物是籽粒灌浆的主要物质来源。高 $\Delta^{13}C$ 基因型由于向籽粒转运碳水化合物的效率较高（Ehdaie and Waines, 1993；Merah et al., 2001a），因此营养器官中的碳水化合物含量较低，比叶重也较低。

### 5. 不同试验点 3 种基因型间各指标的差异

在本研究中，除固原试验点地方品种旗叶 $\Delta^{13}C$ 显著高于育成品种外，3 个材料类型的旗叶 $\Delta^{13}C$ 没有显著差异，而银川试验点地方品种籽粒 $\Delta^{13}C$ 显著低于育成品种。由于在我们的研究结果中，净光合速率与旗叶 $\Delta^{13}C$ 及籽粒 $\Delta^{13}C$ 都相关性不显著，这 3 个材料类型间籽粒 $\Delta^{13}C$ 的差异可能主要是由于气孔导度的差异引起的。地方品种的抽穗开花期比育成品种及高代材料迟，可能也是其籽粒 $\Delta^{13}C$ 较低的原因。在固原试验点（花前胁迫），地方品种的籽粒产量比其他两个材料类型稍高（没有达到显著水平），这可能与地方品种生长期长、抽穗晚、气孔导度低、对水分蒸腾消耗少的特性有关。但是，地方品种的这些特点在宁夏灌区就成了不利的因素，因为宁夏灌区对于春小麦而言属于花后胁迫的模式，抽穗过晚不利于回避生长后期的高温胁迫，出现"高温逼熟"现象，灌浆时间缩短，不利于籽粒产量提高。在银川和惠农试验点，地方品种的旗叶温度比其他两个材料类型的高，暗示由于其气孔导度较低、蒸腾作用较弱，不利于叶片散失热量。另外，地方品种的收获系数较低，说明其向籽粒转运碳水化合物的效率低，限制了产量的形成。3 个材料类型的灌浆期比叶重在不同试验点间的排序是不同的，在银川试验点，育成品种的灌浆期比叶重最低而籽粒 $\Delta^{13}C$ 最高，可能说明育成品种能够高效率地把叶片中的碳水化合物向籽粒转运（Mullen and Koller, 1988；Ehdaie and Waines, 1993），而地方品种恰恰与此相反。

## 第二节 不同水分条件下小麦 $\Delta^{13}C$ 与蒸腾效率及相关农艺和生理指标的关系

干旱是影响西北干旱半干旱地区小麦籽粒产量的主要因素，高蒸腾效率（干物质重与蒸腾的水重之比）是提高植物抗旱性的重要机理，有利于作物在缺水条件下形成产量（Hall et al., 1979）。但蒸腾效率的直接测定较为费时、费力，限制了该指标在育种中的应用。$\Delta^{13}C$ 技术的出现为人们提供了一种测定简便的，可以替代蒸腾效率的指标。自 Farquhar 和 Richards（1984）首次报道了 $\Delta^{13}C$ 与蒸腾效率的负相关关系以后，许多学者也通过研究多种 $C_3$ 植物证实了这种关系。就 $C_3$ 植物而言，$\Delta^{13}C$ 与 $C_i/C_a$ 呈正相关关系。$C_i/C_a$ 的大小主要受气孔导度和光合作用的影响，较低的气孔导度及较强的光合作用在降低 $C_i/C_a$ 的同时会提高单叶水平 WUE 和降低 $\Delta^{13}C$（Condon et al., 1987, 2002）。

由于 $\Delta^{13}C$ 的测定需要使用同位素质谱仪，成本较高，寻找与 $\Delta^{13}C$ 密切相关的替代指标成为近年来研究的热点。国内外有文献报道了 $C_3$ 植物叶片及籽粒中的灰分含量与 $\Delta^{13}C$ 有较强的相关性，并认为灰分含量是 $\Delta^{13}C$ 较好的替代指标（Merah et al., 1999, 2001b；Merah, 2001）。到目前为止，国内外有许多文献报道了灰分含量与 $\Delta^{13}C$ 的关系，但涉及灰分中各矿质元素与 $\Delta^{13}C$ 关系的文章不多，只有少数文献报道了 K 和 Mg 与 $\Delta^{13}C$ 的关系（Merah, 2001；Zhao et al., 2007），而关于 $Ca^{2+}$ 含量与 $\Delta^{13}C$ 关系的报道却很少见。Merah（2001）报道了地中海条件下生长的硬粒小麦 3 个器官中 4 种矿质元素（K、Mg、P 和 Si）含量与 $\Delta^{13}C$ 的关系。前人的这些结果都是在田间条件下获得的，很少涉及人工控水条件下生长的普通春小麦的 $\Delta^{13}C$ 与矿质元素的关系。

本研究的目的是比较 3 个水分处理［重度水分胁迫处理（$T_1$，土壤含水量 45%±5% 田间持水量）、中度水分胁迫处理（$T_2$，土壤含水量 55%±5% 田间持水量）、正常灌水（轻度水分胁迫处理，$T_3$，土壤含水量 75%±5% 田间持水量）］下生长的 10 个普通小麦基因型籽粒产量、收获系数、旗叶 $\Delta^{13}C$、地上整株 $\Delta^{13}C$ 和籽粒 $\Delta^{13}C$、灰分含量、3 种矿物质（K、Mg 和 Ca）含量、叶片气体交换参数的差异及其相关性，旨在验证 $\Delta^{13}C$ 作为籽粒产量和蒸腾效率的间接选择指标的可行性和寻找与 $\Delta^{13}C$ 密切相关的替代指标。

### 一、不同水分处理对 $\Delta^{13}C$、籽粒产量、蒸腾效率及灰分含量的影响

从表 2-7 可知，3 个水分条件下的 $\Delta^{13}C$ 存在显著差异。水分胁迫处理使拔节期地上整株 $\Delta^{13}C$ 和开花期旗叶 $\Delta^{13}C$ 均有所降低，并且随着胁迫程度的加剧 $\Delta^{13}C$ 降低的幅度也加大。3 个水分条件下，所有参试基因型的小麦开花期旗叶 $\Delta^{13}C$ 比拔节期地上整株 $\Delta^{13}C$ 分别高 10.9%、9.2% 和 7.8%。成熟期籽粒 $\Delta^{13}C$ 在正常灌水条件下最高，而在重度水分胁迫条件下最低。从表 2-8～表 2-10 可知，3 个处理间籽粒产量及地上部生物量存在显著差异，水分胁迫处理使籽粒产量及地上部生物量降低。开花期旗叶灰分含量在正常灌水条件下最高，在重度水分胁迫条件和中度水分胁迫条件下的旗叶灰分含量较低。成熟期不同水分处理下籽粒灰分含量的排序与旗叶灰分含量正好相反。籽粒灰分中 $K^+$

的含量最高,其次是 $Mg^{2+}$ 的含量, $Ca^{2+}$ 的含量最低。开花期 3 种矿质元素除旗叶 $Ca^{2+}$ 含量在不同水分处理间无显著差异外,其他均有显著差异。不同水分条件下,开花期及成熟期旗叶中灰分含量变化规律与 $\Delta^{13}C$ 相似,即随着水分胁迫程度的加剧灰分含量呈降低的趋势。不同水分条件下,样品中 3 种矿质元素含量没有表现出一致的变化规律,开花期旗叶 $Mg^{2+}$ 含量在水分胁迫条件下高于正常灌水条件下。不同取样器官和取样时期也导致了灰分含量和 3 种矿质元素的不同,拔节期整株灰分含量比拔节期和开花期旗叶灰分含量高,而开花期旗叶灰分含量比拔节期倒二叶灰分含量高。与拔节期整株相比,

表 2-7 3 个水分条件下小麦不同生育期 $\Delta^{13}C$ 及蒸腾效率的均值、标准差及多重比较结果

| 指标 | | 拔节期地上整株 $\Delta^{13}C/‰$ | 开花期旗叶 $\Delta^{13}C/‰$ | 成熟期籽粒 $\Delta^{13}C/‰$ | 开花期蒸腾效率/ (g DW/kg $H_2O$) | 成熟期蒸腾效率/ (g DW/kg $H_2O$) |
|---|---|---|---|---|---|---|
| 平均值 | $T_1$ | 15.78c | 18.08b | 17.71b | 5.45a | 4.59a |
| | $T_2$ | 16.51b | 18.13ab | 17.73b | 4.89b | 4.61a |
| | $T_3$ | 17.05a | 18.49a | 18.30a | 4.31c | 3.97b |
| 标准差 | $T_1$ | 0.62 | 0.59 | 0.47 | 0.80 | 1.42 |
| | $T_2$ | 0.41 | 0.67 | 0.35 | 0.50 | 0.85 |
| | $T_3$ | 0.58 | 0.31 | 0.26 | 0.47 | 0.56 |
| $F$ 值（$df$=2） | | 13.69*** | 8.59** | 29.68*** | 17.83*** | 3.18 |

注:根据邓肯多重比较的结果,同一行平均值后不同字母表示该指标不同水分处理在 0.05 水平上差异显著,表 2-8～表 2-10 同

表 2-8 3 个水分条件下小麦拔节期整株灰分及 3 种矿质元素含量的平均值、标准差及多重比较结果

| 指标 | | 拔节期倒二叶灰分含量/ (g/kg DM) | 拔节期整株灰分含量/ (g/kg DM) | $K^+$含量/ (mg/g DM) | $K^+$含量占总灰分含量的比例/% | $Mg^{2+}$含量/ (mg/g DM) | $Mg^{2+}$含量占总灰分含量的比例/% | $Ca^{2+}$含量/ (mg/g DM) | $Ca^{2+}$含量占总灰分含量的比例/% |
|---|---|---|---|---|---|---|---|---|---|
| 平均值 | $T_1$ | 65.84c | 128.46b | 22.98b | 17.89 | 2.83a | 2.20 | 4.93a | 3.84 |
| | $T_2$ | 79.99b | 139.74a | 40.95a | 29.30 | 2.13b | 1.52 | 2.97b | 2.12 |
| | $T_3$ | 98.77a | 139.72a | 39.59a | 28.34 | 1.79b | 1.28 | 2.31c | 1.66 |
| 标准差 | $T_1$ | 19.66 | 8.31 | 2.13 | | 0.53 | | 0.89 | |
| | $T_2$ | 15.28 | 15.71 | 5.07 | | 0.30 | | 0.42 | |
| | $T_3$ | 16.98 | 10.35 | 3.21 | | 0.40 | | 0.72 | |
| $F$ 值（$df$=2） | | 16.37*** | 8.75** | 82.01*** | | 18.37*** | | 48.77*** | |

表 2-9 3 个水分条件下小麦开花期旗叶灰分及 3 种矿质元素含量的平均值、标准差及多重比较结果

| 指标 | | 开花期旗叶灰分含量/ (g/kg DM) | $K^+$含量/ (g/kg DM) | $K^+$含量占总灰分含量的比例/% | $Mg^{2+}$含量/ (g/kg DM) | $Mg^{2+}$含量占总灰分含量的比例/% | $Ca^{2+}$含量/ (g/kg DM) | $Ca^{2+}$含量占总灰分含量的比例/% |
|---|---|---|---|---|---|---|---|---|
| 平均值 | $T_1$ | 114.79b | 29.82b | 25.98 | 3.47a | 3.02 | 5.55a | 4.83 |
| | $T_2$ | 112.05b | 29.01b | 25.89 | 3.18ab | 2.84 | 5.69a | 5.07 |
| | $T_3$ | 120.84a | 34.14a | 28.25 | 3.09b | 2.56 | 5.43a | 4.50 |
| 标准差 | $T_1$ | 7.50 | 3.80 | | 0.51 | | 1.28 | |
| | $T_2$ | 9.81 | 2.63 | | 0.64 | | 1.33 | |
| | $T_3$ | 9.11 | 1.84 | | 0.34 | | 0.80 | |
| $F$ 值（$df$=2） | | 9.83** | 15.75*** | | 4.71* | | 0.27 | |

表 2-10 3 个水分条件下成熟期籽粒产量、收获系数、地上部生物量、籽粒及旗叶灰分含量和 $K^+$、$Mg^{2+}$、$Ca^{2+}$ 元素含量的平均值、标准差及多重比较结果

| 指标 | | 籽粒及地上整株 | | | 籽粒 | | | | 旗叶 | | | |
|---|---|---|---|---|---|---|---|---|---|---|---|---|
| | | 籽粒产量/($g/m^2$) | 地上部生物量/($g/m^2$) | 收获系数/% | 灰分含量/% | $K^+$含量/(g/kg DM) | $Mg^{2+}$含量/(g/kg DM) | $Ca^{2+}$含量/(g/kg DM) | 灰分含量/(g/kg DM) | $K^+$含量/(g/kg DM) | $Mg^{2+}$含量/(g/kg DM) | $Ca^{2+}$含量/(g/kg DM) |
| 平均值 | $T_1$ | 339.94a | 1213.36a | 31.92a | 26.41a | 4.18a | 2.02b | 0.63a | 189.80b | 17.22b | 4.73b | 9.78a |
| | $T_2$ | 514.90b | 1742.50b | 30.43a | 25.97b | 4.27a | 2.26a | 0.61a | 198.75a | 23.10a | 5.27a | 10.94a |
| | $T_3$ | 950.82c | 2739.46c | 35.87a | 25.46c | 3.98a | 1.90b | 0.58a | 202.71a | 20.67ab | 4.81ab | 10.17a |
| 标准差 | $T_1$ | 71.49 | 428.16 | 13.65 | 0.82 | 0.44 | 0.17 | 0.12 | 16.21 | 5.62 | 1.75 | 1.30 |
| | $T_2$ | 90.03 | 424.32 | 5.12 | 0.92 | 0.23 | 0.21 | 0.07 | 23.26 | 4.56 | 1.38 | 1.14 |
| | $T_3$ | 217.08 | 613.70 | 9.30 | 0.27 | 0.12 | 0.07 | 21.91 | 4.97 | 1.30 | 1.76 | |
| $F$ 值($df$=2) | | 49.09*** | 90.06*** | 2.27 | 17.71*** | 2.23 | 10.18** | 1.82 | 7.95** | 3.86* | 3.23 | 2.21 |

开花期旗叶中 $Mg^{2+}$ 和 $Ca^{2+}$ 的含量有所增加,尤其是 $Ca^{2+}$ 含量提高了近 1 倍,暗示扬花期叶片的蒸腾作用较拔节期强,而主要通过木质部蒸腾流运输的 $Ca^{2+}$ 大量地积累在叶片中。

## 二、不同水分条件下小麦基因型间 $\Delta^{13}C$ 的差异

表 2-11 展示的是各参试小麦基因型在 3 个水分条件下拔节期地上整株、开花期旗叶和成熟期籽粒的 $\Delta^{13}C$。由表 2-11 可以看出,不同小麦基因型的 $\Delta^{13}C$ 表现出较大的差异,在灌区条件下育成的推广品种'宁春 4'、高代品系 98H30 和 03S111 的 $\Delta^{13}C$ 总体上比其他基因型的小麦高,而在宁夏固原地区旱地条件下育成的品种'宁春 27'、宁夏南部山区地方品种'毛火麦'和'山麦'则表现出了较低的 $\Delta^{13}C$,墨西哥材料与当地材料的杂交后代 2003A4016 的 $\Delta^{13}C$ 也较低。澳大利亚引进品种'Drysdale'的 $\Delta^{13}C$ 在重度水分胁迫及正常灌水条件下较低,而在正常灌水条件下处于中等水平。

表 2-11 3 个水分条件下各小麦基因型拔节期地上整株、开花期旗叶及成熟期籽粒的 $\Delta^{13}C$(‰)

| 基因型 | 拔节期地上整株 $\Delta^{13}C$ | | | | 开花期旗叶 $\Delta^{13}C$ | | | | 成熟期籽粒 $\Delta^{13}C$ | | | |
|---|---|---|---|---|---|---|---|---|---|---|---|---|
| | $T_1$ | $T_2$ | $T_3$ | 平均值 | $T_1$ | $T_2$ | $T_3$ | 平均值 | $T_1$ | $T_2$ | $T_3$ | 平均值 |
| '毛火麦' | 15.85 | 16.4 | 16.71 | 16.23 | 17.88 | 17.78 | 18.42 | 18.03 | 17.76 | 17.49 | 18.30 | 17.85 |
| '红芒麦' | 14.87 | 17.08 | 17.26 | 16.40 | 17.84 | 17.57 | 18.71 | 18.04 | 17.61 | 17.53 | 18.08 | 17.74 |
| '山麦' | 15.88 | 16.37 | 16.81 | 16.36 | 17.59 | 17.66 | 18.27 | 17.84 | 17.57 | 17.84 | 18.07 | 17.82 |
| '陕 SW1206' | 15.43 | 16.34 | 17.40 | 16.39 | 17.42 | 16.94 | 17.87 | 17.41 | 17.27 | 17.48 | 18.28 | 17.68 |
| '宁春 27' | 14.71 | 16.36 | 16.69 | 15.92 | 17.99 | 18.83 | 18.39 | 18.40 | 17.66 | 17.57 | 18.03 | 18.41 |
| '宁春 4' | 16.17 | 16.20 | 17.76 | 16.71 | 18.30 | 19.10 | 19.67 | 19.02 | 18.29 | 18.14 | 18.81 | 17.50 |
| 2003A4016 | 15.89 | 16.87 | 15.94 | 16.23 | 16.82 | 17.29 | 17.68 | 17.26 | 17.07 | 17.25 | 18.16 | 18.27 |
| 98H30 | 16.36 | 17.6 | 17.94 | 17.16 | 18.21 | 19.16 | 19.53 | 18.97 | 17.97 | 18.20 | 18.63 | 18.43 |
| 03S111 | 16.71 | 16.61 | 17.15 | 16.82 | 19.54 | 18.93 | 19.38 | 18.58 | 18.23 | 18.48 | 17.67 | |
| 'Drysdale' | 15.95 | 15.93 | 16.80 | 16.23 | 18.00 | 17.43 | 18.80 | 18.08 | 17.29 | 17.51 | 18.20 | 17.75 |
| 最大值 | 16.71 | 17.6 | 17.94 | 16.82 | 19.54 | 19.16 | 19.67 | 19.28 | 18.58 | 18.23 | 18.81 | 17.85 |
| 最小值 | 14.71 | 15.93 | 15.94 | 15.92 | 16.82 | 16.94 | 17.68 | 17.26 | 17.07 | 17.25 | 18.03 | 17.68 |
| 差值 | 2.00 | 1.23 | 2.00 | 0.90 | 2.72 | 2.22 | 1.99 | 2.02 | 1.51 | 0.98 | 0.78 | 0.17 |

## 三、不同水分条件下小麦 $\Delta^{13}C$ 与 WUE 的关系

在中度水分胁迫和正常灌水条件下,开花期蒸腾效率与旗叶 $\Delta^{13}C$ 呈显著负相关(图 2-7),在重度和中度水分胁迫条件下,成熟期蒸腾效率与籽粒 $\Delta^{13}C$ 呈极显著负相关(图 2-8)。

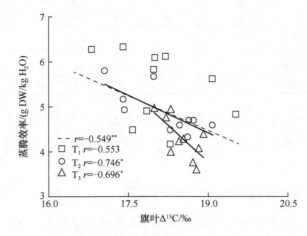

图 2-7　3 个水分条件下开花期蒸腾效率与旗叶 $\Delta^{13}C$ 与的关系

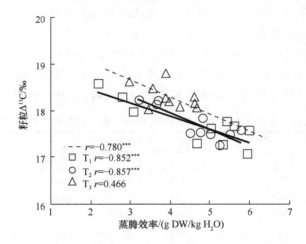

图 2-8　3 个水分条件下成熟期蒸腾效率与籽粒 $\Delta^{13}C$ 的关系
\*\*\*表示差异极显著($P<0.001$),本章下同

## 四、不同水分条件下小麦 $\Delta^{13}C$ 与籽粒产量构成因素的关系

成熟期籽粒 $\Delta^{13}C$ 在所有水分处理下与收获系数呈显著或极显著正相关,在正常灌水条件下开花期旗叶 $\Delta^{13}C$ 与籽粒产量呈显著正相关(表 2-12)。3 个水分条件下,籽粒 $\Delta^{13}C$ 与从出苗到抽穗的天数及从出苗到成熟的天数呈显著或极显著负相关(表 2-13)。

**表 2-12　3 个水分条件下小麦地上部生物量、籽粒产量和收获系数与开花期旗叶 $\Delta^{13}C$ 和成熟期籽粒 $\Delta^{13}C$ 的相关性**

| | 籽粒产量 | | | 收获系数 | | |
|---|---|---|---|---|---|---|
| | $T_1$ | $T_2$ | $T_3$ | $T_1$ | $T_2$ | $T_3$ |
| 开花期旗叶 $\Delta^{13}C$ | −0.320 | −0.270 | 0.668* | 0.475 | 0.383 | 0.534 |
| 成熟期籽粒 $\Delta^{13}C$ | −0.125 | −0.608 | 0.205 | 0.854** | 0.825** | 0.727* |

**表 2-13　3 个水分条件下小麦籽粒 $\Delta^{13}C$ 与从出苗到抽穗的天数及从出苗到成熟的天数的相关性**

| | 籽粒 $\Delta^{13}C$ | | |
|---|---|---|---|
| | $T_1$ | $T_2$ | $T_3$ |
| 从出苗到抽穗的天数 | −0.904*** | −0.888*** | −0.662* |
| 从出苗到成熟的天数 | −0.859*** | −0.946*** | −0.797** |

## 五、不同水分条件下小麦 $\Delta^{13}C$ 与灰分含量、3 种矿质元素的关系

在小麦拔节期，重度水分胁迫条件下的倒二叶灰分含量、地上整株灰分含量及 3 种矿质元素（$K^+$、$Mg^{2+}$、$Ca^{2+}$）含量的总和（$\sum_m$）与地上整株 $\Delta^{13}C$ 呈极显著正相关（表 2-14）。在小麦开花期，重度水分胁迫条件下旗叶灰分含量与旗叶 $\Delta^{13}C$ 呈显著正相关；在中度水分胁迫条件下，$K^+$ 含量与旗叶 $\Delta^{13}C$ 呈极显著负相关；在中度水分胁迫和正常灌水条件下，$Mg^{2+}$ 含量与旗叶 $\Delta^{13}C$ 呈显著或极显著正相关；在正常灌水条件下，$Ca^{2+}$ 含量与旗叶 $\Delta^{13}C$ 呈显著正相关（表 2-15）。在小麦成熟期，重度水分胁迫条件下的籽粒 $\Delta^{13}C$ 与旗叶灰分含量呈极显著正相关，与旗叶 $K^+$ 含量呈极显著负相关；3 个水分条件下，籽粒 $\Delta^{13}C$ 与旗叶 $Mg^{2+}$ 含量均呈显著或极显著负相关；在中度水分胁迫和正常灌水条件下，籽粒 $\Delta^{13}C$ 与籽粒灰分含量呈显著负相关；在正常灌水条件下，籽粒 $\Delta^{13}C$ 与籽粒 $Ca^{2+}$ 含量呈显著负相关（表 2-16）。

**表 2-14　3 个水分条件下小麦拔节期地上整株 $\Delta^{13}C$ 与倒二叶灰分含量、整株灰分含量与 3 种整株矿质元素的相关性**

| 指标 | 地上整株 $\Delta^{13}C$ | | |
|---|---|---|---|
| | $T_1$ | $T_2$ | $T_3$ |
| 倒二叶灰分含量 | 0.790** | −0.122 | −0.310 |
| 地上整株灰分含量 | 0.788** | 0.010 | 0.312 |
| 地上整株 $K^+$ 含量 | 0.596 | −0.492 | −0.400 |
| 地上整株 $Mg^{2+}$ 含量 | 0.387 | 0.144 | 0.053 |
| 地上整株 $Ca^{2+}$ 含量 | 0.349 | 0.420 | 0.238 |
| 地上整株 $\sum_m$ 含量 | 0.800** | −0.442 | −0.321 |

表 2-15  3 个水分条件下小麦开花期旗叶 $\Delta^{13}C$ 与旗叶中灰分含量及 3 种矿质元素的相关性

| 指标 | 旗叶 $\Delta^{13}C$ | | |
|---|---|---|---|
| | $T_1$ | $T_2$ | $T_3$ |
| 旗叶灰分含量 | 0.656* | 0.425 | 0.083 |
| 旗叶 $K^+$ 含量 | −0.575 | −0.813** | −0.617 |
| 旗叶 $Mg^{2+}$ 含量 | 0.527 | 0.725* | 0.826** |
| 旗叶 $Ca^{2+}$ 含量 | 0.311 | 0.567 | 0.708* |
| 旗叶 $\sum_m$ 含量 | −0.390 | −0.433 | −0.200 |

表 2-16  3 个水分条件下成熟期籽粒 $\Delta^{13}C$ 与旗叶和籽粒中灰分及其 3 种矿质元素含量的相关性

| 指标 | | 籽粒 $\Delta^{13}C$ | | |
|---|---|---|---|---|
| | | $T_1$ | $T_2$ | $T_3$ |
| 旗叶 | 灰分含量 | 0.838** | 0.292 | 0.296 |
| | $K^+$ 含量 | −0.824** | 0.528 | −0.226 |
| | $Mg^{2+}$ 含量 | −0.753** | −0.668* | −0.695* |
| | $Ca^{2+}$ 含量 | −0.561 | −0.400 | −0.612 |
| 籽粒 | 灰分含量 | −0.437 | −0.695* | −0.721* |
| | $K^+$ 含量 | −0.395 | −0.336 | 0.101 |
| | $Mg^{2+}$ 含量 | 0.175 | 0.250 | −0.332 |
| | $Ca^{2+}$ 含量 | −0.623 | −0.476 | −0.649* |

## 六、不同水分条件下小麦 $\Delta^{13}C$ 与气体交换参数的关系

由表 2-17 可以看出，除了开花期旗叶净光合速率外，拔节期倒二叶气体交换参数及开花期旗叶气体交换参数在不同的水分处理间都存在显著差异。在 3 个水分处理中，重度水分胁迫条件下蒸腾速率、气孔导度、$C_i/C_a$ 均比其他两个水分处理的低。在重度和中度水分胁迫条件下的单叶 WUE 比正常灌水条件下的高。

表 2-17  3 个水分条件下拔节期倒二叶及开花期旗叶的蒸腾速率、气孔导度、
净光合速率、$C_i/C_a$ 及单叶 WUE

| 指标 | | 蒸腾速率/[mmol $H_2O$/($m^2 \cdot s$)] | | 气孔导度/[mmol/($m^2 \cdot s$)] | | 净光合速率/[μmol $CO_2$/($m^2 \cdot s$)] | | $C_i/C_a$ | | 单叶 WUE/(μmol $CO_2$/mmol $H_2O$) | |
|---|---|---|---|---|---|---|---|---|---|---|---|
| | | 拔节期倒二叶 | 开花期旗叶 | 拔节期倒二叶 | 开花期旗叶 | 拔节期倒二叶 | 开花期旗叶 | 拔节期倒二叶 | 开花期旗叶 | 拔节期倒二叶 | 开花期旗叶 |
| 平均值 | $T_1$ | 2.85c | 3.12c | 134.10c | 404.13b | 14.31b | 20.86a | 0.49c | 0.57b | 5.12ab | 7.60a |
| | $T_2$ | 4.41b | 4.99b | 291.70b | 750.30a | 22.64a | 21.51a | 0.55b | 0.71a | 5.38a | 4.39b |
| | $T_3$ | 5.69a | 5.88a | 379.90a | 743.70a | 23.74a | 21.94a | 0.66a | 0.75a | 4.17b | 3.90b |
| 标准差 | $T_1$ | 0.86 | 1.27 | 34.77 | 210.95 | 3.76 | 3.57 | 0.032 | 0.21 | 0.95 | 2.71 |
| | $T_2$ | 0.95 | 1.05 | 83.32 | 420.59 | 3.76 | 4.73 | 0.086 | 0.08 | 1.56 | 0.99 |
| | $T_3$ | 0.54 | 1.28 | 74.47 | 276.37 | 2.4 | 5.59 | 0.026 | 0.24 | 4.17b | 1.37 |
| $F$ 值($df=2$) | | 31.66*** | 23.08*** | 40.97*** | 6.93** | 25.54*** | 0.131 | 41.10*** | 5.278* | 3.75* | 13.58*** |

注：同一行平均值后不同字母表示不同水分处理间在 0.05 水平上差异显著

表 2-18 显示的是拔节期地上整株 $\Delta^{13}C$ 和开花期旗叶 $\Delta^{13}C$、气孔导度、净光合速率、$C_i/C_a$ 间的相关性。在重度和中度水分胁迫条件下，开花期旗叶 $C_i/C_a$ 与旗叶 $\Delta^{13}C$ 显著正相关。除开花期旗叶 $\Delta^{13}C$ 在正常灌水条件下与气孔导度相关性不显著外，开花期旗叶及拔节期地上整株 $\Delta^{13}C$ 都与气孔导度显著或极显著正相关。拔节期倒二叶 $C_i/C_a$ 与净光合速率在中度水分胁迫条件下显著负相关，开花期旗叶 $C_i/C_a$ 与净光合速率在正常灌水条件下显著负相关。在重度水分胁迫和正常灌水条件下，拔节期倒二叶气孔导度与净光合速率显著正相关。开花期旗叶气孔导度与 $C_i/C_a$ 在 3 个水分条件下呈显著或极显著正相关；拔节期倒二叶气孔导度与 $C_i/C_a$ 只在重度水分胁迫条件下显著正相关。拔节期，在重度和中度水分胁迫条件下倒二叶单叶 WUE 与地上整株 $\Delta^{13}C$ 显著负相关（图 2-9）；开花期，在中度水分胁迫条件下旗叶单叶 WUE 与旗叶 $\Delta^{13}C$ 显著负相关（图 2-10）。

表 2-18 3 个水分条件下拔节期地上整株 $\Delta^{13}C$、开花期旗叶 $\Delta^{13}C$、净光合速率、气孔导度、$C_i/C_a$ 间的相关性

| 指标 | | 拔节期地上整株 $\Delta^{13}C$ | 开花期旗叶 $\Delta^{13}C$ | 气孔导度 | | 净光合速率 | |
|---|---|---|---|---|---|---|---|
| | | | | 拔节期倒二叶 | 开花期旗叶 | 拔节期倒二叶 | 开花期旗叶 |
| 气孔导度 | $T_1$ | 0.648* | 0.702* | | | | |
| | $T_2$ | 0.777** | 0.663* | | | | |
| | $T_3$ | 0.646* | 0.570 | | | | |
| 净光合速率 | $T_1$ | 0.310 | 0.278 | 0.758* | −0.414 | | |
| | $T_2$ | −0.177 | 0.394 | 0.072 | 0.546 | | |
| | $T_3$ | 0.422 | −0.064 | 0.727* | −0.229 | | |
| $C_i/C_a$ | $T_1$ | 0.570 | 0.642* | 0.780* | 0.841** | 0.670* | 0.430 |
| | $T_2$ | 0.509 | 0.685* | 0.430 | 0.819** | −0.734* | 0.136 |
| | $T_3$ | 0.134 | 0.472 | 0.519 | 0.729* | −0.126 | −0.684* |

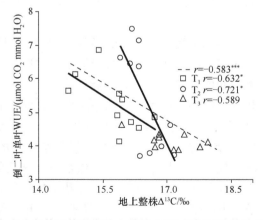

图 2-9 3 个水分条件下拔节期地上整株 $\Delta^{13}C$ 与倒二叶单叶 WUE 的关系

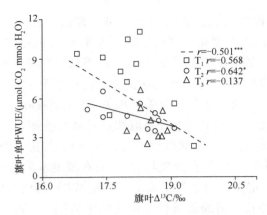

图 2-10　3 个水分条件下开花期旗叶 $\Delta^{13}C$ 与旗叶单叶 WUE 的关系

## 七、讨论与结论

### 1. 不同水分处理对 $\Delta^{13}C$ 及灰分含量的影响

本试验的结果表明，不同的水分处理间 $\Delta^{13}C$ 和灰分含量存在显著差异，水分胁迫条件下，$\Delta^{13}C$、拔节期整株灰分含量和开花期旗叶灰分含量比正常灌水处理的低，并且随着水分胁迫程度的加剧这两个指标数值进一步降低，这与许多前人的报道是一致的（Farquhar et al.，1989；Araus et al.，1997；Merah et al.，1999）。这是因为水分胁迫导致气孔导度降低和 $C_i/C_a$ 下降，从而使 $\Delta^{13}C$ 降低（Morgan et al.，1993）。籽粒灰分含量的变化趋势与旗叶灰分含量正好相反，即重度水分胁迫条件下籽粒灰分含量最高，而正常灌水条件下籽粒灰分含量最低。这是因为籽粒灰分的来源与叶片灰分不同，籽粒中的矿物质主要从叶片或茎秆经由韧皮部转运而来，与蒸腾作用没有直接的关系（Wardlaw，1990）。根据 Loss 和 Siddique（1994），干旱会对光合作用产生较大影响，而对物质转运影响较小。与充分灌水条件相比，在干旱条件下小麦的籽粒灌浆主要依靠开始衰老的器官中所贮存的营养物质向穗部的再运输，而这些器官中灰分含量往往是比较高的（Merah et al.，1999）。

在本试验的结果中，同一基因型在管栽试验条件下的 $\Delta^{13}C$ 比田间条件下的低，而灰分含量却比田间条件下的高。这一结果可以从以下 3 点加以解释。第一，在管栽条件下，小麦根系生长的土壤空间比田间的小，其能够供给地上部分的营养物质相对较少，因此地上部分的生物量和株高等均比田间生长的小麦低。而植物个体大小的变化会导致 $\Delta^{13}C$ 的相应变化，对于同一物种而言，个体较大的比个体较小的 $\Delta^{13}C$ 要高（Schmidt and Zotz，2001）。第二，植物叶片水分的散失速率与冠层和空气间的水蒸气浓度的梯度差呈正相关，这一梯度在湿度较大、土壤水分和养分供给较为充足的条件下是比较小的。在田间正是这种情况，田间作物单个叶片及整个冠层周围存在湿度较大的"叶边界层"（Jones，1976）。在管栽条件下，由于小麦冠层周围不存在"叶边界层"或"叶边界层"较薄，叶片和大气之间水蒸气浓度梯度较大，蒸腾作用较强，叶片生产单位质量干物质所消耗的水分增加，导致更高的灰分含量。第三，管栽条件下叶片和大气之间有较大的水蒸气浓度梯度，气孔导度较低，除了气孔蒸腾较强外，角质层蒸腾也会比较强（Hoad et al., 1992）。这解释了为什么管栽条件下各基因型的气孔导度较小、$\Delta^{13}C$ 较低而蒸腾作用却很强（高灰分含量）。

**2. 不同水分条件下 $\Delta^{13}C$ 与灰分含量、矿质元素含量的关系**

本研究中，在重度水分胁迫条件下，拔节期地上整株 $\Delta^{13}C$ 及开花期旗叶 $\Delta^{13}C$ 与灰分含量呈显著或极显著正相关，这与以前的报道是一致的（Merah et al., 1999, 2001b）。植物体内大多数灰分是在蒸腾过程中随蒸腾流通过木质部被动地运输并积累在参与蒸腾的器官和组织中。生产单位干物质消耗水分多的基因型，其叶片中单位质量干物质中含灰分的量就会相应较高（Merah et al., 1999, 2001b）。$\Delta^{13}C$ 与灰分含量的相关性在重度水分胁迫条件下比在中度水分胁迫和正常灌水条件下的更强，可能是因为在严重水分亏缺下光合作用受到严重影响，不同基因型间 $\Delta^{13}C$ 和灰分含量的差异主要是由气孔导度的差异引起的（Morgan et al., 1993），也就是说 $C_3$ 植物参与蒸腾的器官的 $\Delta^{13}C$ 和灰分含量都与气孔导度、蒸腾作用有密切关系（Farquhar and Richards, 1984; Merah, 2001），从而使 $\Delta^{13}C$ 和灰分含量之间也有较强的相关性。本研究中，籽粒 $\Delta^{13}C$ 与籽粒灰分含量呈负相关，这与前人的报道是一致的（Merah et al., 1999, 2001b; Merah, 2001）。如前文所述，籽粒中的矿物质主要来自于营养器官，经由韧皮部转运而来的（Jones and Handreck, 1965）。对于低 $\Delta^{13}C$ 基因型而言，在灌浆期间气孔导度和净光合速率较低，叶片制造的光合产物较少，对籽粒灌浆贡献率较小，而营养器官中贮存的碳水化合物对籽粒灌浆的贡献率较高，而营养器官中的灰分含量往往是较高的，从而导致低 $\Delta^{13}C$ 基因型的籽粒灰分含量较高（Merah et al., 1999）。在我们的研究结果中，宁夏南部山区地方品种'红芒麦'、'毛火麦'和'山麦'都表现出较低的籽粒 $\Delta^{13}C$ 和较高的籽粒灰分含量，这与上述分析是相符合的。

我们的研究结果显示，$\Delta^{13}C$ 与不同矿质元素的关系各不相同。在中度水分胁迫条件下，开花期旗叶 $\Delta^{13}C$ 与 $K^+$ 含量呈显著负相关。Zhao 等（2007）报道了沙漠植物柠条（*Caragana korshinskii*）的 $\Delta^{13}C$ 与 $K^+$ 含量呈负相关，而另两种沙漠植物油蒿（*Artemisia ordosica*）和花棒（*Hedysarum scoparium*）的 $\Delta^{13}C$ 与 $K^+$ 含量呈正相关。Masle 等（1992）也报道草地植物的 $\Delta^{13}C$ 与 $K^+$ 含量呈正相关。钾是植物必需的大量元素，与植物的渗透调节作用及许多酶的活性密切相关（Elumalai et al., 2002）。同时，植物体内钾的含量与光合作用有关，高钾利用效率的水稻基因型与高光合速率有关（Fu et al., 2004）。由于钾在调节气孔功能、提高植物 WUE 方面有重要的作用，因此被选择作为 $\Delta^{13}C$ 的替代指标（Rascio et al., 2001）。在我们的试验中，叶片中 $K^+$ 含量较高的基因型可能其叶片光合能力较强，导致了叶肉细胞中较低的 $C_i/C_a$ 和 $\Delta^{13}C$（$\Delta^{13}C$ 与 $C_i/C_a$ 正相关）。镁是叶绿素的组成之一，它可以活化许多与呼吸作用有关的酶。DNA、RNA 及蛋白质的合成都需要镁参加，镁起活化剂的作用（潘瑞炽和董愚得，1995）。Condon 等（1987）认为，在有补充灌溉条件或降水有保障、土壤水分含量较高的环境条件下，$\Delta^{13}C$ 较低的作物基因型生长比较"保守"，而高 $\Delta^{13}C$ 基因型生长较快。本试验中，中度水分胁迫和正常灌水条件下，开花期旗叶 $\Delta^{13}C$ 与镁含量的正相关，说明高 $\Delta^{13}C$ 基因型可能生理代谢活性较高，生长较快。钙在植物体内主要经木质部运输，在高蒸腾速率的情况下，蒸腾作用是驱动钙在植物体内运输的主要动力（Yang and Jie，2005），蒸腾强度越大、蒸腾时间越长的器官中钙的含量越高（许仙菊等，2004）。本试验中，正常灌水条件下旗叶钙的含量与叶片 $\Delta^{13}C$ 正相关，这个结果与上述理论是相符的。

我们的研究发现，籽粒 $\Delta^{13}C$ 与成熟旗叶中钾和镁的含量呈负相关，可能与这两种元素在植物体内的可移动性有关。在植物生长前期，钾和镁大多存在于幼嫩器官和组织中，植物成熟时则大多转运到籽粒中（汪洪和褚天铎，1999）。钾与糖类在植物体内的分布是一致的，钾对糖类的合成和运输有影响，韧皮部光合产物的运输同钾由叶源到库的运输密切相关（Malek and Baker，1977；潘瑞炽和董愚得，1995）。根据前人的研究报道，在灌浆期蒸腾速率较高（高籽粒 $\Delta^{13}C$）的基因型能够把同化产物高效率地从营养器官向籽粒运输（Ehdaie and Waines，1993；Merah et al.，2001a），这暗示在我们的试验中，与低籽粒 $\Delta^{13}C$ 基因型相比，高籽粒 $\Delta^{13}C$ 基因型把成熟旗叶中的同化产物向籽粒运输的能力较强，这可能与钾的同向移动有关。成熟旗叶中镁的含量与籽粒 $\Delta^{13}C$ 的负相关关系，除了与镁的可移动性及高籽粒 $\Delta^{13}C$ 基因型向籽粒转运灌浆物质的能力较强有关外，还可能与各基因型的物候期有关。地中海条件下生长的麦类作物的 $\Delta^{13}C$ 与从播种到抽穗或成熟的负相关关系已屡见报道（Sayre et al.，1995），在我们的研究中同样发现 3 个水分条件下籽粒 $\Delta^{13}C$ 与从出苗到抽穗或成熟的天数均显著负相关。这说明低籽粒 $\Delta^{13}C$ 基因型在成熟时旗叶中仍有较高的镁含量，这除了与这些基因型在向籽粒转运灌浆物质的效率较低有关外，也可能与它们的晚熟特性有关。镁不仅是叶绿素的组成之一，而且是多种酶（如 ATP 酶、RuBP 羧化酶）的活化剂（Marschner，1995）。镁对植物活性氧代谢有重要影响，缺镁时，植物体内活性氧过多，超过体内的防御能力，发生膜脂过氧化作用，丙二醛含量增高，外观上出现失绿、坏死等症状，加速衰老进程（Cakmak and Marschner，1992）。分析我们的试验，可能是由于高籽粒 $\Delta^{13}C$ 基因型在籽粒灌浆时较早地动用了叶片及其他营养器官中的镁，而使其中镁含量下降，当下降到一定程度时，衰老"程序"被启动，导致过早成熟；而低籽粒 $\Delta^{13}C$ 基因型则正好相反，较多的碳同化产物及营养元素（包括镁元素）被滞留在叶片或者其他的营养器官中，使其有较强的抗过氧化能力，衰老过程被延后，导致晚熟。钙在植物体内是一种不易移动的元素，植物钙的长距离运输主要发生在木质部，其运输的动力主要是蒸腾作用，蒸腾强度越大和生长时间越长的器官中经木质部运入的钙就越多（许仙菊等，2004）。一般认为钙难以在韧皮部运输，因此所有由韧皮部汁液供应营养的器官（如种子和果实），钙的含量均较低（曹恭和梁鸣早，2003）。我们试验结果中旗叶钙含量远远高于籽粒钙含量与这一报道是一致的。同时，在我们的研究结果中，正常灌水条件下籽粒中钙的含量与籽粒 $\Delta^{13}C$ 显著负相关，这可能因为高籽粒 $\Delta^{13}C$ 基因型由营养器官向生殖器官转运碳同化产物的效率较高，造成其籽粒中碳水化合物的浓度比低籽粒 $\Delta^{13}C$ 基因型的高，而不易移动的元素钙的含量必然会降低，从而产生了上述的负相关关系。

### 3. 不同水分条件下 $\Delta^{13}C$ 与籽粒产量、收获系数的关系

收获系数与籽粒 $\Delta^{13}C$ 在 3 个水分条件下均呈显著或极显著正相关，而籽粒产量仅

在正常灌水条件下与开花期旗叶 $\Delta^{13}C$ 正相关。说明收获系数与 $\Delta^{13}C$ 的相关性强于籽粒产量与 $\Delta^{13}C$ 的相关性，前人也有相似的报道（Merah et al.，2001a，2001b，2001c）。很多学者认为这是因为在籽粒灌浆期蒸腾速率高（即低蒸腾效率或高 $\Delta^{13}C$）的基因型往往能够更高效率地将干物质向籽粒转运（Ehdaie and Waines，1993；Merah et al.，2001a）。

我们 3 年的田间试验都发现，在银川试验点，籽粒产量与 $\Delta^{13}C$ 显著正相关，而在管栽试验中，籽粒产量与 $\Delta^{13}C$ 相关性不显著，甚至呈负相关趋势。分析其中的原因，可能是因为田间试验时只在小麦生育前期灌两水或一水，而后期不灌水，对小麦构成后期干旱胁迫。小麦处于花后胁迫条件下，高 $\Delta^{13}C$ 基因型与低 $\Delta^{13}C$ 基因型相比有明显的优势，因为高 $\Delta^{13}C$ 往往是早熟的结果，这对于存在后期干旱及高温胁迫的银川灌区来说是十分有利的因素；并且高 $\Delta^{13}C$ 基因型在开花后气孔开度大、净光合速率较高，向籽粒转运碳水化合物的效率较高，因此高 $\Delta^{13}C$ 基因型的田间籽粒产量比低 $\Delta^{13}C$ 基因型的高。但是在管栽试验时会定期灌水，开花前后的水分状况较为一致，由于低 $\Delta^{13}C$ 基因型较为晚熟、生育期长、灌浆期也长，因而比高 $\Delta^{13}C$ 基因型有更多的干物质积累。

### 4. 不同水分条件下 $\Delta^{13}C$ 与叶片气体交换参数的关系

研究报道，$C_3$ 植物的 $\Delta^{13}C$ 与 $C_i/C_a$ 正相关，而与单叶 WUE 负相关（Farquhar et al.，1982；Farquhar and Richards，1984）。我们所发现的在重度和中度水分胁迫条件下开花期 $C_i/C_a$ 与旗叶 $\Delta^{13}C$ 显著正相关的结果与上述报道是一致的。$C_i/C_a$ 主要受两个因素的影响：气孔导度和净光合速率，较低的气孔导度或较快的净光合速率及二者的共同作用会使 $C_i/C_a$ 和 $\Delta^{13}C$ 下降（Farquhar et al.，1989；Condon et al.，2002）。Morgan 等（1993）认为，在胁迫的条件下，$\Delta^{13}C$ 的基因型差异更多是由气孔导度的差异而不是光合作用的差异引起的。在我们的试验结果中，在重度水分胁迫条件下，拔节期地上整株 $\Delta^{13}C$、$C_i/C_a$ 及倒二叶净光合速率都与气孔导度显著正相关，暗示参试材料发生了气孔限制，净光合速率和 $C_i/C_a$ 的基因型差异主要是由于气孔导度的差异引起的。在正常灌溉条件下，开花期旗叶 $\Delta^{13}C$ 与气孔导度相关性不显著，净光合速率与 $C_i/C_a$ 显著负相关，这暗示在较好的水分条件下，各基因型气孔开度较大，基因型间差异较小，光合作用对 $\Delta^{13}C$ 的影响较大。净光合速率的提高会使胞间 $CO_2$ 浓度（$C_i$）下降，从而使 $\Delta^{13}C$ 降低。

## 第三节　春小麦 $\Delta^{13}C$ 与籽粒产量、灰分含量茎秆中碳水化合物的关系

近年来，很多文献报道收获系数与 $\Delta^{13}C$ 呈正相关，从而提升了 $\Delta^{13}C$ 在育种中的应用价值。学者们提出一种假说：蒸腾效率较低的基因型向籽粒转运物质的能力比较强，从而收获系数较高（Ehdaie and Waines，1993；Merah et al.，2001a，2001b；Zhu et al.，2009）。然而，这种假说仅仅建立在田间观察和推论的基础之上，缺乏直接的证据来验证收获系数与 $\Delta^{13}C$ 的关系。通过研究开花后小麦茎秆中碳水化合物（包括水溶碳水化合物及淀粉）含量的动态变化与不同器官 $\Delta^{13}C$ 的关系，可能为解释 $\Delta^{13}C$ 与籽粒产量及收获系数间的正相关关系提供直接的证据。

碳同位素分馏现象不仅发生在碳固定过程而且发生在光合后的生理代谢过程

（Badeck et al.，2005），Gebbing 和 Schnyder（2001）通过跟踪不同中间代谢产物碳同位素组成的变化来研究小麦穗部呼出 $CO_2$ 的再固定现象。Badeck 等（2005）用大量数据证明叶片中 $^{13}C$ 比例比其他器官低，暗示在光合作用后的生理生化代谢过程可以改变植物器官中同位素组成值，使不同器官具有不同碳同位素组成。很多文献讨论了叶片中 $^{13}C$ 比例低的原因。①Gessler 等（2008）研究了光合产物运输过程中所发生的碳同位素分馏，发现韧皮部汁液蔗糖中的 $^{13}C$ 要比叶片中蔗糖的 $^{13}C$ 的比例高，这是因为同化产物输出前碳同位素空间上和生化上的区隔化，在光合产物向韧皮部装载的过程或运输过程会发生碳同位素分馏现象，使自养器官中的 $^{13}C$ 比其他器官少。②呼吸作用过程所发生的分馏也会造成自养器官与异养器官在碳同位组成上的差异。关于 $C_3$ 植物叶片暗呼吸的研究报道表明，呼出的 $CO_2$ 与底物蔗糖相比明显富含 $^{13}C$（2‰～6‰）（Badeck et al.，2005；Bathellier et al.，2008）。而与此正相反，根系呼出的 $CO_2$ 与底物蔗糖相比缺乏 $^{13}C$。这样，叶片"负"的呼吸分馏（使底物中 $^{13}C$ 组成更低）和根系正的呼吸分馏（使底物中 $^{13}C$ 组成更高）就解释了众所周知的自养器官中 $^{13}C$ 比例低而异养器官中 $^{13}C$ 比例高的现象（Bathellier et al.，2008）。③植物器官中不同的组分也会有不同的同位素组成，植物组织中 $^{13}C$ 比值与淀粉、蔗糖及可溶性碳水化合物组成相比要低（Ocheltree and Marshall，2004），植物器官中较多可溶性碳水化合物的运出必然会使其余部分的 $^{13}C$ 比例降低，而使 $\Delta^{13}C$ 升高。

小麦灌浆期受到干旱胁迫时，茎秆中可溶性碳水化合物含量的增加不仅可以增强植株渗透调节能力、提高抗旱性，同时，也可以起到一种缓冲作用，在光合作用受到影响时保证籽粒灌浆的正常进行。研究表明，小麦开花后受到水分胁迫、净光合速率下降时，茎秆中所贮存的可溶性碳水化合物可以弥补"即时"光合产物的不足，茎秆中转运到籽粒中的碳水化合物对籽粒灌浆的贡献率可以达到 22%～60%（Blum et al.，1994）。Ehdaie 等（2006b）发现，小麦茎秆上部和下部节间对籽粒灌浆的贡献是不同的。与上部茎秆节间相比，下部茎秆节间水溶性碳水化合物在开花后的最初阶段积累效率较高，而在灌浆后期含量下降得较快，即转运效率较高，从而揭示了下部茎秆节间在籽粒灌浆中的重要作用。

正如前面所述，在光合产物向韧皮部装载及运输过程中存在对碳同位素的分馏现象，对于能高效率地把贮存于茎秆中的碳水化合物向籽粒转运的小麦基因型来说，必然会更多地把富含 $^{13}C$ 的水溶性碳水化合物装载到籽粒而对茎秆产生一种碳同位素"负分馏"作用，使茎秆 $\Delta^{13}C$ 变高（相反，$\delta^{13}C$ 变得更低）。除此之外，不同基因型间早期碳水化合物合成效率的差异及开花前合成的碳水化合物对籽粒灌浆的贡献率的不同也会导致籽粒和茎秆 $\Delta^{13}C$ 的差异。在花后胁迫的环境模式下，较高的 $\Delta^{13}C$ 往往揭示出植株个体在灌浆时对花前制造的光合产物依赖程度较高（Condon et al.，2002），因为在开花前水分胁迫较轻或不存在水分胁迫的条件下植株所制造的光合产物 $\Delta^{13}C$ 会比较高（Monneveux et al.，2005）。基于以上的分析，我们提出一种假设：碳水化合物转运和积累效率的基因型差异会导致茎秆碳同位素组成上的差异，茎秆 $\Delta^{13}C$ 高的基因型在早期积累光合产物的效率较高而在后期向籽粒转运碳水化合物的效率也较高，从而可以解释为什么在花后胁迫的环境模式下小麦籽粒产量与 $\Delta^{13}C$ 呈正相关的。

本文的研究目的是：①分析宁夏中部灌区从 2006 年到 2008 年三个不同年份春小麦 $\Delta^{13}C$ 与收获系数、籽粒产量及灰分含量的关系；②测定不同时期比茎秆重、水溶性碳水化合物含量、淀粉含量和总碳水化合物含量的变化，计算这 3 种碳水化合物在开花后的积累效率和转运效率，并分析它们与籽粒产量及 3 种器官 $\Delta^{13}C$ 的关系。

## 一、银川试验点不同年份气候条件及土壤含水量的差异

在银川试验点，不同年份小麦生育期内的降雨量差异较大。从图 2-11 可以看出，2007 年降雨量最多，2008 年降雨最少。2007 年 6 月中旬（小麦灌浆后期）降雨较多。2008 年 5~7 月几乎没有降雨，而气温在 3 年中最高（图 2-11）。

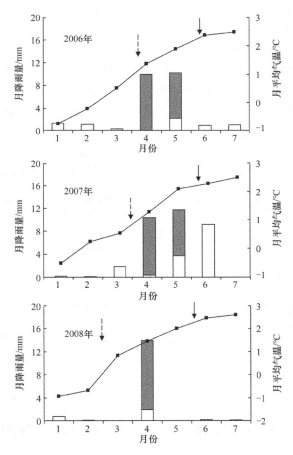

图 2-11　2006~2008 年月降雨量（空心柱）、月灌溉量（实心柱）和月平均气温（折线）
虚线箭头所指为播种日期，实线箭头所指为抽穗日期

从图 2-12 可以看出，2006 年开花前田间土壤含水量及整个生育期土壤含水量均比其他两个年份高。由于这 3 个年份都是在 4~5 月进行灌溉，因此小麦孕穗至开花前这段时期土壤含水量较高，之后土壤含水量开始下降，同时由于气温升高，使小麦植株花后受到高温与干旱双重胁迫。

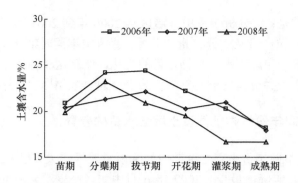

图 2-12　2006~2008 年银川试验点不同生育时期田间土壤含水量

## 二、银川试验点不同年份间 $\Delta^{13}C$、籽粒产量和收获系数的变化

由表 2-19 可知，不同年份间籽粒产量、籽粒 $\Delta^{13}C$、基部茎秆 $\Delta^{13}C$、灰分含量及收获系数间存在显著的差异。2006 年所有参试小麦材料的平均籽粒产量比 2008 年高出约 43.5%，2007 年平均籽粒产量比 2008 年高约 11.1%。2006 年和 2008 年的开花期旗叶 $\Delta^{13}C$ 没有显著差异，2007 年旗叶 $\Delta^{13}C$ 低于其他两个年份。2006 年和 2007 年的籽粒 $\Delta^{13}C$ 比较接近。2008 年的籽粒 $\Delta^{13}C$ 与 2007 年相比下降了约 0.06‰。3 个年份的籽粒 $\Delta^{13}C$ 均低于旗叶 $\Delta^{13}C$，2 个年份的数据表明基部茎秆 $\Delta^{13}C$ 高于旗叶 $\Delta^{13}C$ 和籽粒 $\Delta^{13}C$。2007 年旗叶灰分含量及籽粒灰分含量分别比 2006 年高出约 29.0%和 64.5%。

表 2-19　$\Delta^{13}C$、灰分含量、籽粒产量和收获系数的平均值和标准差

| 指标 | | 开花期旗叶 $\Delta^{13}C$/‰ | 成熟期籽粒 $\Delta^{13}C$/‰ | 成熟期基部茎秆 $\Delta^{13}C$/‰ | 开花期旗叶灰分含量/% | 成熟期籽粒灰分含量/% | 成熟期籽粒产量/(t/hm²) | 成熟期收获系数 |
|---|---|---|---|---|---|---|---|---|
| 平均值 | 2006 年 | 20.12ab | 18.53a | | 13.23a | 1.21b | 6.99a | 42.20a |
| | 2007 年 | 19.84b | 18.71a | 20.74a | 17.07a | 1.99a | 5.41b | 34.57b |
| | 2008 年 | 20.18a | 17.56b | 20.41b | | | 4.87b | 34.35b |
| 标准差 | 2006 年 | 0.453 | 0.480 | | 1.937 | 0.139 | 0.929 | 3.786 |
| | 2007 年 | 0.441 | 0.236 | 0.333 | 1.143 | 0.121 | 0.851 | 6.525 |
| | 2008 年 | 0.613 | 0.605 | 0.508 | | | 0.803 | 4.354 |
| $F$ 值 | | 3.13（df=2） | 47.49***（df=2） | 2.35（df=1） | 51.95***（df=1） | 271.88***（df=1） | 32.26***（df=2） | 30.45***（df=2） |

注：同一行平均值后不同字母表示不同水分处理间在 0.05 水平上差异显著，表 2-20 和表 2-21 同

## 三、银川试验点小麦花后不同天数比茎秆重和碳水化合物含量的变化

由表 2-20 可知，基因型间及不同采样时期间的比茎秆重存在极显著差异。开花后比茎秆重不断增加，到开花后 7 天达到最高值，然后开始下降。茎秆可溶性碳水化合物含量及总碳水化合物含量在不同采样时期有极显著差异，但在不同基因型间没有显著差异。茎秆淀粉含量在不同基因型间及不同采样时期间都没有显著差异。与比茎秆重相似，茎秆可溶性碳水化合含量、淀粉含量及总碳水化合物含量的最高值出现在籽粒灌浆早期，然后下降。

表 2-20  2008 年银川试验点开花当天，开花后 7 天、21 天、35 天，成熟期 20 个参试小麦材料的比茎秆重及可溶性碳水化合物含量、茎秆淀粉含量和总碳水化合物含量

| | 指标 | 比茎秆重/(mg/cm) | 可溶性碳水化合物含量/% | 茎秆淀粉含量/% | 总碳水化合物含量/% |
|---|---|---|---|---|---|
| 平均值 | 开花后 0 天 | 14.48b | 13.86b | 16.24a | 30.10b |
| | 开花后 7 天 | 16.81a | 22.26a | 14.06b | 36.32a |
| | 开花后 21 天 | 14.55b | | | |
| | 开花后 35 天 | 13.54bc | | | |
| | 成熟期 | 12.54c | 5.25c | 14.85ab | 20.10c |
| 标准差 | 开花后 0 天 | 2.29 | 2.55 | 3.57 | 4.24 |
| | 开花后 7 天 | 2.98 | 4.10 | 2.27 | 4.97 |
| | 开花后 21 天 | 2.96 | | | |
| | 开花后 35 天 | 2.61 | | | |
| | 成熟期 | 1.89 | 1.31 | 2.62 | 2.65 |
| $F$ 值 | 基因型（$df$=19） | 8.70*** | 1.57 | 0.71 | 0.71 |
| | 采样时期（$df$=4） | 19.16*** | 205.85*** | 2.66 | 72.83*** |

茎秆中 3 种碳水化合物开花后的积累效率及转运效率均存在显著差异，可溶性碳水化合物的积累效率及转运效率最高，淀粉的积累效率及转运效率均最低（表 2-21）。

表 2-21  2008 年银川试验点 20 个参试小麦材料的茎秆碳水化合物的积累效率及转运效率（%）

| | 指标 | 积累效率 | 转运效率 |
|---|---|---|---|
| 平均值 | 可溶性碳水化合物 | 43.88a | 80.83a |
| | 淀粉 | 21.34c | 33.97c |
| | 总碳水化合物 | 34.57b | 61.01b |
| 标准差 | 可溶性碳水化合物 | 17.93 | 8.39 |
| | 淀粉 | 11.66 | 13.82 |
| | 总碳水化合物 | 14.06 | 11.09 |
| $F$ 值 | 基因型间（$df$=19） | 4.54*** | 2.38* |
| | 碳水化合物组分间（$df$=2） | 50.55*** | 454.96*** |

## 四、银川试验点不同年份小麦 $\Delta^{13}C$ 与籽粒产量及重要农艺和生理指标之间的关系

从图 2-13 可以看出，2008 年旗叶 $\Delta^{13}C$ 与籽粒产量呈极显著正相关，而在其他两个年份，两指标间相关性不显著。2007 年和 2008 年籽粒 $\Delta^{13}C$ 及成熟期基部茎秆 $\Delta^{13}C$ 都与籽粒产量正相关，且达到了极显著水平。2006 年籽粒 $\Delta^{13}C$ 与籽粒产量相关性不显著。

由表 2-22 可知，2006 年成熟期旗叶灰分含量与籽粒 $\Delta^{13}C$ 呈显著正相关，2007 年成熟期旗叶灰分含量与籽粒 $\Delta^{13}C$ 及基部茎秆 $\Delta^{13}C$ 呈显著或极显著正相关；2006 年和 2007 年，收获系数与成熟期旗叶灰分含量显著或极显著正相关，2007 年收获系数与成熟期籽粒灰分含量显著负相关；除了开花期旗叶 $\Delta^{13}C$ 在 2007 年与从出苗到抽穗和成熟的天数及 2006 年与从出苗到抽穗的天数、成熟期籽粒 $\Delta^{13}C$ 在 2006 年与从出苗到抽穗的天数及 2008 年与从出苗到成熟的天数相关性不显著外，3 年间开花期旗叶 $\Delta^{13}C$、成熟期籽粒 $\Delta^{13}C$ 及成熟期基部茎秆 $\Delta^{13}C$ 均与从出苗到抽穗的天数及从出苗到成熟的天数

显著或极显著负相关。籽粒产量仅在 2007 年与从出苗到抽穗的天数显著负相关,而收获系数除在 2007 年与从出苗到抽穗的天数相关性不显著外,均与 2006 年和 2008 年从出苗到抽穗的天数及 2006~2008 年从出苗到成熟的天数呈显著或极显著负相关。2006 年和 2008 年开花期旗叶 $\Delta^{13}C$ 和成熟期籽粒 $\Delta^{13}C$ 与收获系数显著或极显著正相关。

### 五、银川试验点小麦 $\Delta^{13}C$ 与比茎秆重、3 种碳水化合物含量、积累效率和转运效率的关系

表 2-23 显示的是在 2008 年所测的 3 种茎秆碳水化合物含量、籽粒产量、积累效率、转运效率及比茎秆重与 $\Delta^{13}C$ 的关系。灌浆期茎秆可溶性碳水化合物含量与成熟期籽粒 $\Delta^{13}C$ 及成熟期基部茎秆 $\Delta^{13}C$ 均呈显著正相关。籽粒产量与成熟期可溶性碳水化合物含量呈显著负相关。茎秆可溶性碳水化合物转运效率与籽粒产量、开花期旗叶 $\Delta^{13}C$、成熟期籽粒 $\Delta^{13}C$ 及成熟期基部茎秆 $\Delta^{13}C$ 呈显著或极显著正相关。茎秆淀粉含量、积累效率

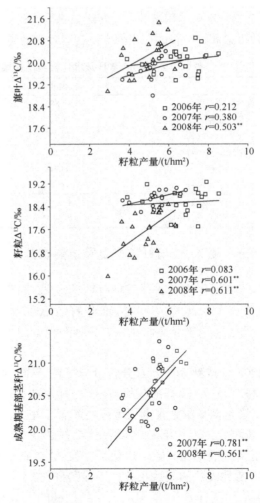

图 2-13　银川试验点 2006~2008 年小麦 $\Delta^{13}C$ 与籽粒产量的关系

表 2-22 银川试验点 2006～2008 年小麦 $\Delta^{13}C$、籽粒产量、收获系数、从出苗到抽穗的天数、从出苗到成熟的天数、成熟期旗叶灰分含量、成熟期籽粒灰分含量间的相关性

| 指标 | | 从出苗到抽穗的天数 | 从出苗到成熟的天数 | 成熟期旗叶灰分含量 | 成熟期籽粒灰分含量 | 收获系数 |
|---|---|---|---|---|---|---|
| 开花期旗叶 $\Delta^{13}C$ | 2006 年 | −0.536* | −0.395 | 0.082 | −0.015 | 0.536* |
| | 2007 年 | −0.382 | −0.340 | 0.268 | −0.208 | 0.208 |
| | 2008 年 | −0.848*** | −0.725** | — | — | 0.663** |
| 成熟期籽粒 $\Delta^{13}C$ | 2006 年 | −0.420 | −0.539* | 0.542* | −0.019 | 0.563** |
| | 2007 年 | −0.688** | −0.667** | 0.600** | −0.005 | 0.404 |
| | 2008 年 | −0.556* | −0.274 | — | — | 0.467* |
| 成熟期基部茎秆 $\Delta^{13}C$ | 2007 年 | −0.749** | −0.763*** | 0.540* | −0.359 | 0.453* |
| | 2008 年 | −0.562** | −0.543* | — | — | 0.598** |
| 籽粒产量 | 2006 年 | −0.300 | −0.388 | 0.366 | −0.142 | 0.209 |
| | 2007 年 | −0.451* | −0.431 | −0.208 | −0.005 | 0.244 |
| | 2008 年 | −0.440 | −0.187 | — | — | 0.466* |
| 收获系数 | 2006 年 | −0.659** | −0.765*** | 0.538* | −0.312 | — |
| | 2007 年 | −0.308 | −0.447* | 0.568** | −0.490* | |
| | 2008 年 | −0.601** | −0.598** | — | — | |

表 2-23 银川试验点 2008 年籽粒产量、$\Delta^{13}C$ 与茎秆碳水化合物的含量、积累效率、转运效率及比茎秆重的相关性

| 指标 | | 籽粒产量 | 开花期旗叶 $\Delta^{13}C$ | 成熟期籽粒 $\Delta^{13}C$ | 成熟期基部茎秆 $\Delta^{13}C$ |
|---|---|---|---|---|---|
| 茎秆可溶性碳水化合物 | 开花后 0 天含量 | −0.235 | 0.153 | 0.118 | 0.039 |
| | 开花后 7 天含量 | 0.242 | 0.263 | 0.553* | 0.446* |
| | 成熟期含量 | −0.475* | −0.312 | −0.100 | −0.210 |
| | 积累效率 | 0.366 | 0.140 | 0.359 | 0.374 |
| | 转运效率 | 0.562** | 0.463* | 0.454* | 0.490* |
| 茎秆淀粉 | 开花后 0 天含量 | −0.371 | −0.298 | −0.360 | −0.343 |
| | 开花后 7 天含量 | −0.351 | −0.392 | −0.424 | −0.358 |
| | 成熟期含量 | −0.067 | −0.181 | −0.387 | −0.187 |
| | 积累效率 | 0.233 | 0.095 | 0.150 | 0.185 |
| | 转运效率 | −0.232 | −0.185 | −0.025 | −0.149 |
| 茎秆总碳水化合物 | 开花后 0 天含量 | −0.433 | −0.105 | −0.181 | −0.232 |
| | 开花后 7 天含量 | 0.094 | 0.099 | 0.370 | 0.292 |
| | 成熟期含量 | −0.400 | −0.369 | −0.372 | −0.298 |
| | 积累效率 | 0.436 | 0.184 | 0.434 | 0.435 |
| | 转运效率 | 0.335 | 0.332 | 0.531* | 0.444* |
| 比茎秆重 | 开花后 0 天 | 0.223 | 0.430 | 0.259 | 0.333 |
| | 开花后 7 天 | 0.228 | 0.567** | 0.271 | 0.453* |
| | 开花后 21 天 | 0.002 | −0.142 | −0.204 | −0.112 |
| | 开花后 35 天 | −0.193 | −0.233 | −0.397 | −0.310 |
| | 成熟期 | −0.282 | −0.309 | −0.473* | −0.445* |

及转运效率与籽粒产量和开花期旗叶 $\Delta^{13}C$、成熟期籽粒 $\Delta^{13}C$、成熟期基部茎秆 $\Delta^{13}C$ 相关性不显著。茎秆总碳水化合物的转运效率与成熟期籽粒 $\Delta^{13}C$ 及成熟期基部茎秆 $\Delta^{13}C$ 显著正相关。开花后 7 天的比茎秆重与开花期旗叶 $\Delta^{13}C$ 和成熟期基部茎秆 $\Delta^{13}C$ 呈显著

或极显著正相关，成熟期比茎秆重与籽粒 $\Delta^{13}C$ 及基部茎秆 $\Delta^{13}C$ 呈显著负相关。

## 六、讨论与结论

### 1. 不同年份水分状况对所测指标的影响

2006～2008 年的籽粒产量有显著差异，并呈现连续下降的趋势，这与田间总的水分输入量不一致。2007 年小麦生育期内的降水量在 3 年中最高，使这一年的田间水分总输入量最高，但是籽粒产量却排在 2006 年之后。分析其原因，可能是由于 2007 年春季正值小麦出苗时下了一场大雪，导致土壤过湿、土壤温度过低，对小麦幼苗产生不利影响。在 2007 年 6 月中旬小麦灌浆后期遭遇一星期左右的连阴雨，虽降雨量较大，但小麦已开始衰老，对水分的需求较小，而长期的阴雨天气不利于作物进行光合作用。总之，虽然 2007 年的降水量最高，但在小麦不同生育期的分布十分不合理，反而造成籽粒产量下降。2006 年的降水量虽然在 3 年中不是最高，但籽粒产量最高，这主要与开花前后的一段时期较高的田间土壤含水量有关。由于宁夏有冬灌的习惯，2005 年冬前田间灌溉量较大，使 2006 年小麦播种期及生长早期田间土壤含水量较高，有利于小麦植株生长和获得较高的籽粒产量。

许多学者的报道，土壤水分含量下降会显著地降低植物的 $\Delta^{13}C$ 和灰分含量（Farquhar et al.，1989；Araus et al.，1997；Merah et al.，1999，2001b，2006；Xu et al.，2007a，2007b）。在我们的研究结果中，不同年份籽粒 $\Delta^{13}C$ 与当年水分输入量一致，但旗叶 $\Delta^{13}C$ 与水分输入量不一致，暗示水分在小麦不同生育期分布的不同也会影响 $\Delta^{13}C$。2007 年开花期旗叶 $\Delta^{13}C$ 比其他两年低，可能暗示作物在开花期或花前受到胁迫；而这一年的籽粒 $\Delta^{13}C$ 在 3 年中最高，可能与小麦生长后期较高的土壤含水量有关。Xu 等（2007a）也观察到籽粒产量及 $\Delta^{13}C$ 与田间水分总输入量相关性不显著，并认为除了数量之外，水分在小麦不同生育期分布的不同也会影响籽粒产量及 $\Delta^{13}C$。2006 年和 2007 年的旗叶和籽粒灰分含量也显著不同。正如 Merah 等（2001b）所指出的，叶片中的矿物质大多是通过木质部导管运输、随蒸腾流被动地积累，因此，叶片灰分含量与蒸腾作用密切相关。2007 年成熟期旗叶灰分含量高于 2006 年，这可能与 2007 年后期较高的土壤含水量和作物较强的蒸腾作用有关。由于籽粒灰分主要来自于其他器官，其含量与蒸腾作用无关而与籽粒中其他组分含量负相关（Merah，2001）。灌浆期碳水化合物高效率地向籽粒运输，在使籽粒中碳含量显著增加的同时会降低籽粒中灰分含量（Zhu et al.，2008a）。在 2007 年小麦生长后期的连阴雨天气导致小麦植株光合产物减少，籽粒灌浆物质主要来自营养器官中贮存的碳水化合物，而这些器官中的灰分含量往往是较高的（Merah et al.，1999），从而导致籽粒灰分含量较高。

### 2. 籽粒产量、收获系数、灰分含量和 $\Delta^{13}C$ 的关系

本研究发现，籽粒产量、收获系数与 $\Delta^{13}C$ 都呈正相关，与以前的报道是一致的（Ehdaie et al.，1991；Merah et al.，2001a；Monneveux et al.，2005；Xu et al.，2007a，2007b）。前人的这些研究结果大多是在小麦花后胁迫环境下获得的，如地中海地区、印

度半岛及中国宁夏中北部灌区。Monneveux 等（2004）分析了在这些环境下 $\Delta^{13}C$ 与籽粒产量正相关的原因：当田间水分不能完全满足小麦的水分需求、植株受到轻度花后水分胁迫时，基因型间气孔导度的不同是导致 $C_i/C_a$ 差异的主要原因，在这种情况下，高 $\Delta^{13}C$ 基因型往往因为气孔开度较大、净光合速率较高而有较高的籽粒产量。其他研究者对上述 $\Delta^{13}C$ 与籽粒产量及收获系数的正相关关系做了如下解释：①高 $\Delta^{13}C$ 基因型往往能够保持更大的气孔开度，从而保证光合作用正常进行（Morgan et al.，1993；Merah et al.，1999，2001a）；②在花后胁迫模式下，高 $\Delta^{13}C$ 往往成熟较早，有利于利用花前比较有利的土壤水分条件（Ehdaie et al.，1991；Sayre et al.，1995；Condon et al.，2002）；③在花后胁迫的模式下，高籽粒 $\Delta^{13}C$ 小麦个体对开花前贮存在营养器官中的光合产物利用率较高（Monneveux et al.，2005），且在灌浆期把贮存在营养器官中的碳水化合物向籽粒运转的能力也较高（Ehdaie and Waines，1993）。对于我们的试验而言，2006 年籽粒产量与旗叶 $\Delta^{13}C$ 或籽粒 $\Delta^{13}C$ 相关性不显著可能是由于 2005 年冬灌水量较大，在 2006 年小麦生长季土壤水分状况比较好，作物在开花前及开花后灌浆早期几乎没有受到水分胁迫。Morgan 等（1993）报道，在充分供水条件下不同品种小麦的气孔开度都比较大，$C_i/C_a$ 和 $\Delta^{13}C$ 都较高，不同基因型间气孔导度的差异较小；这时候较强的光合能力会使 $C_i/C_a$ 及 $\Delta^{13}C$ 下降。一方面，气孔导度增大会使 $C_i/C_a$ 和 $\Delta^{13}C$ 增加，而另一方面由于气孔导度增大对光合作用的促进作用又会使 $C_i/C_a$ 和 $\Delta^{13}C$ 下降。由于气孔导度和净光合速率的增加有利于提高籽粒产量，而这种气孔导度和净光合速率对 $C_i/C_a$ 和 $\Delta^{13}C$ 相反的作用会减弱 $\Delta^{13}C$ 与产量间的相关性（Xu et al.，2007a）。

2006 年和 2008 年 $\Delta^{13}C$ 与成熟期旗叶灰分含量及收获系数均呈正相关，与前人的报道一致（Merah et al.，2001a，2001b）。已发表的文献对于 $\Delta^{13}C$ 与收获系数正相关关系的解释可以概括为以下两点：一方面，蒸腾作用较强（$\Delta^{13}C$ 和叶片灰分含量较高）的基因型在灌浆期能高效率地把叶片及茎秆中贮存的碳水化合物向籽粒转运（Ehdaie and Waines，1993），从而导致叶片中碳水化合物含量降低，反过来，灰分含量会相应地升高。成熟期旗叶灰分含量与开花期旗叶 $\Delta^{13}C$ 的相关性弱于与成熟期籽粒 $\Delta^{13}C$ 的相关性，暗示采样时期会对灰分含量与 $\Delta^{13}C$ 的关系产生影响。在生长后期采集的样品会较好地反映作物一生的生长情况，因此更适合用于分析 $\Delta^{13}C$ 及灰分含量。另一方面，现代普通小麦籽粒产量的提高往往伴随着株高的降低和开花期的提前（Ehdaie et al.，2006a），开花期提前和株高降低都会减少营养器官与穗部之间竞争，有利于提高收获系数（Richards et al.，2002）。根据我们观察到的结果及其他相关报道，$\Delta^{13}C$ 与从出苗到抽穗的天数负相关（Ehdaie et al.，1991；Sayre et al.，1995；Zhu et al.，2008b），而开花期提前会降低营养器官的生长量（Richards et al.，2002），因此，由于高 $\Delta^{13}C$ 基因型比低 $\Delta^{13}C$ 基因型开花早，营养器官的生长时间缩短，生物量和株高降低，提高了收获系数（Sayre et al.，1995；Zhu et al.，2008b）。

### 3. 碳水化合物及比茎秆重与 $\Delta^{13}C$ 的关系

我们测了小麦开花后 3 个时期（开花期、灌浆早期及成熟期）茎秆中碳水化合物含量的变化，发现不同时期间可溶性碳水化合物含量有显著差异。关于茎秆可溶性碳水化合物含量在开花后的变化规律,不同的文献说法不一。有的文献报道可溶性碳水化合物含量在开花期最高(Shakiba et al.,1996),另外一些文献报道可溶性碳水化合物在开花后会继续在茎秆中积累,含量的高峰期出现在花后的 7~22 天(Ehdaie et al.,2006b)。我们的研究发现,开花后 7 天可溶性碳水化合物含量高于开花当天,比茎秆重的最高值出现在开花后 7 天,暗示开花到花后 7 天这段时期内,茎秆中的碳水化合物含量一直处于上升状态。Ehdaie 和 Waines(1996)认为小麦植株个体的两种能力会影响茎秆中贮藏的碳水化合物对籽粒灌浆的贡献率:一是在开花前光合产物在茎秆中累积的能力,二是动员茎秆中贮藏物质向籽粒转运的能力。Ehdaie 等(2006a)报道比茎秆重与茎秆中碳水化合物向籽粒的输入量有密切的关系,并且强调在生长前期最大化地积累茎秆中的碳水化合物和提高灌浆期碳水化合物向籽粒的转运效率对于提高小麦花后胁迫条件下的小麦籽粒产量十分重要。

本试验中,灌浆早期的可溶性碳水化合物含量和比茎秆重均与 $\Delta^{13}C$ 正相关,揭示在宁夏中部灌区 $\Delta^{13}C$ 在小麦节水高产品种选育中的重要意义,并且揭示高 $\Delta^{13}C$ 小麦基因型在积累碳水化合物方面是有明显优势的。根据前人的报道和我们观察到的结果,在小麦生长后期胁迫环境模式下高 $\Delta^{13}C$ 基因型优于低 $\Delta^{13}C$ 基因型,造成这一结果的原因除了上面提到的外,还有:①在土壤水分有保障的环境条件下,高 $\Delta^{13}C$ 小麦基因型往往比低 $\Delta^{13}C$ 小麦基因型生长得快(Fischer,1998;Condon et al.,2004),新陈代谢作用较强(Zhu et al.,2008a);②高 $\Delta^{13}C$ 基因型往往叶片水分条件较好(Merah et al.,2001d;Zhu et al.,2008b),有利于保持较大的气孔开度和较高的净光合速率。根据银川试验点 3 年田间土壤含水量的结果,分蘖期或拔节期土壤含水量最高,然后开始下降,到成熟期达到最低点。高籽粒 $\Delta^{13}C$ 或高基部茎秆 $\Delta^{13}C$ 的基因型灌浆前期水溶性碳水化合物的含量亦较高,说明高 $\Delta^{13}C$ 小麦基因型能够充分利用早期的较有利条件并且在开花后较短的时间内快速地积累碳水化合物。

我们发现,可溶性碳水化合物的转运效率与籽粒产量、开花期旗叶 $\Delta^{13}C$、成熟期籽粒 $\Delta^{13}C$ 及灌浆期基部茎秆 $\Delta^{13}C$ 均呈显著正相关,这就直接地证明了高 $\Delta^{13}C$ 基因型向籽粒转运物质的效率较高。籽粒 $\Delta^{13}C$ 及基部茎秆 $\Delta^{13}C$ 与成熟期比茎秆重之间的显著负相关也从另一个侧面支持了这一点。分辨率分馏现象不仅发生在碳固定过程而且发生在光合作用后的生理代谢过程(Badeck et al.,2005),Gebbing 和 Schnyder(2001)通过跟踪不同中间代谢产物碳同位素组成的变化研究了小麦穗部呼出 $CO_2$ 的再固定现象。Badeck 等(2005)用大量数据证明了叶片中 $^{13}C$ 比例要比其他器官低,暗示在光合作用后的生理生化代谢过程可以改变植物器官中的同位素组成值,使不同器官具有不同碳同位素组成。很多文献讨论了叶片中 $^{13}C$ 比例低的原因。主要包含:①植物将光合产物向韧皮部的装载过程或运输过程对碳同位素的分馏作用,导致自养器官中的 $^{13}C$ 比其他器官少(Bathellier et al.,2008;Gessler et al.,2008)。②呼吸作用过程所发生的分馏也会使自养器官中 $^{13}C$ 比例降低,异养器官中 $^{13}C$ 比例升高(Badeck et al.,2005;Bathellier et al.,2008)③植物器官中不同的组分也会有不同的同位素组成,植物组织中 $^{13}C$ 比值与淀粉、蔗糖及可溶性碳水化合物组成相比要低(Ocheltree and Marshall,2004),植物器官中较多可溶性碳水化合物的运出必然会使其余部分的 $^{13}C$ 比例降低,而使 $\Delta^{13}C$ 升高。

由以上的分析可以总结出以下结论：从茎秆向籽粒转运碳水化合物效率的基因型差异会导致茎秆碳同位素组成上的差异。对于我们的试验而言，富含 $^{13}C$ 同位素较多的碳水化合物从茎秆中转运出去的越多，茎秆剩余部分 $^{13}C$ 同位素的比例就越低，相反，$\Delta^{13}C$ 就越高。Ehdaie 等（2006b）报道，小麦基部节间水溶性碳水化合物的最高含量比其他节间高，然而基部节间贮存的水溶性碳水化合物向外转运的速度却高于其他节间，说明基部节间在碳水化合物贮存和籽粒灌浆等方面都起着非常重要的作用。基于上述分析及阐述，我们可以得出一个结论，即较高的成熟期基部茎秆 $\Delta^{13}C$（$^{13}C/^{12}C$ 值低）能够反映出小麦基因型从茎秆向籽粒转运碳水化合物的效率较高（Ehdaie et al.，2006b）。

很多研究发现，植物呼出的 $CO_2$ 中的碳同位素组成与底物有显著差异（Ocheltree and Marshall，2004），因此，不可否认，茎秆的 $\Delta^{13}C$ 也可能与呼吸作用有关，但呼吸作用对茎秆 $\Delta^{13}C$ 影响的程度取决于从茎秆呼出的 $CO_2$ 的碳同位素组成与底物碳同位素组成间的差异。Bathellier 等（2008）研究了一种法国大豆 22 日龄根、茎、叶所呼出的 $CO_2$ 的碳同位素组成，发现这 3 种器官所呼出的 $CO_2$ $\delta^{13}C$ 值显著不同。叶片呼出的 $CO_2$ 明显富含 $^{13}C$，其 $\delta^{13}C$ 值可达–20.5‰；而根系呼出的 $CO_2$ 显著缺乏 $^{13}C$，其 $\delta^{13}C$ 值可达–29.1‰；茎秆呼出的 $CO_2$ 具有与底物相似的碳同位素组成，其 $\delta^{13}C$ 值（–23.3‰）与茎秆的相差不大，这就证明茎秆的呼吸作用不会显著地改变其组织的碳同位素组成。另外，在作物进入灌浆中后期时，茎秆的生理生化反应逐渐减慢，并走向衰老，各基因型的呼吸速率会比较低。向籽粒进行运输营养物质是小麦这一时期的主要任务，茎秆中碳水化合物的减少主要是由于籽粒灌浆引起的，呼吸作用所损失的碳只占茎秆总碳损失的一小部分，呼吸作用更不会是决定茎秆碳同位组成的因素，而碳水化合物的转运应是茎秆碳同位组成的决定性因素，茎秆中碳水化合物向籽粒高效率地运输会导致更高的茎秆 $\Delta^{13}C$。由于成熟期基部茎秆的结构物质主要是利用生长早期光合产物合成的，早期光合产物积累速率高的基因型会利用更多的高 $\Delta^{13}C$ 物质合成结构物质；同时，在灌浆期茎秆中非结构性碳水化合物向籽粒的运输会增加结构性碳水化合物在茎秆组织中的比例，这两个因素都会使基部茎秆的 $\Delta^{13}C$ 升高，换句话，小麦基因型较高的基部茎秆 $\Delta^{13}C$ 反映了其高的早期碳同化效率及晚期的碳转运效率。这个特性对于提高生长在宁夏中部灌区（花后胁迫类型）的春小麦籽粒产量来说是十分有利的。综上所述，可以得出结论：小麦成熟期基部茎秆 $\Delta^{13}C$ 是一个非常好的指标，它反映了植株早期干物质的积累速率及灌浆期茎秆中贮藏的碳水化合物向籽粒转运的效率，可以作为籽粒产量间接替代指标用于小麦育种项目中。

## 第四节　$\Delta^{13}C$ 在小麦节水高产后代选育中的应用

### 一、宁夏不同生态区基于 $\Delta^{13}C$ 的亲本选择及杂交后代群体的构建

根据田间试验对 20 个基因型 $\Delta^{13}C$ 的测定结果，于 2004 年冬季选择 $\Delta^{13}C$ 差异较大的基因型在温室做了 3 种类型的杂交：高 $\Delta^{13}C$×高 $\Delta^{13}C$、高 $\Delta^{13}C$×低 $\Delta^{13}C$、低 $\Delta^{13}C$×低 $\Delta^{13}C$。每种类型组合 5～10 个。并于 2005 年夏季和冬季分别在大田和温室中加繁两代。

2006年,分别在雨养条件(固原)和有限灌溉(银川)条件下,根据田间表现,从每个类型中各选出一个生长表现好的组合、每个组合选 50 个单株共计 150 个单株在 2007 构建 F4 代群体;2007 年,分别在雨养条件(固原)和有限灌溉(银川)条件下,种植 2006 年筛选出的 3 种杂交类型的株系 150 个,每个组合各 50 个株系,每个株系种一行。在 2007 年夏季收获后,又于秋冬季在云南进行了南繁加代。

根据 F5 代在云南的田间表现,在 2008 年将两个组合:'永 3119' × 03S111(高 $\Delta^{13}C$ × 高 $\Delta^{13}C$)和'宁春 4' × '宁春 27'(高 $\Delta^{13}C$ × 低 $\Delta^{13}C$)的后代中较矮的株系种在银川,共获得 101 个 $F_6$ 株系;将'宁春 4' × '宁春 27'(高 $\Delta^{13}C$ × 低 $\Delta^{13}C$)和'宁春 32' × '宁春 27'(低 $\Delta^{13}C$ × 低 $\Delta^{13}C$)中较高的株系种在固原,共获得 99 个 $F_6$ 代株系。

## 二、宁夏不同生态区 3 个杂交类型后代品系旗叶 $\Delta^{13}C$ 及籽粒 $\Delta^{13}C$ 的表现

根据表 2-24~表 2-26,银川试验点 2008 年高 $\Delta^{13}C$ × 高 $\Delta^{13}C$ 组合的 $F_6$ 代旗叶 $\Delta^{13}C$ 及籽粒 $\Delta^{13}C$ 均比高 $\Delta^{13}C$ × 低 $\Delta^{13}C$ 组合的 $F_6$ 代高。高 $\Delta^{13}C$ × 高 $\Delta^{13}C$ 组合 $F_6$ 代旗叶 $\Delta^{13}C$ 及籽粒 $\Delta^{13}C$ 平均值与它们的亲本平均值比较接近,而高 $\Delta^{13}C$ × 低 $\Delta^{13}C$ 组合 $F_6$ 代旗叶 $\Delta^{13}C$ 及籽粒 $\Delta^{13}C$ 平均值则高于其低 $\Delta^{13}C$ 亲本平均值。

表 2-24　银川试验点两个杂交组合亲本的旗叶 $\Delta^{13}C$ 和籽粒 $\Delta^{13}C$(‰)

| 亲本 | | 旗叶 $\Delta^{13}C$ | 籽粒 $\Delta^{13}C$ |
|---|---|---|---|
| '永 3119' × 03S111(高 $\Delta^{13}C$ × 高 $\Delta^{13}C$) | '永 3119' | 20.65 | 18.20 |
| | 03S111 | 20.51 | 18.37 |
| | 平均值 | 20.58 | 18.28 |
| '宁春 4' × '宁春 27'(高 $\Delta^{13}C$ × 低 $\Delta^{13}C$) | '宁春 4' | 20.50 | 18.72 |
| | '宁春 27' | 19.33 | 16.82 |
| | 平均值 | 19.91 | 17.77 |

表 2-25　银川试验点两个杂交组合 $F_6$ 代的旗叶 $\Delta^{13}C$ 和籽粒 $\Delta^{13}C$(‰)

| '永 3119' × 03S111(高 $\Delta^{13}C$ × 高 $\Delta^{13}C$) | | | '宁春 4' × '宁春 27'(高 $\Delta^{13}C$ × 低 $\Delta^{13}C$) | | |
|---|---|---|---|---|---|
| 编号 | 旗叶 $\Delta^{13}C$ | 籽粒 $\Delta^{13}C$ | 编号 | 旗叶 $\Delta^{13}C$ | 籽粒 $\Delta^{13}C$ |
| 3 | 21.15 | 18.84 | 59 | 20.64 | 17.70 |
| 4 | 20.55 | 18.41 | 60 | 20.60 | 17.84 |
| 5 | 20.69 | 18.40 | 61 | 20.36 | 17.76 |
| 6 | 21.17 | 18.57 | 62 | 20.67 | 17.92 |
| 7 | 20.49 | 18.32 | 63 | 20.39 | 18.07 |
| 8 | 20.58 | 18.38 | 64 | 20.62 | 18.48 |
| 9 | 20.78 | 18.59 | 65 | 20.51 | 18.34 |
| 10 | 20.59 | 18.02 | 66 | 20.28 | 18.80 |
| 11 | 20.46 | 18.46 | 67 | 20.32 | 18.20 |
| 12 | 20.92 | 18.59 | 68 | 20.90 | 17.97 |
| 13 | 20.67 | 18.46 | 69 | 20.79 | 18.59 |
| 14 | 20.62 | 18.44 | 70 | 20.89 | 18.66 |
| 15 | 20.44 | 18.23 | 71 | 21.04 | 18.20 |
| 16 | 20.90 | 17.72 | 72 | 20.53 | 18.08 |

续表

| '永3119'×03S111（高$\Delta^{13}C$×高$\Delta^{13}C$） | | | '宁春4'×'宁春27'（高$\Delta^{13}C$×低$\Delta^{13}C$） | | |
|---|---|---|---|---|---|
| 编号 | 旗叶$\Delta^{13}C$ | 籽粒$\Delta^{13}C$ | 编号 | 旗叶$\Delta^{13}C$ | 籽粒$\Delta^{13}C$ |
| 17 | 20.37 | 18.13 | 73 | 20.25 | 18.34 |
| 18 | 21.05 | 18.47 | 74 | 20.25 | 18.19 |
| 19 | 20.46 | 18.30 | 75 | 20.83 | 18.02 |
| 20 | 20.73 | 18.46 | 76 | 20.53 | 18.07 |
| 21 | 20.82 | 18.47 | 77 | 20.68 | 18.09 |
| 22 | 20.72 | 18.71 | 78 | 20.01 | 18.29 |
| 23 | 20.92 | 18.75 | 79 | 20.78 | 18.28 |
| 24 | 20.74 | 18.11 | 80 | 21.17 | 18.22 |
| 25 | 20.92 | 18.36 | 81 | 20.58 | 17.77 |
| 28 | 20.65 | 18.15 | 82 | 20.59 | 17.70 |
| 29 | 20.65 | 18.34 | 85 | 20.47 | 17.91 |
| 30 | 20.37 | 18.27 | 86 | 20.91 | 17.88 |
| 31 | 20.55 | 19.16 | 87 | 20.71 | 17.70 |
| 32 | 20.59 | 18.20 | 88 | 20.48 | 18.08 |
| 33 | 20.49 | 17.66 | 89 | 20.40 | 17.60 |
| 34 | 20.65 | 18.38 | 90 | 20.30 | 17.76 |
| 35 | 20.37 | 18.38 | 91 | 20.14 | 18.25 |
| 36 | 20.41 | 18.68 | 92 | 20.49 | 18.25 |
| 37 | 20.21 | 18.32 | 93 | 20.29 | 17.96 |
| 38 | 20.58 | 18.95 | 94 | 20.51 | 17.81 |
| 39 | 20.54 | 18.21 | 95 | 20.73 | 17.51 |
| 40 | 21.03 | 18.09 | 96 | 21.34 | 17.79 |
| 41 | 20.35 | 18.49 | 97 | 20.55 | 17.99 |
| 42 | 20.55 | 18.33 | 98 | 20.70 | 17.85 |
| 43 | 20.66 | 17.58 | 99 | 21.05 | 18.17 |
| 44 | 21.81 | 18.15 | 100 | 20.59 | 17.08 |
| 45 | 20.40 | 18.27 | 101 | 20.18 | 17.12 |
| 46 | 20.69 | 18.07 | 102 | 20.64 | 17.22 |
| 47 | 20.37 | 18.55 | 103 | 20.29 | 17.83 |
| 48 | 20.59 | 18.06 | 104 | 20.21 | 17.68 |
| 49 | 21.54 | 17.91 | 105 | 20.45 | 17.94 |
| 50 | 20.47 | 18.17 | 106 | 20.24 | 17.65 |
| 51 | 20.34 | 17.99 | 107 | 19.78 | 18.01 |
| 52 | 20.73 | 17.94 | 108 | 20.64 | 17.24 |
| 53 | 20.40 | 17.63 | 109 | 20.43 | 18.33 |
| 54 | 20.45 | 18.16 | 110 | 20.05 | 18.23 |
| | | | 111 | 20.72 | 18.12 |
| 平均值 | 20.66a | 18.31a | | 20.54b | 17.97b |
| 最大值 | 21.81 | 19.16 | | 21.34 | 18.80 |
| 最小值 | 20.21 | 17.58 | | 19.78 | 17.08 |

表 2-26　银川试验点两个杂交组合 F₆ 代的旗叶 $\Delta^{13}C$ 和籽粒 $\Delta^{13}C$ 方差分析结果

| | F 值 | |
|---|---|---|
| | 旗叶 $\Delta^{13}C$ | 籽粒 $\Delta^{13}C$ |
| 基因型间 | 1.72* （df=49） | 1.17（df=49） |
| 组合间 | 6.09*（df=1） | 26.18***（df=1） |

由表 2-27～表 2-29 可知，在固原试验点，高 $\Delta^{13}C$×低 $\Delta^{13}C$ 组合的 F₆ 代籽粒 $\Delta^{13}C$ 及基部茎秆 $\Delta^{13}C$ 比低 $\Delta^{13}C$×低 $\Delta^{13}C$ 组合的 F₆ 代稍低。高 $\Delta^{13}C$×低 $\Delta^{13}C$ 组合的 F₆ 代籽粒 $\Delta^{13}C$ 比其亲本平均值低，而籽粒 $\Delta^{13}C$ 平均值比其亲本平均值高；该组合的 F₆ 代 $\Delta^{13}C$ 平均值介于高值亲本和低值亲本之间。低 $\Delta^{13}C$×低 $\Delta^{13}C$ 组合的 F₆ 代籽粒 $\Delta^{13}C$ 及基部茎秆 $\Delta^{13}C$ 平均值均比其亲本的高。

表 2-27　固原试验点两个杂交组合亲本籽粒 $\Delta^{13}C$ 和基部茎秆 $\Delta^{13}C$（‰）

| 亲本 | | 旗叶 $\Delta^{13}C$ | 籽粒 $\Delta^{13}C$ |
|---|---|---|---|
| | '宁春 4' | 16.24 | 19.60 |
| '宁春 4'דFriend宁春 27'（高 $\Delta^{13}C$ × 低 $\Delta^{13}C$） | '宁春 27' | 15.63 | 18.35 |
| | 平均值 | 15.94 | 18.98 |
| | '宁春 32' | 15.90 | 17.67 |
| '宁春 32'×'宁春 27'（低 $\Delta^{13}C$ × 低 $\Delta^{13}C$） | '宁春 27' | 15.63 | 18.35 |
| | 平均值 | 15.77 | 18.01 |

表 2-28　固原试验点两个杂交组合的 F₆ 代籽粒 $\Delta^{13}C$ 和基部茎秆 $\Delta^{13}C$（‰）

| | '宁春 4' × '宁春 27'（高 $\Delta^{13}C$ × 低 $\Delta^{13}C$） | | | | | | | | '宁春 32' × '宁春 27'（低 $\Delta^{13}C$ × 低 $\Delta^{13}C$） | | |
|---|---|---|---|---|---|---|---|---|---|---|---|
| 编号 | 籽粒 $\Delta^{13}C$ | 基部茎秆 $\Delta^{13}C$ | 编号 | 籽粒 $\Delta^{13}C$ | 基部茎秆 $\Delta^{13}C$ | 编号 | 籽粒 $\Delta^{13}C$ | 基部茎秆 $\Delta^{13}C$ | 编号 | 籽粒 $\Delta^{13}C$ | 基部茎秆 $\Delta^{13}C$ |
| 1 | 16.25 | 19.10 | 26 | 16.50 | 18.43 | 51 | 15.75 | 19.01 | 76 | 16.60 | 19.34 |
| 2 | 16.44 | 18.41 | 27 | 16.63 | 18.93 | 52 | 16.01 | 17.83 | 77 | 15.36 | 18.79 |
| 3 | 15.98 | 19.27 | 28 | 16.16 | 19.28 | 53 | 15.58 | 18.30 | 78 | 16.12 | 18.61 |
| 4 | 16.26 | 19.08 | 29 | 15.87 | 18.62 | 54 | 16.32 | 19.40 | 79 | 15.83 | 17.99 |
| 5 | 15.55 | 18.32 | 30 | 15.94 | 19.07 | 55 | 16.04 | 18.80 | 80 | 16.42 | 18.51 |
| 6 | 16.23 | 18.21 | 31 | 17.19 | 18.68 | 56 | 16.06 | 18.37 | 81 | 16.61 | 18.41 |
| 7 | 16.26 | 17.94 | 32 | 16.44 | 18.41 | 57 | 16.36 | 18.23 | 82 | 15.55 | 18.81 |
| 8 | 15.66 | 18.40 | 33 | 16.08 | 18.38 | 58 | 16.11 | 18.12 | 83 | 16.16 | 18.10 |
| 9 | 15.62 | 18.64 | 34 | 16.64 | 18.72 | 59 | 16.36 | 17.94 | 84 | 16.60 | 18.18 |
| 10 | 16.04 | 17.99 | 35 | 15.75 | 18.65 | 60 | 16.31 | 18.50 | 85 | 16.46 | 17.76 |
| 11 | 15.54 | 18.01 | 36 | 16.23 | 18.80 | 61 | 16.83 | 17.96 | 86 | 16.12 | 18.44 |
| 12 | 16.62 | 18.32 | 37 | 16.24 | 19.20 | 62 | 16.95 | 17.63 | 87 | 16.42 | 18.65 |
| 13 | 16.05 | 18.73 | 38 | 15.80 | 18.54 | 63 | 17.93 | 18.94 | 88 | 17.09 | 18.82 |
| 14 | 16.31 | 18.34 | 39 | 15.98 | 19.20 | 64 | 17.14 | 18.57 | 89 | 17.03 | 17.82 |
| 15 | 16.29 | 18.80 | 40 | 15.90 | 18.09 | 65 | 16.88 | 18.38 | 90 | 16.94 | 18.33 |
| 16 | 16.30 | 18.59 | 41 | 15.95 | 18.69 | 66 | 17.50 | 18.68 | 91 | 16.95 | 18.82 |
| 17 | 16.18 | 18.44 | 42 | 16.08 | 19.27 | 67 | 17.71 | 18.16 | 92 | 17.13 | 18.87 |

续表

| '宁春4' × '宁春27'（高 $\Delta^{13}C$ × 低 $\Delta^{13}C$） | | | | | | '宁春32' × '宁春27'（低 $\Delta^{13}C$ × 低 $\Delta^{13}C$） | | | | | |
| --- | --- | --- | --- | --- | --- | --- | --- | --- | --- | --- | --- |
| 编号 | 籽粒 $\Delta^{13}C$ | 基部茎秆 $\Delta^{13}C$ | 编号 | 籽粒 $\Delta^{13}C$ | 基部茎秆 $\Delta^{13}C$ | 编号 | 籽粒 $\Delta^{13}C$ | 基部茎秆 $\Delta^{13}C$ | 编号 | 籽粒 $\Delta^{13}C$ | 基部茎秆 $\Delta^{13}C$ |
| 18 | 15.81 | 18.50 | 43 | 16.10 | 18.14 | 68 | 16.60 | 18.85 | | | |
| 19 | 15.91 | 19.01 | 44 | 16.41 | 19.14 | 69 | 16.28 | 19.53 | | | |
| 20 | 16.19 | 18.30 | 45 | 16.74 | 18.25 | 70 | 16.87 | 19.35 | | | |
| 21 | 16.58 | 18.32 | 46 | 15.91 | 18.46 | 71 | 16.38 | 19.50 | | | |
| 22 | 16.39 | 18.49 | 47 | 16.31 | 18.51 | 72 | 16.02 | 19.55 | | | |
| 23 | 15.74 | 18.74 | 48 | 16.50 | 18.45 | 73 | 15.45 | 19.31 | | | |
| 24 | 15.89 | 18.33 | 49 | 16.49 | 17.91 | 74 | 15.52 | 18.87 | | | |
| 25 | 16.00 | 18.24 | 50 | 15.59 | 18.79 | 75 | 16.41 | 18.56 | | | |
| 平均值 | 16.15b | 18.58a | | | | | 16.45b | 18.59a | | | |
| 最大值 | 17.19 | 19.28 | | | | | 17.93 | 19.55 | | | |
| 最小值 | 15.54 | 17.91 | | | | | 15.45 | 17.63 | | | |

表 2-29　固原试验点两个杂交组合 $F_6$ 代的籽粒 $\Delta^{13}C$ 和基部茎秆 $\Delta^{13}C$ 方差分析结果

| | $F$ 值 | |
| --- | --- | --- |
| | 籽粒 $\Delta^{13}C$ | 基部茎秆 $\Delta^{13}C$ |
| 基因型间 | 1.34（$df$=49） | 1.04（$df$=49） |
| 组合间 | 0.06（$df$=1） | 9.12（$df$=1） |

## 三、宁夏不同生态区 3 个杂交类型后代品系籽粒产量的表现

由表 2-30～表 2-32 可知，银川试验点高 $\Delta^{13}C$×高 $\Delta^{13}C$ 组合的 52 个 $F_6$ 代株系中有 2 个籽粒产量超过了高产亲本 10% 以上，5 个株系籽粒产量超过低产亲本 20% 以上。对于高 $\Delta^{13}C$×低 $\Delta^{13}C$ 组合的 53 个 $F_6$ 代株系中有 7 个籽粒产量超过高产亲本 20% 以上，17 个株系超过低产亲本 30% 以上。

表 2-30　银川试验点两个杂交组合亲本的籽粒产量

| | 亲本 | 籽粒产量/（kg/hm²） |
| --- | --- | --- |
| '永 3119' × 03S111（高 $\Delta^{13}C$ × 高 $\Delta^{13}C$） | '永 3119' | 5663.5 |
| | 03S111 | 6487.5 |
| | 平均值 | 6075.5 |
| '宁春4' × '宁春27'（高 $\Delta^{13}C$ × 低 $\Delta^{13}C$） | '宁春4' | 4814.4 |
| | '宁春27' | 5571.3 |
| | 平均值 | 5192.85 |

由表 2-33～表 2-35 可知，在固原试验点，对于高 $\Delta^{13}C$×低 $\Delta^{13}C$ 组合的 49 个 $F_6$ 代株系中有 5 个，即编号 65、67、68、94 和 99 的籽粒产量超过了高产亲本。而低 $\Delta^{13}C$×低 $\Delta^{13}C$ 组合的 $F_6$ 代株系均未超过其高产亲本。

表 2-31　银川试验点两个杂交组合 $F_6$ 代的籽粒产量（kg/hm²）

| '永 3119' × 03S111（高 $\Delta^{13}C$ × 高 $\Delta^{13}C$） | | | | '宁春 4' × '宁春 27'（高 $\Delta^{13}C$ × 低 $\Delta^{13}C$） | | | |
|---|---|---|---|---|---|---|---|
| 编号 | 籽粒产量 | 编号 | 籽粒产量 | 编号 | 籽粒产量 | 编号 | 籽粒产量 |
| 3 | 6887.8 | 30 | 6004.2 | 59 | 4901.1 | 86 | 5969.7 |
| 4 | 5468.3 | 31 | 5524.2 | 60 | 5553.1 | 87 | 7720.6 |
| 5 | 5983.9 | 32 | 6553.3 | 61 | 5529.4 | 88 | 5506.4 |
| 6 | 5521.4 | 33 | 5986.9 | 62 | 6202.8 | 89 | 5229.7 |
| 7 | 4432.2 | 34 | 5541.4 | 63 | 6190.3 | 90 | 5807.5 |
| 8 | 6280.0 | 35 | 6709.7 | 64 | 6119.4 | 91 | 6407.5 |
| 9 | 5046.7 | 36 | 6060.3 | 65 | 5717.5 | 92 | 6405.3 |
| 10 | 5561.4 | 37 | 6303.6 | 66 | 5612.5 | 93 | 6157.5 |
| 11 | 4748.9 | 38 | 6646.4 | 67 | 5555.8 | 94 | 6262.2 |
| 12 | 5524.4 | 39 | 6061.1 | 68 | 5253.3 | 95 | 6381.4 |
| 13 | 5701.1 | 40 | 4121.9 | 69 | 5920.3 | 96 | 5565.3 |
| 14 | 7764.4 | 41 | 6183.9 | 70 | 7710.0 | 97 | 4773.9 |
| 15 | 5170.3 | 42 | 6820.6 | 71 | 6491.7 | 98 | 6739.2 |
| 16 | 4869.7 | 43 | 6036.1 | 72 | 5381.4 | 99 | 5392.8 |
| 17 | 5333.3 | 44 | 6100.8 | 73 | 6404.7 | 100 | 6307.8 |
| 18 | 5961.4 | 45 | 5516.9 | 74 | 6564.2 | 101 | 4441.9 |
| 19 | 8718.6 | 46 | 6002.2 | 75 | 5456.9 | 102 | 6009.7 |
| 20 | 6362.8 | 47 | 6076.9 | 76 | 6953.3 | 103 | 5966.7 |
| 21 | 6301.4 | 48 | 6057.9 | 77 | 6448.9 | 104 | 6942.8 |
| 22 | 6667.2 | 49 | 6156.9 | 78 | 5889.2 | 105 | 4797.8 |
| 23 | 6427.5 | 50 | 5381.9 | 79 | 5680.3 | 106 | 4853.1 |
| 24 | 5535.6 | 51 | 7105.8 | 80 | 3960.8 | 107 | 5810.0 |
| 25 | 5857.8 | 52 | 4849.4 | 81 | 6024.7 | 108 | 6728.3 |
| 28 | 5696.7 | 53 | 5677.8 | 82 | 6200.6 | 109 | 5352.5 |
| 29 | 5991.1 | 54 | 2584.4 | 85 | 6581.7 | 110 | 5245.8 |
| | | | | | | 111 | 7305.6 |
| 平均值 | | 5877.6a | | | | 5929.1a | |
| 最大值 | | 8718.6 | | | | 7720.6 | |
| 最小值 | | 2584.4 | | | | 3960.8 | |

表 2-32　银川试验点两个杂交组合的 $F_6$ 代籽粒产量的方差分析结果

| | $F$ 值 |
|---|---|
| 基因型间 | 1.44（$df$=49） |
| 组合间 | 0.03（$df$=1） |

表 2-33　固原试验点两个杂交组合亲本的籽粒产量

| 亲本 | | 籽粒产量/（kg/hm²） |
|---|---|---|
| '宁春 32' × '宁春 27'（低 $\Delta^{13}C$ × 低 $\Delta^{13}C$） | '宁春 27' | 2500.0 |
| | '宁春 32' | 1888.9 |
| | 平均值 | 2194.4 |

| 亲本 | | 籽粒产量/（kg/hm²） |
|---|---|---|
| '宁春4'דˋ宁春27' （高 $\Delta^{13}C$ × 低 $\Delta^{13}C$） | '宁春4' | 2055.6 |
| | '宁春27' | 2500.0 |
| | 平均值 | 2277.8 |

**表 2-34　固原试验点两个杂交组合的 $F_6$ 代及其亲本的籽粒产量表现（kg/hm²）**

| '宁春32'דˋ宁春27' （低 $\Delta^{13}C$ × 低 $\Delta^{13}C$） | | '宁春4'דˋ宁春27' （高 $\Delta^{13}C$ × 低 $\Delta^{13}C$） | | | |
|---|---|---|---|---|---|
| 编号 | 籽粒产量 | 编号 | 籽粒产量 | 编号 | 籽粒产量 | 编号 | 籽粒产量 |
| 1 | 1750.0 | 26 | 1055.6 | 51 | 2444.4 | 76 | 1944.4 |
| 2 | 2000.0 | 27 | 1805.6 | 52 | 1888.9 | 77 | 2055.6 |
| 3 | 1944.4 | 28 | 1694.4 | 53 | 1750.0 | 78 | 1722.2 |
| 4 | 1555.6 | 29 | 2166.7 | 54 | 1805.6 | 79 | 1472.2 |
| 5 | 1666.7 | 30 | 1833.3 | 55 | 1777.8 | 80 | 1361.1 |
| 6 | 2166.7 | 31 | 2166.7 | 56 | 2138.9 | 81 | 1638.9 |
| 7 | 1750.0 | 32 | 1472.2 | 57 | 2416.7 | 82 | 1694.4 |
| 8 | 2055.6 | 33 | 2000.0 | 58 | 1361.1 | 83 | 2277.8 |
| 9 | 1944.4 | 34 | 1944.4 | 59 | 2083.3 | 84 | 1833.3 |
| 10 | 1722.2 | 35 | 2111.1 | 60 | 2055.6 | 85 | 1694.4 |
| 11 | 1861.1 | 36 | 1277.8 | 61 | 2138.9 | 86 | 1333.3 |
| 12 | 1527.8 | 37 | 2083.3 | 62 | 1972.2 | 87 | 1666.7 |
| 13 | 1444.4 | 38 | 1944.4 | 63 | 1361.1 | 88 | 1750.0 |
| 14 | 1944.4 | 39 | 2194.4 | 64 | 1888.9 | 89 | 1527.8 |
| 15 | 1666.7 | 40 | 2083.3 | 65 | 2650.6 | 90 | 1833.3 |
| 16 | 1500.0 | 41 | 1638.9 | 66 | 2111.1 | 91 | 1666.7 |
| 17 | 1833.3 | 42 | 1694.4 | 67 | 2600.7 | 92 | 1333.3 |
| 18 | 2000.0 | 43 | 1888.9 | 68 | 2800.6 | 93 | 2055.6 |
| 19 | 1805.6 | 44 | 1833.3 | 69 | 1861.1 | 94 | 2722.2 |
| 20 | 1750.0 | 45 | 1416.7 | 70 | 2111.1 | 95 | 1055.6 |
| 21 | 1750.0 | 46 | 1694.4 | 71 | 1861.1 | 96 | 2027.8 |
| 22 | 1861.1 | 47 | 1750.0 | 72 | 2055.6 | 97 | 2305.6 |
| 23 | 1611.1 | 48 | 1500.0 | 73 | 1972.2 | 98 | 2138.9 |
| 24 | 1666.7 | 49 | 1222.2 | 74 | 2166.7 | 99 | 2650.2 |
| 25 | 1444.4 | 50 | 1055.6 | 75 | 2305.6 | | |
| 平均值 | | 1755.0b | | | | 1945.7a | |
| 最大值 | | 2194.4 | | | | 2800.6 | |
| 最小值 | | 1055.6 | | | | 1055.6 | |

**表 2-35　固原试验点两个杂交组合 $F_6$ 代籽粒产量的方差分析结果**

| | $F$ 值 |
|---|---|
| 基因型间 | 0.92（*df*=49） |
| 组合间 | 6.58*（*df*=1） |

## 四、宁夏不同生态区 3 个杂交类型后代品系 $\Delta^{13}C$ 与籽粒产量的关系

根据表 2-36，在银川试验点，高 $\Delta^{13}C$×高 $\Delta^{13}C$ 组合的 $F_6$ 代籽粒 $\Delta^{13}C$ 与籽粒产量呈极显著正相关，高 $\Delta^{13}C$×低 $\Delta^{13}C$ 组合的 $F_6$ 代旗叶 $\Delta^{13}C$ 与籽粒产量显著正相关。在固原试验点，低 $\Delta^{13}C$×低 $\Delta^{13}C$ 组合的 $F_6$ 代籽粒 $\Delta^{13}C$ 和基部茎秆 $\Delta^{13}C$ 与籽粒产量有负相关趋势，高 $\Delta^{13}C$×低 $\Delta^{13}C$ 组合的籽粒 $\Delta^{13}C$ 和基部茎秆 $\Delta^{13}C$ 与籽粒产量正相关。

表 2-36　固原及银川试验点 $F_6$ 代籽粒产量及 $\Delta^{13}C$ 的相关性

|  | 籽粒产量 | | | |
| --- | --- | --- | --- | --- |
|  | 银川'永3119'×03S111（高 $\Delta^{13}C$ × 高 $\Delta^{13}C$） | 银川'宁春4'×'宁春27'（高 $\Delta^{13}C$ × 低 $\Delta^{13}C$） | 固原'宁春32'×'宁春27'（低 $\Delta^{13}C$ × 低 $\Delta^{13}C$） | 固原'宁春4'×'宁春27'（高 $\Delta^{13}C$ × 低 $\Delta^{13}C$） |
| 旗叶 $\Delta^{13}C$ | 0.136 | 0.270* |  |  |
| 籽粒 $\Delta^{13}C$ | 0.408** | −0.046 | −0.125 | −0.006 |
| 基部茎秆 $\Delta^{13}C$ |  |  | 0.106 | 0.040 |

## 五、讨论与结论

在银川试验点，$F_6$ 代的旗叶 $\Delta^{13}C$ 和籽粒 $\Delta^{13}C$ 与籽粒产量呈显著正相关。高 $\Delta^{13}C$×高 $\Delta^{13}C$ 组合的 $F_6$ 代旗叶 $\Delta^{13}C$ 和籽粒 $\Delta^{13}C$ 比高 $\Delta^{13}C$×低 $\Delta^{13}C$ 组合的 $F_6$ 代的高，前者的籽粒产量也比后者高。高 $\Delta^{13}C$ 后代出现在高 $\Delta^{13}C$×高 $\Delta^{13}C$ 组合中，说明 $\Delta^{13}C$ 的遗传力较高。同时也暗示在宁夏中部灌区，高 $\Delta^{13}C$ 是育种选择的目标，因为在花后胁迫条件下高 $\Delta^{13}C$ 基因型与低 $\Delta^{13}C$ 基因型相比有一系列的优势，前面已详细探讨这一问题，这里不再赘述。

在固原试验点，高 $\Delta^{13}C$×低 $\Delta^{13}C$ 组合的 $F_6$ 代 $\Delta^{13}C$ 介于高值亲本和低值亲本之间，而低 $\Delta^{13}C$×低 $\Delta^{13}C$ 组合的 $F_6$ 代籽粒 $\Delta^{13}C$ 及基部茎秆 $\Delta^{13}C$ 均比其亲本的高。在低 $\Delta^{13}C$×低 $\Delta^{13}C$ 组合 $F_6$ 代株系中，籽粒产量没有超过其亲本的，而在高 $\Delta^{13}C$×低 $\Delta^{13}C$ 组合的 $F_6$ 代中发现有一些株系的籽粒产量超过其高产亲本。同时，高 $\Delta^{13}C$×低 $\Delta^{13}C$ 组合中各株系的籽粒产量变异较大，籽粒产量最高值与最低值的差值达到 1745kg/hm²，而低 $\Delta^{13}C$×低 $\Delta^{13}C$ 组合中各株系籽粒产量变异较小，籽粒产量最高值与最低值的差值为 1138.8kg/hm²。这说明在固原雨养条件育成的低 $\Delta^{13}C$ 基因型与在灌区育成的高 $\Delta^{13}C$ 基因型杂交产生的后代在籽粒产量性状方面变异较大，有可能从中选出高产后代品系。

### 主要参考文献

曹恭, 梁鸣早. 2003. 钙——平衡栽培体系中植物必需的中量元素. 土壤肥料, (2): 48-49.
潘瑞炽, 董愚得. 1995. 植物生理学. 北京: 高等教育出版社.
山仑, 陈国良. 1993. 黄土高原旱地农业的理论与实践. 北京: 科学出版社: 551-554.
汪洪, 褚天铎. 1999. 植物镁素营养的研究进展. 植物学通报, 16(3): 245-250.
信忠保, 谢志仁. 2005. 宁夏气候变化对 ENSO 事件的响应. 干旱区地理, 28(2): 239-243.

许仙菊, 陈明昌, 张强, 等. 2004. 土壤与植物中钙营养的研究进展. 山西农业科学, 32(1): 33-38.
Ansari R, Naqvi S S M, Khanzada A N, et al. 1998. Carbon isotope discrimination in wheat under saline conditions. Pakistan Journal of Botany, 30(1): 87-93.
Araus J L, Amaro T, Casadesus J, et al. 1998. Relationships between ash content, carbon isotope discrimination and yield in durum wheat. Australian Journal of Plant Physiology, 25(7): 835-842.
Araus J L, Amaro T, Zuhair Y, et al. 1997. Effect of leaf structure and water status on carbon isotope discrimination in field-grown durum wheat. Plant, Cell and Environment, 20(12): 1484-1494.
Badeck F W, Tcherkez G, Nogues S, et al. 2005. Post-photosynthetic fractionation of stable carbon isotopes between plant organs: a widespread phenomenon. Rapid Communications in Mass Spectrometry, 19(11): 1381-1391.
Bathellier C, Badeck F W, Couzi P, et al. 2008. Divergence in $\delta^{13}C$ of dark respired $CO_2$ and bulk organic matter occurs during the transition between heterotrophy and autotrophy in Phaseolus vulgaris plants. New Phytologist, 177: 406-418.
Blum A, Sinmena B, Mayer J, et al. 1994. Stem reserve mobilisation supports wheat-grain filling under heat stress. Australian Journal of Plant Physiology, 21(6): 771-781.
Bolanos J, Edmeades G O. 1996. The importance of the anthesis-silking interval in breeding for drought tolerance in tropical maize. Field Crop Research, 48(1): 65-80.
Byrd G T, May P A. 2000. Physiological Comparisons of Switchgrass Cultivars Differing in Transpiration Efficiency. Crop Science, 40(5): 1271-1277.
Cakmak I, Marschner H. 1992. Magnesium deficiency and high light intensity enhance activities of superoxide dismutase, ascorbate peroxidase, and glutathione reductase in bean leaves. Plant Physiology, 98(4): 1222-1227.
Chen J, He D, Cui S. 2003. The response of river water quality and quantity to the development of irrigated agriculture in the last 4 decades in the Yellow River Basin, China. Water Resources Research, 39(3): DOI: 10.1029/2001WR001234.
Cohen Y, Alchanatis V, Meron M, et al. 2005. Estimation of leaf water potential by thermal imagery and spatial analysis. Journal of Experimental Botany, 56(417): 1843-1852.
Condon A G, Hall A E. 1997. Adaptation to diverse environments: variation in water-use efficiency within crop species. // Jackson L E. Agricultural in Ecology. New York: Academic Press: 79-116.
Condon A G, Richards R A. 1993. Exploiting genetic variation in transpiration efficiency in wheat: an agronomic view. // Ehleringer J R, Hall A E, Farquhar G D. Stable Isotopes and Plant Carbon-Water Relations. New York: Academic Press: 435-450.
Condon A G, Richards R A, Farquhar G D. 1987. Carbon isotope discrimination is positively correlated with grain yield and dry matter production in field-grown wheat. Crop Science, 27(5): 996-1001.
Condon A G, Richards R A, Rebetzke G J, et al. 2002. Improving intrinsic water-use efficiency and crop yield. Crop Science, 42(1): 122-131.
Condon A G, Richards R A, Rebetzke G J, et al. 2004. Breeding for high water-use efficiency. Journal of Experimental Botany, 55(407): 2447-2460.
Deng X P, Shan L, Kang S Z, et al. 2003. Improvement of wheat water use efficiency in semiarid area of China. Agricultural Sciences in China, 2(1): 35-44.
Ehdaie B, Alloush G A, Madore M A, et al. 2006a. Genotypic variation for stem reserves and mobilization in wheat. I. Postanthesis changes in internode dry matter. Crop Science, 46(2): 735-746.
Ehdaie B, Alloush G A, Madore M A, et al. 2006b. Genotypic variation for stem reserves and mobilization in wheat. II. Postanthesis changes in internode water-soluble carbohydrates. Crop Science, 46(5): 2093-2103.
Ehdaie B, Hall A E, Farquhar G D, et al. 1991. Water-use efficiency and carbon isotope discrimination in wheat. Crop Science, 31(5): 1282-1288.
Ehdaie B, Waines J G. 1993. Variation in water-use efficiency and its components in wheat. I: Well-watered pot experiment. Crop Science, 33(2): 294-299.
Ehdaie B, Waines J G. 1996. Genetic variation for contribution of preanthesis assimilates to grain yield in

spring wheat. Journal of Genetics and Breeding, 50: 47-56.

Elumalai R P, Nagpal P, Reed J W. 2002. A mutation in the arabidopsis $KT_2/KUP_2$ potassium transporter gene Affects shoot cell expansion. The Plant Cell, 14(1): 119.

Farquhar G D, Ehleringer J R, Hubick K T. 1989. Carbon isotope discrimination and photosynthesis. Annual Review of Plant Physiology and Plant Molecular Biology, 40: 503-537.

Farquhar G D, O'Leary M H, Berry J A. 1982. On the relationship between carbon isotope discrimination and the intercellular carbon dioxide concentration in leaves. Australian Journal of Plant Physiology, 9: 121-137.

Farquhar G D, Richards R A. 1984. Isotopic composition of plant carbon correlates with water-use efficiency of wheat genotypes. Australian Journal of Plant Physiology, 11(6): 539-552.

Fischer R A. 1998. Wheat yield progress associated with higher stomatal conductance and photosynthetic rate, and cooler canopies. Crop Science, 38(6): 1467-1475.

Fu G, Chen S, Liu C, et al. 2004. Hydro-climatic trends of the Yellow River basin for the last 50 years. Climatic Change, 65(1-2): 149-178.

Gebbing T, Schnyder H. 2001. $^{13}C$ Labeling kinetics of sucrose in glumes indicates significant refixation of respiratory $CO_2$ in the wheat ear. Functional Plant Biology, 28(10): 1047-1053.

Gessler A, Tcherkez G, Peuke A D, et al. 2008. Experimental evidence for diel variations of the carbon isotope composition in leaf, stem and phloem sap organic matter in *Ricinus communis*. Plant Cell Environmet, 31(7): 941-953.

Hall A E, Cannell G H, Lawton H W. 1979. Agriculture in semi-arid environments. New York: Springer-Verlag.

Hoad S P, Jeffree C E, Grace J. 1992. Effects of wind and abrasion on cuticular integrity in *Fagus sylvatica* L. and consequences for transfer of pollutants through leaf surfaces. Agriculture Ecosystems & Environment, 42(3-4): 275-289.

Jones H G. 1976. Crop characteristics and the ratio between assimilation and transpiration. Journal of Applied Ecology, 13(2): 605-622.

Jones H G, Stoll M, Santos T, et al. 2002. Use of infrared thermography for monitoring stomatal closure in the field: application to grapevine. Journal of Experiment Botany, 53(378): 2249-2260.

Jones L H P, Handreck K A. 1965. Studies of silica in the oat plant. Plant Soil, 23(1): 79-96.

Kondo M, Pablico P P, Aragones D V, et al. 2004. Genotypic variations in carbon isotope discrimination, transpiration efficiency, and biomass production in rice as affected by soil water conditions and N. Plant Soil, 267(1): 165-177.

López-Castañeda C, Richards R A. 1994. Variation in temperate cereals in rainfed environments. 3. Water use and water-use efficiency. Field Crop Research, 39(2-3): 85-98.

Loss S P, Siddique K H M. 1994. Morphological and physiological traits associated with wheat yield increases in Mediterranean environments. Advances in Agronomy, 52: 229-276.

Malek F, Baker D A. 1977. Proton co-transport of sugars in phloem loading. Planta, 135(3): 297-299.

Marschner H. 1995. Mineral nutrition of higher plants. New York: Academic Press.

Masle J, Farquahar G D, Wong S C. 1992. Transpiration ratio and plant mineral content are related among genotypes of a range of species. Australian Journal of Plant Physiology, 19(6): 709-721.

Merah O. 2001. Carbon isotope discrimination and mineral composition of three organs in durum wheat genotypes grown under Mediterranean conditions. Comptes Rendus de l'Academie des Sciences Series III Sciences de la Vie, 324(4): 355-363.

Merah O, Deléens E, Monneveux P. 1999. Grain yield, carbon isotope discrimination, mineral and silicon content in durum wheat under different precipitation regimes. Plant Physiology, 107(4): 387-394.

Merah O, Deléens E, Monneveux P. 2001a. Relationships between carbon isotope discrimination, dry matter production, and harvest index in durum wheat. Journal of Plant Physiology, 158(6): 723-729.

Merah O, Deléens E, Souyris I, et al. 2001b. Ash content might predict carbon isotope discrimination and grain yield in durum wheat. New Phytologist, 149(2): 275-282.

Merah O, Deléens E, Souyris I, et al. 2001c. Stability of carbon isotope discrimination and grain yield in durum wheat. Crop Science, 41(3): 677-681.

Merah O, Monneveux P, Deléens E. 2001d. Relationships between flag leaf carbon isotope discrimination and several morpho-physiological traits in durum wheat genotypes under Mediterranean conditions. Environmental and Experimental Botany, 45(1): 63-71.

Misra S C, Randive R, Rao V S, et al. 2006. Relationship between carbon isotope discrimination, ash content and grain yield in wheat in the peninsular zone of India. Journal of Agronomy and Crop Science, 192(5): 352-362.

Monneveux P, Rekika D, Acevedo E, et al. 2006a. Effect of drought on leaf gas exchange, carbon isotope discrimination, transpiration efficiency and productivity in field grown durum wheat genotypes. Plant Science, 170(4): 867-872.

Monneveux P, Reynolds M P, Gonzalez-Santoyo H, et al. 2004. Relationships between grain yield, flag leaf morphology, carbon isotope discrimination and ash content in irrigated wheat. Journal Agronomy and Crop Science, 190(6): 395-401.

Monneveux P, Reynolds M P, Trethowan R, et al. 2005. Relationship between grain yield and carbon isotope discrimination in bread wheat under four water regimes. European Journal of Agronomy, 22(2): 231-242.

Morgan J A, LeCain D R, McCaig T N, et al. 1993. Gas exchange, carbon isotope discrimination, and productivity in winter wheat. Crop Science, 33(1): 178-186.

Mullen J A, Koller H R. 1988. Trends in carbohydrate depletion, respiratory carbon loss, and assimilate export from soybean leaves at night. Plant Physiology, 86(2): 517-521.

Ocheltree T W, Marshall J D. 2004. Apparent respiratory discrimination is correlated with growth rate in the shoot apex of sunflower (*Helianthus annuus*). Journal of Experimental Botany, 55(408): 2599-2605.

Poss J A, Zeng L H, Grieve C M. 2004. Carbon isotope discrimination and salt tolerance of rice genotypes. Cereal Research Communication, 32(3): 339-346.

Rascio A, Russo M, Mazzucco L, et al. 2001. Enhanced osmotolerance of a wheat mutant selected for potassium accumulation. Plant Science, 160(3): 441-448.

Richards R A, Rebetzke G J, Condon A G, et al. 2002. Breeding opportunities for increasing the efficiency of water use and crop yield in temperate cereals. Crop Science, 42(1): 111-121.

Sayre K D, Acevedo E, Austin R B. 1995. Carbon isotope discrimination and grain yield for three bread wheat germplasm groups grown at different levels of water stress. Field Crop Research, 41(1): 45-54.

Schmidt G, Zotz G. 2001. Ecophysiological consequences of differences in plant size: in situ carbon gain and water relations of the epiphytic bromeliad, Vriesea sanguinolenta. Plant Cell Environment, 24(1): 101-111.

Shaheen R, Hood-Nowotny R C. 2005. Effect of drought and salinity on carbon isotope discrimination in wheat cultivars. Plant Science, 168(4): 901-909.

Shakiba M R, Ehdaie B, Madore M A, et al. 1996. Contribution of internode reserves to grain yield in a tall and semidwarf spring wheat (*Triticum aestivum*). Journal of Genetics & Breeding, 50(1): 91-100.

Virgona J M, Hubick K T, Rawson H M, et al. 1990. Genotypic variation in transpiration efficiency, carbon-isotope discrimination and carbon allocation during early growth in sunflower. Australian Journal of Plant Physiology, 17: 207-214.

Wardlaw I F. 1990. The control of carbon partitioning in plants. New Phytologist, 116(3): 341-381.

Wright G C, Hubick K T, Farquhar G D, et al. 1993. Genetic and environmental variation in transpiration efficiency and its correlation with carbon isotope discrimination and specific leaf area in peanut. // Ehleringer J R, Hall A E, Farquhar G D. Stable Isotopes and Plant Carbon-water Relations. New York: Academic Press: 247-267.

Xu X, Yuan H M, Li S H, et al. 2007a. Relationship between carbon isotope discrimination and grain yield in spring wheat under different water regimes and under saline conditions in the Ningxia Province (North-west China). Journal of Agronomy & Crop Science, 193(6): 422-434.

Xu X, Yuan H M, Li S H, et al. 2007b. Relationship between carbon isotope discrimination and grain yield in spring wheat cultivated under different water regimes. Journal of Integrative Plant Biology, 49(10):

1497-1507.

Yang H Q, Jie Y L. 2005. Uptake and Transport of Calcium in Plants. Acta Photophysiologica Sinica, 31(3): 227-234.

Zhao L J, Xiao H L, Liu X H, et al. 2007. Correlations of foliar Δ with K concentration and ash content in sand-fixing plants in the Tengger Desert of China: patterns and implications. Environmental Geology, 51(6): 1049-1056.

Zhu L, Liang Z S, Xu X, et al. 2008a. Relationship between carbon isotope discrimination and mineral content in wheat grown under three different water regimes. Journal Agronomy and Crop Science, 159(6): 421-428.

Zhu L, Liang Z S, Xu X, et al. 2008b. Relationships between carbon isotope discrimination and leaf morphophysiological traits in spring planted spring wheat under drought and salinity stress in Northern China. Australian Journal of Agricultural Research, 59(10): 1-9.

Zhu L, Liang Z S, Xu X, et al. 2009. Evidences for the association between carbon isotope discrimination and grain yield-ash content and stem carbohydrate in spring wheat grown in Ningxia (Northwest China). Plant Science, 176(6): 758-767.

# 第三章 碳、氧稳定同位素技术在宁夏荒漠草原区苜蓿节水高产新品种鉴定及水分利用策略中的应用

宁夏中部荒漠草原属半干旱气候，干旱少雨，生态脆弱，种植人工牧草可以获得较好的经济和生态效益（董孝斌和张新时，2005；刘慧霞等，2011）。苜蓿是一种优良的多年生豆科草本植物，对草牧业的发展发挥着重要的作用。然而，苜蓿根系庞大，且具有强吸水和高耗水特性。在半干旱地区长期种植苜蓿，会导致土壤干层问题（马令法等，2009；李新乐等，2013；Zhu et al.，2016）。因此，在该地区发展苜蓿产业，提高苜蓿草地水分利用效率（WUE）是亟待解决的问题。

农业 WUE 的提高可以通过工程、农业及生物节水（植物高效用水）等措施来实现，在水的流失、蒸发、渗漏得到最大限度地控制之后，提高植物本身的 WUE 就显得更为重要（山仑等，2006）。研究表明，WUE 是一个可遗传性状，不同苜蓿品种的 WUE 存在显著差异（龙明秀等，2009）。因此，山仑等（2006）认为定向培育高 WUE 品种是有其遗传基础并符合进化方向的，是可能实现的。目前计算作物田间农艺 WUE（即地上部干物质产量与蒸腾蒸发量之比）的常规方法费时、费力，并且受到地下水供给、土壤水分深层渗漏和侧渗及地表径流等因素的影响。而蒸渗仪法虽结果较为精确，但其投资较大、安装复杂，在作物种质鉴定及育种实践中可操作性差。另外，在育种实践中一般采取鉴定、品比等手段对高代材料进行筛选，由于后代群体庞大，对于不同株（品）系的评价取舍过程费工费时，采用更方便、快捷的选择指标可以大大加快优异种质筛选的进程。植物在光合作用过程中对空气中的 $^{13}C$ 具有分馏作用，$C_3$ 植物的 $\Delta^{13}C$ 与 $C_i/C_a$ 呈正相关而与蒸腾效率呈负相关。植物 $\Delta^{13}C$ 具有采样及样品处理过程简便、样品存储时间长、分析测定速度快等优点，因此，育种家建议可以把 $\Delta^{13}C$ 作为植物长期水平蒸腾效率的间接选择指标（Farquhar et al.，1989；Ehdaie et al.，1991）。

## 第一节 宁夏荒漠草原苜蓿不同部位 $\Delta^{13}C$ 与干草产量及 WUE 的关系

国内外很多文献报道了灌溉条件下苜蓿产量与 $\Delta^{13}C$ 呈正相关（Ray et al.，1998；Moghaddam et al.，2013）；而在雨养条件下，$\Delta^{13}C$ 与产量的关系取决于降雨量、降雨分布及土壤水分状况（Xu et al.，2007；Zhu et al.，2008b）。Johnson 和 Tieszen（1994）报道，在旱地条件下 $\Delta^{13}C$ 与 WUE 呈显著负相关；Pozo 等（2017）在地中海地区的研究表明 $\Delta^{13}C$ 与 WUE 呈正相关；Moghaddam 等（2013）也报道在奥地利灌溉及雨养条件下 $\Delta^{13}C$ 与 WUE 正相关。

碳同位素分馏现象不仅发生在碳固定过程而且发生在光合作用后的生理代谢过程（Gebbing and Schnyder，2001；Badeck et al.，2005）。植物个体不同器官中 $\Delta^{13}C$ 是不同

的，一般来说，叶片中 $^{13}C$ 的比例相对其他器官要低一些。这种变异可能是由于两种生理过程中发生分馏作用引起的：一种是光合产物由韧皮部的输出过程，另一种是暗呼吸过程，在不同的器官中呼吸作用对碳同位素的分馏作用不同（Ghashghaie et al.，2003）。Badeck 等（2005）用大量数据证明叶片中 $^{13}C$ 比例要比其他器官低，暗示在光合作用后的生理生化代谢过程可以改变植物器官中的同位素组成，使不同器官具有不同碳同位素组成。研究表明，光合产物运输过程中会发生碳同位素分馏，并且韧皮部汁液蔗糖中 $^{13}C$ 的比例要比叶片中蔗糖 $^{13}C$ 的比例高，这是因为同化产物输出前碳同位素在空间上的区隔化和生化上的分馏现象，在光合产物向韧皮部装载的过程或运输过程会发生对碳同位素的判别作用，使自养器官中的 $^{13}C$ 比其他器官少（Brandes et al.，2006；Bathellier et al.，2008；Gessler et al.，2008）。植物干物质中的 $\Delta^{13}C$ 不仅与白天光合作用同化 $CO_2$ 时对 $^{13}C$ 的分馏作用有关，同时也与夜间呼吸作用对同位素的分馏作用有关。在夜间呼吸过程中，对重或轻的底物（$^{13}C$ 的比例高或低）分馏作用的不同或是利用的不同都会改变叶片中剩余物质中的碳同位素组成。对于非光合器官来说，释放出富含 $^{13}C$ 或缺乏 $^{13}C$ 的 $CO_2$ 都导致整个植物碳同位素组成的变化。Henderson 等（1992）在测定一些 $C_4$ 植物的 $\Delta^{13}C$ 时发现，叶片干物质中 $\Delta^{13}C$ 显著高于叶片即时碳同化产物中的 $\Delta^{13}C$。他们应用模型分析的方法研究后认为，这种差异一定程度上是由于呼吸作用对同位素的分馏，即与植物中 $^{13}C$ 的组成比相比，呼吸作用释放出的 $CO_2$ 中 $^{13}C$ 的比例较高（Henderson et al.，1992），从而引起底物中碳同位素组成的下降。最近关于 $C_3$ 植物叶片暗呼吸的研究报道表明，呼出的 $CO_2$ 与底物蔗糖相比明显富含 $^{13}C$（2‰~6‰）（Badeck et al.，2005；Bathellier et al.，2008），而与此相反，根系所呼出的 $CO_2$ 与底物蔗糖相比缺乏 $^{13}C$（Badeck et al.，2005；Bathellier et al.，2008）。这样，叶片负的呼吸分馏作用和根系正的呼吸分馏作用就解释了众所周知的自养器官中 $^{13}C$ 比例低而异养器官中 $^{13}C$ 比例高的现象（Bathellier et al.，2008）。植物器官中不同的组分也会有不同的同位素组成，植物组织中 $^{13}C$ 比值与淀粉、蔗糖及可溶性碳水化合物组成相比要低（Ocheltree and Marshall，2004），可能是不同的碳水化合物组分合成途径不同，而不同的生理生化过程会对碳同位素产生分馏作用。另外，植物器官中较多可溶性碳水化合物的运出必然会使剩余组织中有机物的 $^{13}C$ 比例降低，而使 $\Delta^{13}C$ 升高。

考虑到植物地上部植株是一个混合体，包含了碳同位素标签各不相同的物质：纤维素、木质素、脂肪、蛋白质、糖类和淀粉等，故而叶片或地上整株 $\Delta^{13}C$ 与 WUE 的关系会很复杂。而叶片可溶性碳水化合物 $\Delta^{13}C$ 可能更适合鉴定 $C_3$ 植物的 WUE。另外，苜蓿在开花期的耗水量远远高于其他时期（Fan et al.，2003）。因此，我们提出假设：苜蓿开花期叶片可溶性糖 $\Delta^{13}C$ 在评价长期的 WUE 中更加重要，而较高的地上整株 $\Delta^{13}C$ 可能包含了以下信息：在水分条件较好时制造较多的光合产物，较高的呼吸速率，更大的茎叶比（含有更多高 $\Delta^{13}C$ 的纤维素），从而与更高的地上部生物量有关。已发表的文献主要集中在地上部不同器官 $\Delta^{13}C$ 与 WUE 的相关性（Johnson and Tieszen，1994；Moghaddam et al.，2013；Pozo et al.，2017），忽略了生长时期对两者关系的影响。我们在宁夏中部荒漠草原区开展不同水分条件下苜蓿 $\Delta^{13}C$ 与 WUE 及干草产量相关性的试验研究，主要是为了探讨不同水分条件对地上部生物量、WUE、地上整株 $\Delta^{13}C$ 和叶片可

溶性糖 $\Delta^{13}C$ 的影响及基因型间的差异，分析不同器官和部分 $\Delta^{13}C$ 与 WUE 及地上部生物量的相关性。

## 一、灌水量、生长年限和基因型对各测定指标的影响

2012 年生长季（4～10 月）的降雨量为 309.2mm，最低气温发生在 1 月，为 –24.2℃，最高气温发生在 7 月，为 33.4℃。2013 年生长季（4～10 月）降雨量为 112.7mm，最低气温发生在 1 月，为 –23.0℃，最高气温发生在 8 月，为 32.9℃（图 3-1）。

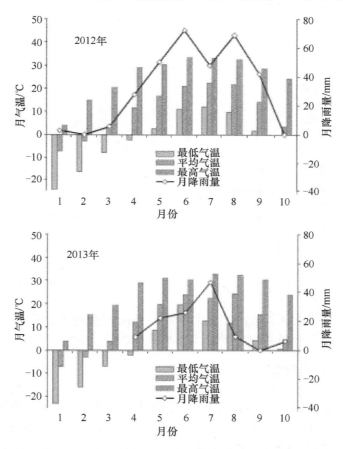

图 3-1　2012 年和 2013 年 1～10 月月降雨量、月最低气温、月平均气温和月最高气温

本试验共设置 3 个水分处理：重度水分胁迫处理（灌溉定额 230mm，$T_1$）、中度水分胁迫处理（灌溉定额 460mm，$T_2$）、正常灌水（轻度水分胁迫处理，灌溉定额 700mm，$T_3$），分别模拟半干旱偏旱、半湿润偏旱及半湿润偏湿气候类型。由图 3-2 可知，灌溉量对不同处理土壤含水量产生显著影响。生长期间 0～200cm 土层土壤含水量的排序为 $T_3 > T_2 > T_1$。2012 年 0～200cm 土壤剖面含水量最高值出现在 4 月，2013 年 0～200cm 土壤剖面含水量最高值出现在 7 月下旬。在 10 月之后 0～200cm 土壤剖面含水量急剧下降。

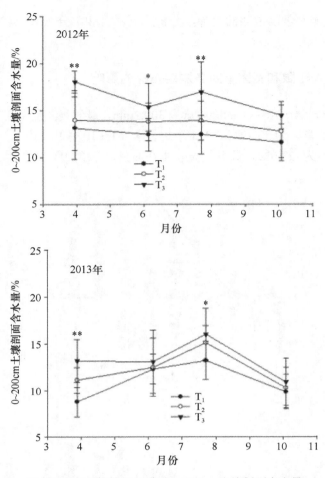

图 3-2  2012 年和 2013 年 0～200cm 土壤剖面含水量
*表示不同水分处理间在 0.05 水平上差异显著；**表示不同水分处理间在 0.01 水平上差异显著，本章下同

## 二、基因型与环境的互作

由表 3-1 可知，除不同年份株高差异不显著外，各指标在年份（除株高外）、水分处理及基因型（除茎叶比外）间均存在显著或极显著差异。地上整株 $\Delta^{13}C$、叶片可溶性糖 $\Delta^{13}C$、气孔导度（除水分处理×基因型外）和 $C_i/C_a$ 不存在年份×水分处理×基因型（除茎叶比外）及水分处理×基因型的互作，净光合速率不存在年份×基因型的互作。地上整株 $\Delta^{13}C$ 存在年份×水分处理及年份×基因型的互作。地上整株 $\Delta^{13}C$ 和叶片可溶性糖 $\Delta^{13}C$ 不存在水分处理×基因型的互作。

由表 3-2 可知，除 WUE（除 2013 年外）、净光合速率/气孔导度和茎叶比（除 2013 年外）外，其他指标的数值均随灌水量的增加而增加。在 2012 年，最高的 WUE 出现在中度水分胁迫条件下，而净光合速率/气孔导度的排序是 $T_1>T_2>T_3$。在 2013 年，不同水分条件下地上整株 $\Delta^{13}C$ 和叶片可溶性糖 $\Delta^{13}C$ 的差异大于 2012 年；2013 年除 3 个条件下的 WUE 和净光合速率/气孔导度及 $T_3$ 条件下的茎叶比高于 2012 年外，其他指标的数值均低于 2012 年。

表 3-1 不同年份、水分处理及基因型间各指标的差异及三因素互作的差异

| 指标 | 年份 | 水分处理 | 基因型 | 年份×水分处理 | 年份×基因型 | 水分处理×基因型 | 年份×水分处理×基因型 |
|---|---|---|---|---|---|---|---|
| 地上部生物量 | 857.81*** | 1954.28** | 45.51** | 8.27** | 19.96** | 25.87** | 12.35** |
| WUE | 238.24** | 6.32** | 7.19** | 34.80** | 11.44** | 7.58*** | 6.27** |
| 地上整株 $\Delta^{13}C$ | 537.08** | 113.41** | 3.08** | 4.35* | 2.13** | 1.91 | 1.11 |
| 叶片可溶性糖 $\Delta^{13}C$ | 435.12** | 156.41** | 2.89** | 0.19 | 1.83 | 1.26ns | 1.52 |
| 蒸腾蒸发量 | 1078.42** | 394.13** | 3.99** | 22.24** | 3.30** | 4.13** | 3.45** |
| 株高 | 3.21 | 1146.21** | 79.09** | 9.64*** | 8.12*** | 9.72*** | 5.42*** |
| 气孔导度 | 2280.09** | 259.39** | 7.78*** | 169.53*** | 8.09*** | 2.06** | 1.47 |
| 净光合速率 | 582.92** | 197.02** | 3.44** | 6.23** | 2.02 | 2.20* | 1.99* |
| $C_i/C_a$ | 25.27** | 127.06*** | 2.43* | 4.93* | 1.05 | 1.21 | 1.61 |
| 净光合速率/气孔导度 | 402.40** | 35.27** | 7.21** | 23.74** | 3.33** | 6.35** | 3.08** |
| 茎叶比 | 15.94** | 12.15*** | 1.44 | 6.76** | 1.22 | 1.27 | 2.28** |

注：星号表示差异显著，*$P<0.05$，**$P<0.01$，***$P<0.001$，本章下同

2012 年中度和重度水分胁迫条件下，叶片可溶性糖 $\Delta^{13}C$ 略高于地上整株 $\Delta^{13}C$，相反的趋势出现在 2013 年（表 3-2）。叶片可溶性糖 $\Delta^{13}C$ 和地上整株 $\Delta^{13}C$ 在第一次刈割到第二次刈割有所增加，到第三次刈割时有所下降。在第一次和第二次刈割时，地上整株 $\Delta^{13}C$ 均高于叶片可溶性糖 $\Delta^{13}C$，而第三次刈割时后者高于前者（图 3-3）。

由表 3-3 可知，'宁苜 2 号'和'甘农 3 号'分别在正常灌水条件下表现出了最高的地上整株 $\Delta^{13}C$，而'固原紫花'在重度水分胁迫条件下表现出最高的地上整株 $\Delta^{13}C$。'宁苜 1 号'在重度水分胁迫条件下表现出最低的地上整株 $\Delta^{13}C$，'甘农 3 号'和'阿尔冈金'分别在重度水分胁迫条件下表现出最低的叶片可溶性糖 $\Delta^{13}C$。

### 三、不同时间尺度光合产物 $\Delta^{13}C$ 与干草产量及 WUE 的相关性

3 个水分条件下地上部生物量与地上整株 $\Delta^{13}C$ 均呈极显著正相关（图 3-4）。叶片可溶性糖 $\Delta^{13}C$ 在中度水分胁迫和正常灌水条件下与 WUE 呈极显著负相关（图 3-5）。

由表 3-4 可知，地上部生物量与株高、蒸腾蒸发量、气孔导度和净光合速率均呈显著或极显著正相关，并且随着灌溉量增加地上部生物量与蒸腾蒸发量的相关性亦增大。WUE 在中度和重度水分胁迫条件下与株高、气孔导度呈显著或极显著正相关关系。

地上整株 $\Delta^{13}C$ 和叶片可溶性糖 $\Delta^{13}C$（除正常灌水下净光合速率外）与蒸腾蒸发量、气孔导度、$C_i/C_a$ 和净光合速率呈显著或极显著正相关，而与净光合速率/气孔导度均呈极显著负相关。3 个水分条件下，地上整株 $\Delta^{13}C$ 均与株高呈显著正相关，这说明地上部整株 $\Delta^{13}C$ 较高的基因型具有明显的早发性状，即在苗期气孔开度大、净光合速率高，能够达到较高的植株高度。茎叶比在 3 个水分条件下均与地上部生物量呈显著或极显著正相关，在中度和重度水分胁迫条件下与地上整株 $\Delta^{13}C$ 显著正相关（表 3-4），说明茎叶比较高的基因型地上部纤维素含量更高，而纤维素同位素组成上较为"贫化"，即 $\Delta^{13}C$ 更高，这就解释了地上整株 $\Delta^{13}C$ 与干草产量正相关的原因。

表 3-2 不同年份及水分处理各指标的平均值和标准差

| 指标 | | 地上部生物量/(t/hm²) | | WUE/[kg/(hm²·mm)] | | 地上整株 Δ¹³C/‰ | | 叶片可溶性糖 Δ¹³C/‰ | | 蒸腾蒸发量/mm | | 株高/cm | | 气孔导度/[mmol/(m²·s)] | | 净光合速率/[μmol CO₂/(m²·s)] | | $C_i/C_a$ | | 净光合速率/气孔导度/(μmol CO₂/mol) | | 茎叶比 | |
|---|---|---|---|---|---|---|---|---|---|---|---|---|---|---|---|---|---|---|---|---|---|---|
| | | 2012年 | 2013年 | 2012年 | 2013年 | 2012年 | 2013年 | 2012年 | 2013年 | 2012年 | 2013年 | 2012年 | 2013年 | 2012年 | 2013年 | 2012年 | 2013年 | 2012年 | 2013年 | 2012年 | 2013年 | 2012年 | 2013年 |
| 平均值 | T₁ | 11.34c | 7.60c | 14.78b | 16.89c | 22.72c | 22.07c | 22.72c | 21.28c | 322.08c | 161.57c | 40.38c | 36.84c | 1290.53c | 294.29b | 13.80c | 7.57c | 0.618c | 0.592b | 19.70a | 32.60a | 1.28b | 1.16b |
| | T₂ | 15.71b | 11.16b | 15.79a | 17.31b | 23.18b | 22.52b | 23.38b | 22.09b | 373.48b | 236.22b | 49.11b | 41.95b | 2360.24b | 369.12b | 17.67b | 9.88b | 0.790b | 0.697b | 8.22b | 28.33a | 1.39a | 1.26b |
| | T₃ | 21.79a | 18.41a | 12.63c | 19.23a | 23.53a | 22.94a | 23.95a | 22.75a | 532.85a | 328.83a | 59.10a | 57.93a | 3223.68a | 506.62a | 20.09a | 13.91a | 0.824a | 0.759a | 7.47c | 30.90a | 1.34a | 1.42a |
| 标准差 | T₁ | 1.69 | 1.4 | 3.42 | 2.86 | 0.41 | 0.26 | 0.32 | 0.36 | 10.06 | 25.66 | 6.81 | 2.94 | 305.18 | 84.57 | 1.55 | 1.89 | 0.066 | 0.047 | 9.69 | 12.88 | 0.138 | 0.111 |
| | T₂ | 1.66 | 1.94 | 2.34 | 1.79 | 0.29 | 0.34 | 0.28 | 0.42 | 15.5 | 31.29 | 3.77 | 6.06 | 514.5 | 72.54 | 1.6 | 1.89 | 0.051 | 0.057 | 2.21 | 6.8 | 0.105 | 0.098 |
| | T₃ | 2.73 | 4.57 | 1.36 | 2.39 | 0.4 | 0.38 | 0.44 | 0.4 | 20.86 | 112.85 | 5.54 | 4.95 | 431.81 | 136.44 | 1.76 | 1.62 | 0.039 | 0.039 | 0.97 | 6.96 | 0.108 | 0.138 |

注：同一行平均值后不同字母表示不同水分处理间在0.05水平上差异显著，本章下同

第三章 碳、氧稳定同位素技术在宁夏荒漠草原区苜蓿节水高产新品种鉴定及水分利用策略中的应用 | 77

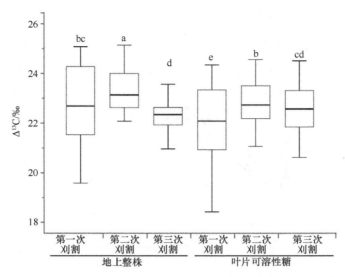

图 3-3　2012 年和 2013 年 3 次刈割地上整株 $\Delta^{13}C$ 和叶片可溶性糖 $\Delta^{13}C$
不同字母间在 0.05 水平上差异显著

表 3-3　2012 年和 2013 年 3 次刈割前 3 个水分条件下地上整株 $\Delta^{13}C$ 和叶片可溶性糖 $\Delta^{13}C$（‰）

| 材料 | 地上整株 $\Delta^{13}C$ | | | 叶片可溶性糖 $\Delta^{13}C$ | | |
|---|---|---|---|---|---|---|
| | $T_1$ | $T_2$ | $T_3$ | $T_1$ | $T_2$ | $T_3$ |
| '阿尔冈金' | 22.48ab | 22.85bc | 23.30bc | 22.14b | 22.46e | 22.78g |
| '金皇后' | 22.34bc | 23.12a | 23.40ab | 21.87d | 23.06a | 23.50abc |
| '固原紫花' | 22.36bc | 22.99ab | 23.51a | 22.42a | 22.76c | 23.37cd |
| '博拉图' | 21.82d | 22.81bc | 23.14c | 21.65e | 22.76c | 23.29ef |
| '宁苜 1 号' | 22.06cd | 22.50d | 22.90d | 22.05c | 22.57d | 23.41bcd |
| '三得利' | 22.24cd | 22.73c | 23.00d | 21.73e | 22.99a | 23.50abc |
| '中苜 1 号' | 22.26bc | 22.80c | 23.24c | 22.31a | 23.04a | 23.60a |
| 'CW400' | 22.21cd | 22.75c | 23.25bc | 22.05c | 22.93b | 23.34cd |
| '宁苜 2 号' | 22.68a | 23.01a | 23.41ab | 21.96e | 22.39e | 23.51ab |
| '甘农 3 号' | 22.68a | 23.12a | 23.26bc | 21.83d | 22.32e | 23.20f |
| 平均值 | 22.31 | 22.87 | 23.24 | 22.00 | 22.74 | 23.35 |
| 差值 | 4.87 | 3.89 | 3.47 | 5.45 | 4.33 | 3.57 |
| 标准差 | 0.26 | 0.19 | 0.19 | 0.24 | 0.27 | 0.23 |

注：同一部位同一行数值（$n=60$，两年 3 次刈割）后不同字母表示不同处理间在 0.05 水平上差异显著

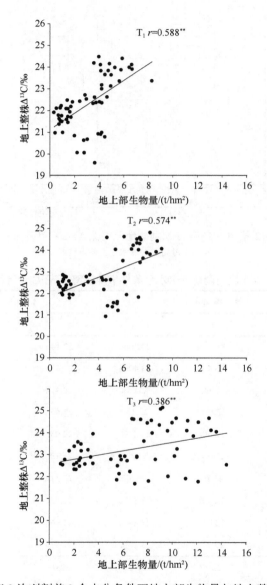

图 3-4　2012 年和 2013 年 3 次刈割前 3 个水分条件下地上部生物量与地上整株 $\Delta^{13}C$ 的关系（$n=60$）

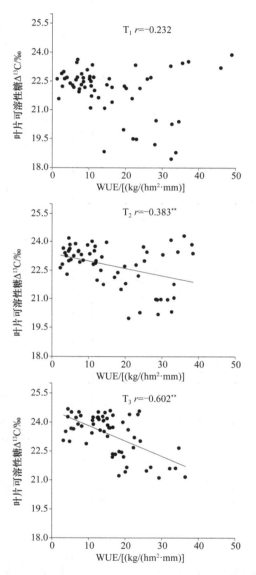

图 3-5　2012 年和 2013 年 3 次刈割前 3 个水分条件下 WUE 与叶片可溶性糖 $\Delta^{13}C$ 的关系（$n = 60$）

表3-4 2012年和2013年3次刈割前3个水分条件下地上部生物量、WUE、地上整株Δ¹³C、叶片可溶性糖Δ¹³C、株高、蒸腾蒸发量、气孔导度、净光合速率、$C_i/C_a$、净光合速率/气孔导度、茎叶比间的相关性

| 指标 | 地上部生物量 | WUE | 地上整株Δ¹³C | 叶片可溶性糖Δ¹³C | 株高 | 蒸腾蒸发量 | 气孔导度 | 净光合速率 | $C_i/C_a$ | 净光合速率/气孔导度 |
|---|---|---|---|---|---|---|---|---|---|---|
| $T_1$ | | | | | | | | | | |
| WUE | 0.670** | | | | | | | | | |
| 地上整株Δ¹³C | 0.588** | 0.042 | | | | | | | | |
| 叶片可溶性糖Δ¹³C | 0.113 | -0.232 | 0.704** | | | | | | | |
| 株高 | 0.674** | 0.546** | 0.271* | -0.150 | | | | | | |
| 蒸腾蒸发量 | 0.353** | -0.414** | 0.579** | 0.345** | 0.112 | | | | | |
| 气孔导度 | 0.655** | 0.454** | 0.681** | 0.501** | 0.260* | 0.211 | | | | |
| 净光合速率 | 0.517** | 0.218 | 0.728** | 0.491** | 0.344** | 0.331** | 0.724** | | | |
| $C_i/C_a$ | 0.046 | 0.219 | 0.196 | 0.264* | 0.136 | -0.326** | 0.145 | 0.313* | | |
| 净光合速率/气孔导度 | -0.221 | 0.038 | -0.432** | -0.379** | -0.038 | -0.218 | -0.416** | -0.273** | -0.091 | |
| 茎叶比 | 0.260* | 0.006 | 0.288* | 0.126 | 0.175 | 0.304* | 0.096 | 0.088 | 0.027 | 0.030 |
| $T_2$ | | | | | | | | | | |
| WUE | 0.692** | | | | | | | | | |
| 地上整株Δ¹³C | 0.574** | 0.071 | | | | | | | | |
| 叶片可溶性糖Δ¹³C | -0.087 | -0.383** | 0.608** | | | | | | | |
| 株高 | 0.657** | 0.532** | 0.291* | -0.130 | | | | | | |
| 蒸腾蒸发量 | 0.415** | -0.330** | 0.608** | 0.299** | 0.136 | | | | | |
| 气孔导度 | 0.483** | 0.276* | 0.705** | 0.586** | 0.148 | 0.215 | | | | |
| 净光合速率 | 0.572** | 0.148 | 0.684** | 0.268* | 0.374** | 0.487** | 0.641** | | | |
| $C_i/C_a$ | -0.052 | -0.017 | 0.389** | 0.420** | -0.067 | -0.116 | 0.504** | 0.462** | | |
| 净光合速率/气孔导度 | -0.045 | 0.142 | -0.476** | -0.658** | 0.180 | -0.223 | -0.615** | -0.145 | -0.400* | |
| 茎叶比 | 0.330** | -0.060 | 0.260* | -0.112 | 0.249 | 0.469** | 0.110 | 0.540** | 0.121 | 0.154 |

续表

T₃

| 指标 | 地上部生物量 | WUE | 地上整株 Δ¹³C | 叶片可溶性糖 Δ¹³C | 株高 | 蒸腾蒸发量 | 气孔导度 | 净光合速率 | $C_i/C_a$ | 净光合速率/气孔导度 |
|---|---|---|---|---|---|---|---|---|---|---|
| WUE | 0.668** | | | | | | | | | |
| 地上整株 Δ¹³C | 0.386** | -0.183 | | | | | | | | |
| 叶片可溶性糖 Δ¹³C | -0.157 | -0.602** | 0.632** | | | | | | | |
| 株高 | 0.645** | 0.439* | 0.276* | -0.082 | | | | | | |
| 蒸腾蒸发量 | 0.613** | -0.117 | 0.674** | 0.360** | 0.432** | | | | | |
| 气孔导度 | 0.375* | -0.196 | 0.728** | 0.523** | 0.296** | 0.636** | | | | |
| 净光合速率 | 0.452** | -0.014 | 0.571** | 0.230 | 0.443** | 0.580** | 0.672** | | | |
| $C_i/C_a$ | -0.107 | -0.414** | 0.396** | 0.527** | -0.089 | 0.199 | 0.463** | 0.171 | | |
| 净光合速率/气孔导度 | -0.178 | 0.354** | -0.650** | -0.530** | -0.039 | -0.547** | -0.783** | -0.387* | -0.574** | |
| 茎叶比 | 0.362** | 0.302* | 0.028 | -0.252* | 0.330** | 0.146 | -0.087 | 0.127 | -0.212 | 0.050 |

## 四、讨论与结论

### 1. 土壤水分状况对地上部生物量、WUE 和 $\Delta^{13}C$ 的影响

3 个试验处理灌水量的差异导致苜蓿草地土壤含量差异显著,尤其在生长的中早期更加明显,从而导致地上部生物量、WUE 和 $\Delta^{13}C$ 的显著差异。前人的灌溉试验表明:苜蓿干草产量及蒸腾蒸发量与灌溉量呈明显的线性关系(Grimes et al.,1992;Saeed and El-Nadi,1997)。朱湘宁等(2002)在华北平原的灌溉量试验也表明,补充灌溉可以使苜蓿增产 100%~120%。Shen 等(2009)报道,在黄土高原半湿润区的庆阳(年平均降水量 548mm)苜蓿干草产量为 12t/hm$^2$,而在半干旱区的定西(年平均降水量 346mm)苜蓿干草产量为 0.5t/hm$^2$。山仑等(2008)报道,在半湿润地区(年平均降水量 580mm)苜蓿产量远高于另一种豆科牧草——沙打旺(*Astragalus adsurgens*);而在半干旱地区(年平均降水量 328mm)苜蓿产量低于沙打旺,这说明苜蓿产量对水分的敏感性远高于其他作物,这与我们的试验结果是一致的。

水分胁迫导致气孔导度下降的程度不同,对单叶 WUE(即净光合速率/蒸腾速率)的影响也不同。轻度水分亏缺导致的气孔适度关闭对蒸腾速率的影响高于净光合速率,从而会提高 WUE(Erice et al.,2011)。在我们的试验中,WUE 的最大值出现在 2012 年中度水分胁迫条件和 2013 年的正常灌水条件,这可能与轻度水分亏缺导致气孔导度的轻微下降有关。由于 2013 年生长期降雨量(112.7mm)低于 2012 年(309.2mm),使 2013 年正常灌水条件下土壤含水量与 2012 年中度水分胁迫条件下土壤含水量相近,对苜蓿产生的轻度水分胁迫使气孔轻微关闭,从而提高了 WUE。根据山仑等(2006)的研究,当蒸腾蒸发量达到最大产量所需耗水的 76.2%时,作物的 WUE 最高,而这一蒸腾蒸发量条件下的产量为最大产量的 86.5%,但比最大产量所需耗水量减少了 115mm。说明干旱缺水并不总是降低作物产量,特定生态阶段水分亏缺可能对增产和节水都有利。这背后的生理机制可能是植物具有"补偿效应"及气孔的优化调节。在我们的试验中,2013 年正常灌水条件和 2012 年中度水分胁迫条件下的苜蓿干草产量接近中国北方苜蓿最高干草产量的 70%左右,而在这两个水分胁迫条件下 WUE 最高,与上述报道一致。

地上整株 $\Delta^{13}C$ 和叶片可溶性糖 $\Delta^{13}C$ 的最高值出现在第二次刈割,这与降雨分布格局和土壤水分动态是相一致的。前人的研究表明,水分胁迫使气孔导度下降,继而导致 $C_i/C_a$ 和 $\Delta^{13}C$ 的降低(Farquhar et al.,1989;Morgan et al.,1993;Araus et al.,1998;Xu et al.,2007)。关于小麦(Fischer,1998;Merah et al.,2001b;Monneveux et al.,2005;Zhu et al.,2008b)及苜蓿(Pozo et al.,2017)的研究也证明了 $\Delta^{13}C$ 与土壤含水量高度相关,并且可以作为灌溉和雨养条件下土壤水分状况的指示参数。

在第一次和第二次刈割时,叶片可溶性糖 $\Delta^{13}C$ 显著低于地上整株 $\Delta^{13}C$,提示不同器官或组分间碳同位素组成存在差异。Badeck 等(2005)分析了大量关于碳同位素组成的文献,发现植物不同器官及其组分的 $\delta^{13}C$ 的显著差异不能被不同采样时间生长环境的水分差异所完全解释,他认为存在光合作用后的碳同位素分馏效应。根据 Badeck 等

（2005）和 Gessler 等（2008）的分析，除了在光合作用碳固定过程中存在碳同位素的分馏效应外，叶片光合作用后羧化作用的生理生化代谢过程，如呼吸作用、韧皮部同化产物的转运过程及根系有机物的吸收与运输过程都会造成碳同位素的分馏。植物不同器官与其中的淀粉及各种糖类、可溶性碳水化合物相比含有更少的 $^{13}C$，即在碳同位素组成上更加"贫化"（即 $^{13}C$ 组成更低）（Ocheltree and Marshall，2004；Badeck et al.，2005）。另外，苜蓿地上部整株及根系具有明显的呼吸分馏效应（Klumpp et al.，2005）。地上部整株呼出的 $CO_2$ 与其呼吸底物相比在同位素组成上要更富集（1.06%～5.64%）（Badeck et al.，2005）。第二次刈割时叶片可溶性糖 $\Delta^{13}C$ 低于地上整株 $\Delta^{13}C$ 的现象可以部分地被采样时间所解释（2012 年从 6 月到 8 月中度水分胁迫和正常灌水条件土壤含水量略有下降，但 2013 年同时段 3 个处理的土壤含水量呈上升趋势），而叶片可溶性糖 $\Delta^{13}C$ 的采样时间比地上整株 $\Delta^{13}C$ 的采样时间提前 15 天左右；但第一次刈割时叶片可溶性糖 $\Delta^{13}C$ 低于地上整株 $\Delta^{13}C$ 的现象就不能被采样时段土壤水分状况的差异所解释，因为这一时段土壤水分没有发生显著变化，说明存在光合作用后的分馏效应。第三次刈割时叶片可溶性糖 $\Delta^{13}C$ 高于地上整株 $\Delta^{13}C$ 的现象主要是由于采样时段土壤水分状况的差异引起的，因为从第二次刈割到第三次刈割期间土壤含水量在持续下降。根据对大量文献的分析，Badeck 等（2005）发现根系或木质化茎的碳同位素组成要高于叶片，其碳同位素标签主要受光合作用后的生理生化代谢过程所影响。然而草本植物的茎主要由绿色的光合器官组成，其生化代谢与叶片相近，地上部整株的碳同位素组成主要受不同组分合成时的土壤水分状况影响。由于在 8 月以后降雨量较低，第二次刈割后土壤含水量不断下降，从而导致较低的地上整株 $\Delta^{13}C$，而叶片可溶性糖 $\Delta^{13}C$ 的采样时间是在开花初期，比地上整株 $\Delta^{13}C$ 的采样期早半个月左右，此时的土壤水分状况较好，导致叶片可溶性糖 $\Delta^{13}C$ 比地上整株 $\Delta^{13}C$ 为高。

## 2. $\Delta^{13}C$、地上部生物量及 WUE 间的关系

我们的试验发现，苜蓿地上整株 $\Delta^{13}C$ 与地上部生物量在 3 个水分条件下均呈极显著正相关。很多文献报道了麦类作物（Merah et al.，2001a；Condon et al.，2004；Monneveux et al.，2005；Xu et al.，2007；Zhu et al.，2008b，2009，2010）及苜蓿的 $\Delta^{13}C$ 和地上部生物量呈正相关关系（Ray et al.，1998）。$\Delta^{13}C$ 的基因型间差异主要取决于两个因素：气孔导度和净光合速率或两者共同作用（Condon et al.，1987；Morgan et al.，1993）。在轻度水分亏缺时，基因型间 $\Delta^{13}C$ 的变异主要受气孔导度而非净光合速率的影响（Condon et al.，1987；Morgan et al.，1993；Xu et al.，2007）。在我们的试验中，3 个处理两年的平均土壤含水量分别相当于田间持水量的 41.75%、46.20%和 51.23%，导致较大气孔导度的基因型间差异。在这种情况下，较高的 $\Delta^{13}C$ 与植株个体较强的吸收水分能力和较高的气孔导度有关（Richards，2000；Araus et al.，2003；Moghaddam et al.，2013）。地上整株 $\Delta^{13}C$ 与气孔导度、净光合速率和株高呈显著正相关，说明地上整株 $\Delta^{13}C$ 较高的基因型能够在水分条件较好时通过保持较大的气孔开度，而在茎秆贮存较多的高 $\Delta^{13}C$ 光合产物，也标志着这些基因型具有获得较高生物量的能力。在我们的试验中，茎叶比与地上部生物量呈显著或极显著正相关，说明茎秆干物质对干草产量的影响最大。根据 Badeck 等（2005），纤维素与淀粉和糖类相比在碳同位素组成上更加"贫化"；同时，茎秆呼吸过程

会释放出较多的 $^{13}C$ 而导致呼吸底物更加"贫化"。根据上述理论，较高的地上整株 $\Delta^{13}C$ 可能是以下因素综合影响的结果：贮存了水分条件较好时制造的光合产物、更高的呼吸速率及更高的茎叶比，这些因素也与较高的地上部生物量有关。经过以上分析，在灌溉条件下选择高 $\Delta^{13}C$ 成为产量遗传改良中的有效途径。

我们的研究发现，在中度水分胁迫和正常灌水条件下 WUE 与叶片可溶性糖 $\Delta^{13}C$ 呈极显著负相关，但与地上整株 $\Delta^{13}C$ 相关性不显著，说明在开花期分析叶片可溶性糖 $\Delta^{13}C$ 对于筛选高 WUE 苜蓿后代群体非常重要。WUE 与 $\Delta^{13}C$ 负相关背后的生理机制可以从以下几个方面来解释。正如 Farquhar 和 Richards（1984）的报道，$\Delta^{13}C$ 与 $C_i/C_a$ 呈正相关而与植株个体水平的蒸腾效率呈负相关，然而 $\Delta^{13}C$ 与群体水平 WUE 的关系随环境的不同而有所差异。Johnson 和 Tieszen（1994）报道，在旱地条件下苜蓿叶片 $\Delta^{13}C$ 与 WUE（用地上部整株计算得到）呈显著负相关；Zhu 等（2008a）也在水分控制盆栽试验中发现 $\Delta^{13}C$ 与 WUE 呈负相关。而在地中海地区（Pozo et al.，2017）及奥地利的灌溉及雨养条件下（Moghaddam et al.，2013），$\Delta^{13}C$ 与 WUE 却呈显著正相关。除了环境因素对 $\Delta^{13}C$ 与 WUE 关系的影响外，$\Delta^{13}C$ 测定器官的不同也导致了 $\Delta^{13}C$ 与 WUE 关系的差异。选择合适的采样器官或部位及合适的采样时期对于分析 $\Delta^{13}C$ 与 WUE 的关系非常重要。叶片可溶性碳水化合物是短期的光合产物。Brugnoli 等（1988）报道，叶片可溶性糖 $\Delta^{13}C$ 与 $C_i/C_a$ 呈显著正相关（$r=0.93$），而与蒸腾效率呈显著负相关。同时，苜蓿开花期耗水量占其整个生育期耗水量的 60%以上（Fan et al.，2003），暗示开花期蒸腾效率对整个生育期 WUE 的影响非常大。因为在苜蓿开花期，地上部生物量接近于最大值，此时蒸腾占总的蒸腾蒸发量的比例最大，个体尺度的蒸腾效率与群体尺度 WUE 的关联度较高。事实上，在中度水分胁迫和正常灌水条件下，高 WUE 基因型'宁苜 1 号'和'博拉图'具有较低的叶片可溶性糖 $\Delta^{13}C$，而叶片可溶性糖 $\Delta^{13}C$ 含量较高的'金皇后'和'宁苜 2 号'表现出了较低的 WUE。在重度水分胁迫条件下叶片可溶性糖 $\Delta^{13}C$ 与 WUE 相关性不显著，主要是由于在重度水分胁迫条件下苜蓿地上部生物量较低、蒸腾占蒸腾蒸发量的比例小，从而导致个体水平的蒸腾效率对群体尺度 WUE 影响较小。

我们的试验结果中，地上整株 $\Delta^{13}C$ 与 WUE 相关性不显著，说明长期尺度的植株个体蒸腾效率对 WUE 影响较小，这可以通过不同生育时期植物个体蒸腾效率对最终 WUE 不同的效应来解释。一方面，在开花期，植物个体蒸腾效率低、$\Delta^{13}C$ 高对获得较高的群体 WUE 不利；另一方面，在苗期，高 $\Delta^{13}C$ 基因型常常具有"早发"性状，即生育早期生长较快，能够尽早覆盖地面而对获得较高的 WUE 有利（Condon et al.，2002；Richards et al.，2002）。这样，低 $\Delta^{13}C$ 基因型在生长后期具备的有利因素被其生长早期的不利因素抵消，从而导致地上整株 $\Delta^{13}C$ 与 WUE 相关性较弱。

## 第二节 宁夏荒漠草原不同水分条件下苜蓿 $\Delta^{13}C$ 与光合同化特征的关系

碳同位素分馏现象不仅发生在光合同化过程，从光合产物转化成次生产物时也存在同位素分馏。在光合产物向韧皮部装载的过程或运输过程会发生碳同位素分馏现象，使源器官中的 $^{13}C$ 比库器官的少。因此，源器官（主要为叶片）与库器官（籽粒、根系等）化学成分的差异，以及光合产物由"源"向"库"的转运过程，往往都会造成源器官碳同位素组成低于库器官（Gebbing and Schnyder，2001；Badeck et al.，2005）。

植物不同组分的 $\Delta^{13}C$ 代表了其碳水化合物产生期间的水分利用情况，$C_3$ 植物叶片可溶性糖 $\Delta^{13}C$ 或淀粉 $\Delta^{13}C$ 可以反映植物短期 $C_i/C_a$ 的变化和 WUE。研究表明，叶片可溶性糖或淀粉的碳同位素分馏与 1~2 天内 $C_i/C_a$ 或 $P_i/P_a$（胞间 $CO_2$ 分压/空气中 $CO_2$ 分压）的平均值高度相关（Brugnoli et al.，1988；孙谷畴等，2008）。因此，分析可溶性碳水化合物的 $\Delta^{13}C$ 对研究短期 WUE 非常有用（Brugnoli et al.，1988）。

在位于宁夏中部半干旱地区的红寺堡区孙家滩开发区种植了 10 种来源广泛的苜蓿品种，研究了 3 个水分条件下苜蓿地上整株 $\Delta^{13}C$、叶片 $\Delta^{13}C$ 及叶片可溶性糖 $\Delta^{13}C$，分析了不同组分 $\Delta^{13}C$ 与光合气体交换参数及碳含量的关系。旨在评价不同部位 $\Delta^{13}C$ 在筛选苜蓿高 WUE 品种中的应用价值，并力图揭示苜蓿光合后碳同位素分馏与光合产物合成及转运的关系，为半干旱地区苜蓿高 WUE 品种选择指标体系的建立提供理论依据。

## 一、不同水分处理对 $\Delta^{13}C$、碳含量及光合气体交换参数的影响

2012 年生长季节中 6 月、7 月、8 月的月平均气温较高。生长季降水量为 309.2mm，主要集中在 6~8 月，分别占生长季总降水量的 23.4%、15.5% 和 22.3%（图 3-6）。试验点 0~200cm 土层土壤含水量随时间呈先升后降的趋势，5 月 2 日的土壤含水量最高，7 月 17 日正常灌水条件下土壤含水量有所上升，其余时间 3 个水分处理土壤含水量均呈下降趋势。3 个水分处理土壤含水量在 5 月、6 月及 10 月的排序为：$T_3 > T_2 > T_1$，7 月重度水分胁迫条件下土壤含水量略高于中度水分胁迫条件下的土壤含水量，但显著低于正常灌水条件下的土壤含水量（图 3-7）。

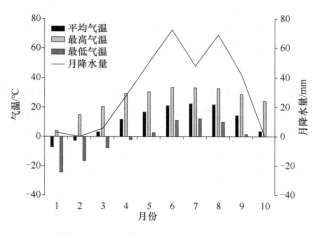

图 3-6  2012 年试验点气温及月降水量

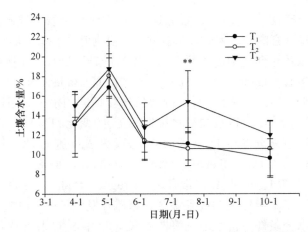

图 3-7　2012 年 3 个水分条件下 0~200cm 土层土壤含水量随时间的变化

由表 3-5 可知，第一次刈割前水分处理间叶片可溶性糖 $\Delta^{13}C$ 及叶片可溶性糖含量、蒸腾速率及叶片温度存在显著或极显著差异，地上整株 $\Delta^{13}C$ 存在基因型间显著差异。正常灌溉条件下叶片 $\Delta^{13}C$ 及地上整株 $\Delta^{13}C$ 和碳含量及蒸腾速率高于控水条件，而重度水分胁迫条件下苜蓿叶片温度显著高于其他两个处理，叶片可溶性糖含量显著高于其他两个处理。

不同部位及组分 $\Delta^{13}C$ 由大到小的顺序为：叶片 $\Delta^{13}C$＞地上整株 $\Delta^{13}C$＞叶片可溶性糖 $\Delta^{13}C$。不同部位及组分碳含量由大到小的顺序为：整株碳含量＞叶片碳含量＞叶片可溶性糖碳含量。

由表 3-6 可知，第二次刈割前水分处理间叶片可溶性糖 $\Delta^{13}C$、叶片可溶性糖含量、叶片碳含量、整株碳含量、叶片温度、净光合速率存在显著或极显著差异，叶片 $\Delta^{13}C$ 存在基因型间显著差异。正常灌水条件下叶片可溶性糖 $\Delta^{13}C$、净光合速率显著高于重度水分胁迫条件，重度水分胁迫条件下叶片温度显著高于其他两个处理。

不同部位及组分 $\Delta^{13}C$ 由大到小的顺序为：叶片 $\Delta^{13}C$＞地上整株 $\Delta^{13}C$＞叶片可溶性糖 $\Delta^{13}C$。不同部位及组分碳含量由大到小的顺序为：整株碳含量＞叶片碳含量＞叶片可溶性糖碳含量。

由表 3-7 可知，第三次刈割前水分处理间叶片 $\Delta^{13}C$、地上整株 $\Delta^{13}C$、叶片可溶性糖 $\Delta^{13}C$、叶片碳含量、叶片温度、净光合速率、$C_i/C_a$ 存在显著或极显著差异，叶片碳含量存在基因型间极显著差异。正常灌水条件下 3 个部位或组分的 $\Delta^{13}C$、叶片碳含量、净光合速率、$C_i/C_a$ 显著高于重度水分胁迫条件，而控水处理显著提高苜蓿叶片温度。

不同部位和组分 $\Delta^{13}C$ 由大到小的顺序为：叶片可溶性糖 $\Delta^{13}C$＞叶片 $\Delta^{13}C$＞地上整株 $\Delta^{13}C$。不同组分碳含量由大到小的顺序为：叶片碳含量＞整株碳含量＞叶片可溶性糖碳含量。

表 3-5 第一次刈割前苜蓿在 3 个水分条件下不同组分中 Δ¹³C 及光合气体交换参数

| | | 叶片 Δ¹³C/‰ | 地上整株 Δ¹³C/‰ | 叶片可溶性糖 Δ¹³C/‰ | 叶片可溶性糖含量/% | 叶片碳含量/% | 整株碳含量/% | 叶片可溶性糖含量/% | 蒸腾速率/ [mmol/ (m²·s)] | 气孔导度/ [mmol/ (m²·s)] | 叶片温度/ °C | 净光合速率/ [μmol/ (m²·s)] | $C_i/C_a$ | 净光合速率/蒸腾速率 (μmol $CO_2$/ mmol $H_2O$) |
|---|---|---|---|---|---|---|---|---|---|---|---|---|---|---|
| 平均值 | $T_1$ | 24.51a | 23.97a | 22.76b | 0.297a | 34.95a | 34.13b | 21.95a | 4.43c | 180.35b | 36.07a | 16.77b | 0.50a | 4.31a |
| | $T_2$ | 24.71a | 24.17a | 23.42b | 0.231b | 34.24a | 36.16ab | 20.04a | 6.23b | 241.37ab | 31.97b | 18.74ab | 0.51a | 3.23a |
| | $T_3$ | 24.84a | 24.33a | 23.67a | 0.225b | 35.45a | 38.45a | 20.87a | 7.53a | 288.60a | 31.99b | 21.82a | 0.51a | 2.93a |
| 标准差 | $T_1$ | 0.755 | 0.688 | 0.344 | 0.048 | 1.48 | 6.04 | 3.81 | 1.50 | 110.42 | 2.83 | 4.45 | 0.047 | 2.30 |
| | $T_2$ | 0.348 | 0.493 | 0.809 | 0.032 | 1.44 | 1.37 | 2.33 | 1.04 | 90.22 | 1.84 | 4.64 | 0.077 | 0.77 |
| | $T_3$ | 0.299 | 0.392 | 0.586 | 0.022 | 1.708 | 1.6091 | 3.03 | 0.74 | 82.00 | 1.30 | 3.90 | 0.046 | 0.6226 |
| $F$ 值 | 基因型间 | 1.19 | 3.30* | 0.848 | 0.910 | 0.255 | 0.857 | 0.586 | 0.409 | 0.379 | 0.709 | 0.562 | 1.944 | 0.681 |
| | 水分处理间 | 1.14 | 2.05 | 5.74* | 12.08** | 1.05 | 3.26 | 0.818 | 15.10*** | 2.59 | 11.58*** | 2.93 | 0.098 | 0.131 |

表 3-6 第二次刈割前苜蓿在 3 个水分条件下不同组分中 $\Delta^{13}C$ 及光合气体交换参数

| | | 叶片 $\Delta^{13}C$/‰ | 地上整株 $\Delta^{13}C$/‰ | 叶片可溶性糖 $\Delta^{13}C$/‰ | 叶片可溶性糖含量/% | 叶片碳含量/% | 整株碳含量/% | 叶片可溶性糖含量/% | 蒸腾速率/[mmol/($m^2 \cdot s$)] | 气孔导度/[mmol/($m^2 \cdot s$)] | 叶片温度/℃ | 净光合速率/[μmol/($m^2 \cdot s$)] | $C_i/C_a$ | 净光合速率/蒸腾速率/(μmol $CO_2$/ mmol $H_2O$) |
|---|---|---|---|---|---|---|---|---|---|---|---|---|---|---|
| 平均值 | $T_1$ | 24.61a | 23.88a | 23.31b | 0.248a | 37.18b | 45.67a | 21.76a | 6.91 | 3014.73a | 30.18a | 18.37b | 0.84a | 2.68a |
| | $T_2$ | 24.77a | 24.09a | 23.40b | 0.193b | 41.84a | 43.86b | 21.68a | 6.76 | 3026.80a | 27.47b | 18.30b | 0.86a | 2.72a |
| | $T_3$ | 24.80a | 24.09a | 23.86a | 0.242a | 40.81ab | 45.54a | 20.34a | 7.13 | 3953.43a | 28.02b | 20.91a | 0.86a | 2.94a |
| 标准差 | $T_1$ | 0.516 | 0.363 | 0.5345 | 0.055 | 6.50 | 1.60 | 2.08 | 0.618 | 843.00 | 2.15 | 1.87 | 0.026 | 0.429 |
| | $T_2$ | 0.339 | 0.6151 | 0.5853 | 0.025 | 1.95 | 1.34 | 2.24 | 0.8017 | 1540.36 | 0.989 | 2.12 | 0.039 | 0.294 |
| | $T_3$ | 0.315 | 0.374 | 0.537 | 0.023 | 2.52 | 1.02 | 1.87 | 0.520 | 913.21 | 0.6775 | 3.87 | 0.030 | 0.58 |
| $F$ 值 | 基因型间 | 2.67* | 1.73 | 2.08 | 0.343 | 1.51 | 2.07 | 0.991 | 1.19 | 1.11 | 0.823 | 2.03 | 1.07 | 1.64 |
| | 水分处理间 | 0.977 | 0.845 | 3.82* | 5.16* | 4.00* | 7.78** | 1.48 | 0.857 | 2.30 | 9.56** | 3.87* | 0.797 | 1.18 |

表 3-7 第三次刈割前苜蓿在 3 个水分条件下不同组分中 Δ¹³C 及光合气体交换参数

|  |  | 叶片 Δ¹³C/‰ | 地上整株 Δ¹³C/‰ | 叶片可溶性糖 Δ¹³C/‰ | 叶片可溶性糖含量/% | 叶片碳含量/% | 整株碳含量/% | 叶片可溶性糖含量/% | 蒸腾速率/[mmol/(m²·s)] | 气孔导度/[mmol/(m²·s)] | 叶片温度/°C | 净光合速率/[μmol/(m²·s)] | $C_i/C_a$ | 净光合速率/蒸腾速率/(μmol $CO_2$/mmol $H_2O$) |
|---|---|---|---|---|---|---|---|---|---|---|---|---|---|---|
| 平均值 | $T_1$ | 21.91b | 21.76c | 22.59c | 0.239a | 45.58c | 45.65a | 29.50a | 3.09a | 812.81b | 24.30a | 12.92b | 0.584b | 4.24a |
|  | $T_2$ | 22.69a | 22.32b | 23.30b | 0.238a | 46.64b | 45.05a | 28.69a | 3.50a | 2374.96ab | 22.27b | 15.06ab | 0.826a | 4.28a |
|  | $T_3$ | 22.92a | 22.72a | 23.86a | 0.249a | 47.66a | 44.31a | 27.90a | 3.62a | 2848.53a | 22.14b | 15.94a | 0.786a | 4.45a |
| 标准差 | $T_1$ | 0.304 | 0.343 | 0.433 | 0.038 | 1.05 | 4.76 | 1.05 | 0.725 | 909.58 | 2.47 | 2.47 | 0.232 | 0.417 |
|  | $T_2$ | 0.196 | 0.263 | 0.311 | 0.022 | 1.67 | 2.05 | 2.24 | 0.5132 | 2204.41 | 0.771 | 3.03 | 0.019 | 0.383 |
|  | $T_3$ | 0.264 | 0.325 | 0.579 | 0.026 | 1.69 | 1.75 | 1.51 | 0.467 | 2146.55 | 0.505 | 1.69 | 0.044 | 0.613 |
| $F$ 值 | 基因型间 | 0.688 | 1.67 | 0.648 | 0.414 | 3.73** | 1.65 | 0.474 | 1.29 | 0.862 | 1.37 | 0.832 | 1.06 | 0.552 |
|  | 水分处理间 | 37.77*** | 29.10*** | 17.32*** | 0.34 | 9.21** | 0.552 | 1.9 | 2.58 | 3.16 | 7.12** | 3.78* | 9.12** | 0.441 |

## 二、不同水分条件下 $\Delta^{13}C$ 与叶片碳含量的关系

第一次刈割前，在重度水分胁迫条件下，叶片 $\Delta^{13}C$ 与叶片碳含量、叶片可溶性糖 $\Delta^{13}C$ 与叶片可溶性糖碳含量均呈显著负相关（图 3-8）。第二次刈割前，叶片可溶性糖碳含量与叶片可溶性糖 $\Delta^{13}C$ 在中度水分胁迫条件下显著负相关；当把 3 个水分处理的数据放在一起分析时，叶片可溶性糖 $\Delta^{13}C$ 与叶片可溶性糖碳含量呈极显著负相关（图 3-9）。第三次刈割前，3 个水分处理数据放在一起分析时，叶片 $\Delta^{13}C$ 与叶片碳含量呈极显著正相关（图 3-10）。

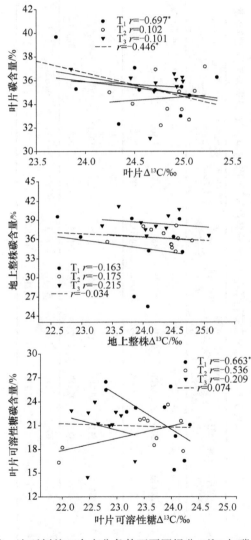

图 3-8　第一次刈割前 3 个水分条件下不同组分 $\Delta^{13}C$ 与碳含量的关系

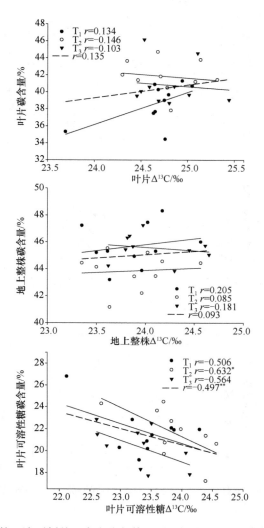

图 3-9 第二次刈割前 3 个水分条件下不同组分 $\Delta^{13}C$ 与碳含量的关系

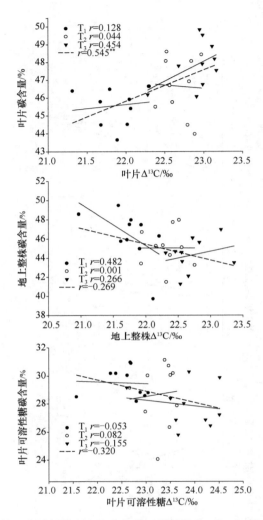

图 3-10 第三次刈割前 3 个水分条件下不同组分 $\Delta^{13}C$ 与碳含量的关系

## 三、不同水分条件下 $\Delta^{13}C$ 与光合气体交换参数的关系

由表 3-8 可知，第一次刈割前，叶片 $\Delta^{13}C$ 在中度水分胁迫条件下与地上整株 $\Delta^{13}C$ 呈显著正相关、在正常灌水条件下与地上整株 $\Delta^{13}C$ 和叶片可溶性糖 $\Delta^{13}C$ 显著正相关。地上整株 $\Delta^{13}C$ 在重度水分胁迫条件下与叶片可溶性糖 $\Delta^{13}C$ 呈极显著正相关。叶片可溶性糖 $\Delta^{13}C$ 在中度水分胁迫条件下与叶片温度呈显著负相关，与 $C_i/C_a$ 呈显著正相关。

**表 3-8　第一次刈割前 3 个水分条件下苜蓿不同组分 $\Delta^{13}C$ 与光合气体交换参数的相关性**

| 指标 | 叶片 $\Delta^{13}C$ | | | 地上整株 $\Delta^{13}C$ | | | 叶片可溶性糖 $\Delta^{13}C$ | | |
|---|---|---|---|---|---|---|---|---|---|
| | $T_1$ | $T_2$ | $T_3$ | $T_1$ | $T_2$ | $T_3$ | $T_1$ | $T_2$ | $T_3$ |
| 地上整株 $\Delta^{13}C$ | 0.078 | 0.676* | 0.685* | | | | | | |
| 叶片可溶性糖 $\Delta^{13}C$ | 0.296 | 0.173 | 0.711* | 0.781** | −0.061 | 0.139 | | | |
| 叶片可溶性糖含量 | −0.460 | −0.272 | −0.143 | −0.155 | −0.264 | −0.235 | 0.120 | 0.602 | −0.062 |
| 蒸腾速率 | 0.377 | −0.258 | 0.479 | 0.242 | −0.208 | 0.553 | 0.440 | 0.458 | 0.382 |
| 气孔导度 | 0.084 | −0.095 | 0.302 | 0.369 | −0.086 | 0.472 | 0.487 | 0.481 | 0.207 |
| 叶片温度 | 0.221 | −0.029 | 0.033 | −0.199 | 0.164 | −0.222 | −0.179 | −0.670* | 0.112 |
| 净光合速率 | 0.110 | −0.180 | 0.086 | 0.187 | 0.097 | 0.456 | 0.317 | 0.235 | −0.092 |
| $C_i/C_a$ | −0.131 | 0.022 | 0.311 | −0.073 | −0.399 | −0.058 | −0.402 | 0.762* | 0.421 |
| 净光合速率/蒸腾速率 | −0.603 | −0.111 | −0.273 | −0.147 | 0.374 | 0.255 | −0.340 | −0.248 | −0.453 |

由表 3-9 可知，第二次刈割前，叶片 $\Delta^{13}C$ 在 3 个水分条件下与叶片可溶性糖 $\Delta^{13}C$ 均呈极显著正相关，在重度水分胁迫条件下与蒸腾速率、气孔导度呈显著或极显著正相关，与叶片温度和瞬间 WUE 呈极显著负相关。叶片可溶性糖 $\Delta^{13}C$ 在中度水分胁迫条件下与叶片可溶性糖含量呈显著正相关；在重度水分胁迫条件下与蒸腾速率呈极显著正相关，与叶片温度呈显著负相关；在正常灌水条件下与气孔导度呈显著正相关；在 3 个水分条件下与瞬间 WUE 均呈显著负相关。

**表 3-9　第二次刈割前 3 个水分条件下苜蓿不同组分 $\Delta^{13}C$ 与光合气体交换参数的相关性**

| 指标 | 叶片 $\Delta^{13}C$ | | | 地上整株 $\Delta^{13}C$ | | | 叶片可溶性糖 $\Delta^{13}C$ | | |
|---|---|---|---|---|---|---|---|---|---|
| | $T_1$ | $T_2$ | $T_3$ | $T_1$ | $T_2$ | $T_3$ | $T_1$ | $T_2$ | $T_3$ |
| 地上整株 $\Delta^{13}C$ | 0.297 | −0.200 | 0.628 | | | | | | |
| 叶片可溶性糖 $\Delta^{13}C$ | 0.802** | 0.855** | 0.881** | 0.304 | −0.186 | 0.640 | | | |
| 叶片可溶性糖含量 | −0.147 | 0.330 | 0.035 | −0.079 | −0.542 | −0.098 | −0.432 | 0.667* | −0.067 |
| 蒸腾速率 | 0.795** | 0.499 | 0.577 | 0.410 | −0.541 | 0.328 | 0.890** | 0.539 | 0.546 |
| 气孔导度 | 0.698* | 0.433 | 0.505 | −0.234 | −0.326 | 0.617 | 0.438 | 0.242 | 0.655* |
| 叶片温度 | −0.947** | 0.138 | 0.509 | −0.339 | 0.364 | 0.004 | −0.744* | 0.455 | 0.528 |
| 净光合速率 | −0.416 | 0.153 | −0.374 | −0.529 | −0.091 | −0.270 | −0.037 | −0.038 | −0.464 |
| $C_i/C_a$ | −0.392 | 0.266 | 0.398 | 0.088 | −0.506 | 0.196 | −0.434 | 0.057 | 0.334 |
| 净光合速率/蒸腾速率 | −0.857** | −0.389 | −0.553 | −0.615 | 0.478 | −0.365 | −0.644* | −0.650* | −0.633* |

由表 3-10 可知，第三次刈割前，叶片 $\Delta^{13}C$ 在重度水分胁迫条件下与地上整株 $\Delta^{13}C$ 呈显著正相关，在中度水分胁迫和正常灌水条件下与叶片可溶性糖 $\Delta^{13}C$ 呈极显著正相关，在中度水分胁迫条件下与 $C_i/C_a$ 呈极显著正相关。地上整株 $\Delta^{13}C$ 在重度水分胁迫条件下与叶片可溶性糖 $\Delta^{13}C$ 和叶片可溶性糖含量呈极显著正相关。叶片可溶性糖 $\Delta^{13}C$ 在重度水分胁迫条件下与叶片可溶性糖含量呈显著正相关。

表 3-10　第三次刈割前 3 个水分条件下苜蓿不同组成 $\Delta^{13}C$ 与光合气体交换参数的相关性

| 指标 | 叶片 $\Delta^{13}C$ | | | 地上整株 $\Delta^{13}C$ | | | 叶片可溶性糖 $\Delta^{13}C$ | | |
| --- | --- | --- | --- | --- | --- | --- | --- | --- | --- |
| | $T_1$ | $T_2$ | $T_3$ | $T_1$ | $T_2$ | $T_3$ | $T_1$ | $T_2$ | $T_3$ |
| 地上整株 $\Delta^{13}C$ | 0.673* | −0.098 | −0.009 | | | | | | |
| 叶片可溶性糖 $\Delta^{13}C$ | 0.554 | 0.709** | 0.876** | 0.790** | −0.622 | 0.153 | | | |
| 叶片可溶性糖含量 | 0.328 | 0.045 | −0.349 | 0.759** | 0.423 | −0.325 | 0.654* | −0.542 | −0.373 |
| 蒸腾速率 | −0.186 | −0.242 | 0.191 | 0.233 | 0.449 | −0.044 | 0.336 | −0.360 | 0.460 |
| 气孔导度 | 0.017 | 0.031 | 0.113 | 0.388 | 0.413 | −0.060 | 0.394 | −0.242 | 0.145 |
| 叶片温度 | −0.245 | −0.534 | 0.149 | −0.463 | −0.363 | −0.017 | −0.303 | 0.076 | 0.236 |
| 净光合速率 | −0.477 | −0.158 | −0.091 | 0.027 | 0.607 | −0.455 | 0.113 | −0.468 | −0.040 |
| $C_i/C_a$ | 0.213 | 0.771** | 0.088 | 0.342 | −0.077 | 0.253 | 0.136 | 0.382 | 0.206 |
| 净光合速率/蒸腾速率 | −0.496 | 0.105 | −0.213 | −0.526 | 0.577 | −0.316 | −0.525 | −0.375 | −0.443 |

## 四、讨论与结论

### 1. 不同水分处理对 $\Delta^{13}C$、碳含量及光合气体交换参数的影响

土壤水分含量下降时，植物会关闭部分气孔以避免水分的蒸散。根据 Farquhar 等（1982）的研究，$C_3$ 植物组织中碳同位素组成比的差异主要是由于在大气 $CO_2$ 通过扩散作用进入气孔腔的过程中，气孔对 $^{13}C$ 的辨别力不同，以及 RuBP 羧化酶对 $^{13}C$ 的分馏效应不同造成的。因此，与植物光合作用及气孔导度有关的因素（包括内部因素和外部因素）都会导致 $\Delta^{13}C$ 的差异。较低的气孔导度或较高的光合速率，会降低 $\Delta^{13}C$（Farquhar et al.，1989；Condon et al.，2002）。Morgan 等（1993）提出假说，认为在胁迫条件下，$\Delta^{13}C$ 的差异主要受气孔导度的影响，而光合作用的影响居次要地位（Morgan et al.，1993）。本试验结果表明，不同茬次各部位及组分 $\Delta^{13}C$ 随着水分胁迫程度的加重而降低，是因为水分胁迫导致气孔导度降低和 $C_i/C_a$ 值下降，从而使 $\Delta^{13}C$ 降低（Farquhar et al.，1989；Araus et al.，1997a；Merah et al. 1999）。

植物不同组分 $\Delta^{13}C$ 反映了不同时间段水分利用状况，叶片中的可溶性糖是植物近期光合作用的产物，叶片可溶性糖 $\Delta^{13}C$ 可以反映植物短期内 $C_i/C_a$ 的变化和 WUE（Brugnoli et al.，1988；孙谷畴等，2008）。在本研究中，第一次和第二次刈割前叶片可溶性糖 $\Delta^{13}C$ 在不同水分条件下的差异显著性大于叶片 $\Delta^{13}C$ 和地上整株 $\Delta^{13}C$，这可能与第一次刈割（6 月 4 日）及第二次刈割（7 月 31 日）时 3 个水分条件下土壤含水量差异较大有关。但第三次刈割前叶片可溶性糖 $\Delta^{13}C$ 水分处理间差异小于叶片和地上整株 $\Delta^{13}C$，主要是由于第三次刈割时土壤水分差异变小，导致近期光合产物 $\Delta^{13}C$ 差异变小；而叶片和地上整株 $\Delta^{13}C$ 反映了较长时间段内的蒸腾效率，第三次刈割前稍早时期不同水分处理间较大的土壤水分差异导致更大的叶片及地上整株 $\Delta^{13}C$ 的差异。

在我们的试验结果中，减少灌溉量处理使蒸腾速率、净光合速率、$C_i/C_a$ 显著降低，使叶片温度显著升高。叶片温度的变化可以作为干旱胁迫下衡量作物生长发育状况的一个重要指标（Takai et al.，2010；Romano et al.，2011）。叶片通过蒸腾作用消耗部分能量，实现自身温度的调节（苏子龙等，2013）。若出现水分亏缺，则蒸腾速率降低，所

消耗的能量降低，叶片温度随之增高。故气叶温差联系着作物叶片的水分与能量平衡，可以反映作物的水分状况（Grayson et al., 1997；史志华等, 2012）。在本试验中，减少灌溉量使苜蓿叶片气孔开度减小，导致蒸腾速率和净光合速率降低，叶片蒸腾降温作用减弱从而使叶片温度升高。

### 2. 不同水分条件下 $\Delta^{13}C$ 与碳含量、光合气体交换参数的关系

本试验中，第一次和第二次刈割前，在重度水分胁迫条件下叶片 $\Delta^{13}C$ 与叶片碳含量，在中度水分胁迫条件下叶片可溶性糖 $\Delta^{13}C$ 与叶片可溶性糖碳含量呈显著负相关。碳同位素分馏现象不仅发生在碳固定过程而且发生在光合作用后的生理代谢过程。Badeck 等（2005）用大量数据证明叶片中 $^{13}C$ 比例要比其他器官低，暗示光合作用后的生理生化代谢过程可以改变植物器官中的碳同位素组成值，使不同器官具有不同的碳同位素组成。叶片中 $^{13}C$ 比例低可以归于以下两个原因。①韧皮部汁液蔗糖中 $^{13}C$ 要比叶片蔗糖中 $^{13}C$ 的比例高，这是因为同化产物输出前碳同位素空间上的区隔化和生化上的分辨作用，在光合产物向韧皮部装载的过程或运输过程会发生碳同位素分馏现象，使源器官中的 $^{13}C$ 比库器官的少（Bathellier et al., 2008）。②植物器官中不同的组分碳同位素组成显著不同。植物组织中 $^{13}C$ 的比例与淀粉、蔗糖和可溶性碳水化合物组成中 $^{13}C$ 的比例相比要低（Ocheltree and Marshall, 2004），植物器官中较多可溶性碳水化合物的运出必然会使组织中的 $^{13}C$ 比例下降，使 $\Delta^{13}C$ 升高。

对于我们的试验，苜蓿叶片中光合产物通过韧皮部向植株或根系高效率的转运会输出更多的富集 $^{13}C$ 的可溶性碳水化合物，使叶片组织或可溶性糖中的碳含量和 $^{13}C$ 比例降低及叶片组织 $\Delta^{13}C$ 增大。在我们的结果中，叶片 $\Delta^{13}C$、叶片碳含量、叶片可溶性糖 $\Delta^{13}C$ 与叶片可溶性糖碳含量负相关验证了上述分析。

第一次刈割前，叶片可溶性糖 $\Delta^{13}C$ 在中度水分胁迫条件下与 $C_i/C_a$ 呈显著正相关、与叶片温度呈显著负相关。第二次刈割前叶片可溶性糖 $\Delta^{13}C$ 在重度水分胁迫条件下与蒸腾速率呈极显著正相关，与叶片温度及瞬间 WUE 呈显著负相关，在正常灌水条件下与气孔导度呈显著负相关。

根据 Farquhar 和 Richards（1984）与 O'Leary（1981），在叶片胞间 $CO_2$ 浓度较低时，植物细胞对重碳同位素的分馏作用减小，降低了 $\Delta^{13}C$。$C_i/C_a$ 受两个因素的影响：气孔导度和光合速率。较低的气孔导度或较高的光合速率都会降低 $C_i/C_a$，也会降低 $\Delta^{13}C$（Farquhar et al., 1989；Condon et al., 2002）。因此，$\Delta^{13}C$ 与 $C_i/C_a$ 正相关，与瞬间 WUE 负相关。

叶片是植物与外界环境之间物质、能量交换的最重要门户，叶片温度变化与叶片水分蒸腾密切相关（王军等, 2001）。植物根系利用深层土壤水分能力的高低及植物生长前期用水效率的高低所导致的土壤中贮水量多少的变化都会影响植物叶片温度的高低。在第一次刈割前叶片温度在中度水分胁迫条件下与叶片可溶性糖 $\Delta^{13}C$ 呈显著负相关，第二次刈割前叶片温度与叶片 $\Delta^{13}C$ 在重度水分胁迫条件下呈极显著负相关，说明在生长前期高 $\Delta^{13}C$ 的苜蓿品种气孔开度较大、蒸腾速率较高，降温效果明显。

综上，我们的试验结果表明，水分胁迫处理显著影响各茬次各组分 $\Delta^{13}C$，这是因为

水分胁迫导致气孔导度降低和 $C_i/C_a$ 下降，从而使 $\Delta^{13}C$ 降低。植物不同组分 $\Delta^{13}C$ 反映了不同时间段植株水分利用状况，叶片可溶性糖 $\Delta^{13}C$ 可以反映植株短期 $C_i/C_a$ 的变化和 WUE。第一次刈割前重度水分胁迫条件下叶片 $\Delta^{13}C$ 与叶片碳含量、叶片可溶性糖 $\Delta^{13}C$ 与叶片可溶性糖碳含量呈显著负相关，第二次刈割前叶片可溶性糖 $\Delta^{13}C$ 与叶片可溶性糖碳含量在中度水分胁迫条件下呈显著负相关，说明在光合作用后光合产物向韧皮部装载的过程或运输过程发生碳同位素分馏现象，使源器官中的 $^{13}C$ 比库器官中的少（源器官 $\Delta^{13}C$ 更高）。因此，较高的叶片 $\Delta^{13}C$ 与植物源器官向库器官高效率的碳水化合物转运有关。水分胁迫处理使 $\Delta^{13}C$、蒸腾速率、净光合速率、$C_i/C_a$ 显著降低，使叶片温度显著升高。叶片温度与叶片 $\Delta^{13}C$ 和叶片可溶性糖 $\Delta^{13}C$ 显著负相关，故叶片温度可以反映作物的水分状况。

## 第三节 宁夏中部干旱带苜蓿 $\Delta^{13}C$ 替代指标的研究

宁夏中部干旱带处于毛乌素沙地和腾格里沙漠的边缘，是我国北方农业区与天然草地牧区交接的过渡地带（贾科利和张俊华，2012），海拔 1340m，土地总面积 253.7 万 $hm^2$，占宁夏总面积的 45.9%，属典型的大陆性气候，干燥少雨，蒸发强烈，风大沙多。年均降水量为 251mm，年蒸发量为降水量的 9 倍（王海燕和高祥照，2010）。在该地区种植粮食作物会对生态环境有较大的破坏作用。苜蓿是我国种植面积最大的人工牧草，饲用价值高，营养丰富，同时也是一种优良的改土培肥植物，具有良好的经济效益和生态效益，在我国旱区农业发展中具有十分重要的作用（董孝斌和张新时，2005）。

在宁夏中部半干旱地区，水分是限制牧草生长及人工草地构建的主要因素，如何筛选高 WUE 的牧草品种是育种家的重要目标。蒸腾效率是植物蒸腾单位质量水分所形成的干物质，高的蒸腾效率可以增强植物对逆境的适应能力。但是，通过测定地上部生物量和蒸腾的水量法直接测定和计算植物蒸腾效率既费时又费力。20 世纪 80 年代初，Farquhar 和 Richards（1984）发现 $\Delta^{13}C$ 可以反映植物的蒸腾效率及其生长环境的水分状况，他们发现 $C_3$ 植物 $\Delta^{13}C$ 与整株水平的蒸腾效率有负相关关系，$\Delta^{13}C$ 可以作为间接选择指标来筛选高蒸腾效率的植物种或品种。然而，$\Delta^{13}C$ 的测定需要昂贵的同位素质谱仪，成本较高，在节水品种筛选工作中非常有必要寻找 $\Delta^{13}C$ 的替代指标。

近年来，许多国外研究者发现与 $\Delta^{13}C$ 有较好相关性的其他指标，如灰分含量、比叶重及叶片相对含水量等。Monneveux 等（2004）发现小麦成熟期旗叶灰分含量与蒸腾水量呈正相关。李善家等（2010）研究发现，油松叶片的灰分含量与 $\delta^{13}C$ 呈正相关，与叶片相对含水量呈负相关。根据文献报道，麦类作物叶片灰分含量与 $\Delta^{13}C$ 呈显著正相关（Masle et al.，1992，1999，2001b）。朱林等（2006）经过研究发现，成熟期叶片灰分含量与旗叶 $\Delta^{13}C$ 及收获系数呈正相关并达到显著水平。Wright 等（1993）研究发现，花生比叶面积与其 WUE 呈显著负相关。Araus 等（1997b）发现，在正常供水条件下大麦的比叶重与 $\Delta^{13}C$ 呈负相关。Ismail 和 Hall（1993）报道豇豆的比叶重与蒸腾效率相关性不显著。

已发表的将 $\Delta^{13}C$ 用于苜蓿 WUE 研究的报道多是选用一到两个品种（系）进行盆栽实验，而有关在半干旱风沙区应用较多的苜蓿材料的 $\Delta^{13}C$ 与灰分含量、比叶重、相对含水量之间关系的研究，在国内还鲜见报道。我们在宁夏中部干旱地区采用节水喷灌设施，设置了 3 个水分梯度，对 10 个苜蓿品种材料的 $\Delta^{13}C$、灰分含量、比叶重、相对含水量进行了研究，目的是分析不同水分条件下各参试苜蓿品种的 $\Delta^{13}C$、灰分含量、比叶重、相对含水量的表现及其相互之间的关系，为苜蓿节水品种筛选提供依据。

## 一、不同水分条件下 $\Delta^{13}C$ 及相关指标的表现

3 个水分条件下始花期地上整株 $\Delta^{13}C$、叶片灰分含量及叶片相对含水量有显著差异，其中始花期 3 个水分条件下地上整株 $\Delta^{13}C$、叶片相对含水量由大到小的顺序为：$T_3 > T_2 > T_1$；始花期整株灰分含量、叶片灰分含量、比叶重由大到小的顺序为：$T_1 > T_2 > T_3$；$T_1$ 处理气孔导度显著低于 $T_2$ 和 $T_3$ 处理（表 3-11）；各品种间比叶重差异显著，不同水分处理间除了整株灰分含量和比叶重外，其他指标均存在显著或极显著差异。

表 3-11 始花期 3 个水分条件下各指标的平均值及多重比较结果

| 指标 | 平均值（变异系数） | | | F 值 | |
|---|---|---|---|---|---|
| | $T_1$ | $T_2$ | $T_3$ | 品种间（$df$=9） | 水分处理间（$df$=2） |
| 地上整株 $\Delta^{13}C$/‰ | 21.88bB（1.33%） | 22.10abAB（1.68%） | 22.34aA（1.40%） | 0.33 | 4.90* |
| 叶片灰分含量/% | 8.26aA（8.67%） | 7.63bB（10.82%） | 6.93cAB（7.17%） | 0.32 | 9.62** |
| 地上整株灰分含量/% | 9.43aA（8.68%） | 9.29aA（7.43%） | 9.02aA（6.73%） | 0.56 | 0.87 |
| 比叶重/（g/m²） | 44.18aA（14.7%） | 43.05aA（22.93%） | 41.16aA（49.82%） | 1.03** | 0.12 |
| 叶片相对含水量 | 0.76bB（8.51%） | 0.83aAB（9.03%） | 0.89aA（7.64%） | 0.52 | 8.95** |
| 蒸腾速率/[mmolH₂O/（m²·s）] | 8.30bB（9.13%） | 9.23aAB（4.55%） | 9.95aA（14.54%） | 0.17 | 7.20* |
| 净光合速率/[μmol CO₂/（m²·s）] | 3.30bB（23.16%） | 5.99aA（22.61%） | 6.22aA（18.2%） | 0.25 | 21.39** |
| 净光合速率/蒸腾速率/（μmol CO₂/mmol H₂O） | 0.40bB（20.9%） | 0.63aA（20.25%） | 0.65aA（18.61%） | 0.39 | 15.59** |
| 气孔导度/[mmol/（m²·s）] | 372.13bB（19.18%） | 518.38aA（17.41%） | 500.20aA（24.51%） | 0.23 | 6.74* |

注：平均值后的大小写字母分别表示同一指标不同处理间在 0.01（大写）和 0.05（小写）水平上差异显著

由表 3-12 可知，盛花期 3 个水分条件下叶片 $\Delta^{13}C$ 由大到小的顺序为：$T_3 > T_2 > T_1$；叶片灰分含量随着灌水量的增加而减少；叶片相对含水量在重度水分胁迫条件下最低，正常灌水条件下最高；蒸腾速率和净光合速率均随着水分胁迫程度的增加逐渐减小；气孔导度在正常灌水条件下最高，随着水分胁迫增加而减小。盛花期叶片灰分含量、蒸腾速率、气孔导度、净光合速率及单叶 WUE 品种间差异达到极显著水平。不同水分处理间除比叶重和叶片相对含水量外，其他指标均存在显著或极显著差异。

表 3-12 盛花期 3 个水分条件下各指标的平均值及多重比较结果

| 指标 | 平均值（变异系数） | | | F 值 | |
|---|---|---|---|---|---|
| | $T_1$ | $T_2$ | $T_3$ | 品种间（$df$=9） | 水分处理间（$df$=2） |
| 叶片 $\Delta^{13}C$/‰ | 21.88b（1.33%） | 22.10ab（1.68%） | 22.34a（1.40%） | 0.33 | 4.09* |
| 叶片灰分含量/% | 9.70a（10.86%） | 8.99b（6.47%） | 8.93b（5.12%） | 1.93** | 3.27** |
| 比叶重/（g/m²） | 31.62a（9.96%） | 30.15a（9.25%） | 29.45a（7.41%） | 0.396 | 0.211 |

续表

| 指标 | 平均值（变异系数） | | | F 值 | |
|---|---|---|---|---|---|
| | $T_1$ | $T_2$ | $T_3$ | 品种间（$df=9$） | 水分处理间（$df=2$） |
| 叶片相对含水量 | 0.87a (5.6%) | 0.88a (3.9%) | 0.89a (2.86%) | 1.71** | 0.58 |
| 蒸腾速率/[mmol/(m²·s)] | 5.30b (15.11%) | 5.51b (4.49%) | 6.71a (17.26%) | 0.347 | 10.61** |
| 净光合速率/[μmol/(m²·s)] | 3.27b (40.88%) | 5.52a (47.24%) | 5.68a (29.46%) | 1.57** | 4.684** |
| 净光合速率/蒸腾速率 | 0.65ba (48.64%) | 0.85ab (50.35%) | 1.00a (21.69%) | 1.46** | 2.76** |
| 气孔导度/[mmol/(m²·s)] | 274.80c (16.94%) | 333.27b (24.48%) | 475.70a (9.25%) | 0.396 | 29.77** |

注：平均值后的小写字母表示同一指标不同处理间在 0.05（小写）水平上差异显著

## 二、苜蓿各参试品种生长及生理指标的表现

对不同苜蓿品种的各个指标进行比较（表 3-13），'中苜 1 号''宁苜 2 号''金皇后''阿尔冈金'的地上整株 $\Delta^{13}C$ 比较高；'三得利'、'中苜 1 号'的整株灰分含量较低；'宁苜 1 号'、'宁苜 2 号'的叶片灰分含量较低；'宁苜 1 号'、'中苜 1 号'及'宁苜 2 号'的比叶重较低；'中苜 1 号'、'阿尔冈金'和'宁苜 1 号'的叶片相对含水量较高。

表 3-13 不同苜蓿品种各指标的综合表现

| 品种 | 地上整株 $\Delta^{13}C$/‰ | 叶片 $\Delta^{13}C$/‰ | 叶片灰分含量/% | 整株灰分含量/‰ | 比叶重/(g/m²) | 叶片相对含水量 |
|---|---|---|---|---|---|---|
| '阿尔冈金' | 22.24±0.34 | 23.65±0.13 | 7.66±0.81 | 9.26±0.56 | 40.05±4.97 | 0.86±0.11 |
| '金皇后' | 22.17±0.47 | 23.20±0.45 | 7.94±0.42 | 9.22±0.66 | 60.56±31.81 | 0.83±0.06 |
| '固原紫花' | 22.04±0.62 | 23.53±0.15 | 7.62±1.28 | 9.34±0.92 | 42.54±12.10 | 0.81±0.13 |
| '博拉图' | 22.05±0.37 | 23.31±0.39 | 7.94±1.03 | 9.23±0.80 | 48.65±8.72 | 0.79±0.12 |
| '宁苜 1 号' | 22.03±0.27 | 23.54±0.25 | 6.99±1.79 | 9.11±1.04 | 34.59±8.39 | 0.86±0.17 |
| '三得利' | 22.14±0.10 | 23.54±0.18 | 7.76±0.79 | 8.67±0.87 | 42.75±8.14 | 0.84±0.08 |
| '中苜 1 号' | 22.26±0.09 | 23.55±0.43 | 7.55±0.72 | 8.82±0.91 | 34.48±10.22 | 0.90±0.07 |
| 'CW400' | 21.98±0.19 | 23.33±0.52 | 7.87±1.01 | 9.77±0.33 | 42.92±12.64 | 0.77±0.04 |
| '宁苜 2 号' | 22.27±0.58 | 23.40±0.77 | 7.20±0.04 | 9.44±0.61 | 35.07±2.44 | 0.82±0.03 |
| '甘农 3 号' | 21.85±0.62 | 23.40±0.69 | 7.50±0.58 | 9.60±0.63 | 46.33±12.96 | 0.79±0.03 |

注：表中数据为平均值±标准差

## 三、不同水分条件下 $\Delta^{13}C$ 与各测定指标的相关性

在始花期，重度和中度水分胁迫条件下地上整株 $\Delta^{13}C$ 与整株灰分含量呈显著或极显著负相关；重度水分胁迫条件下地上整株 $\Delta^{13}C$ 与比叶重呈极显著负相关，与叶片相对含水量呈显著正相关；中度水分胁迫条件下叶片 $\Delta^{13}C$ 和地上整株 $\Delta^{13}C$ 与叶片相对含水量呈极显著正相关，叶片 $\Delta^{13}C$ 与气孔导度呈极显著正相关（表 3-14）。在盛花期，中度水分胁迫条件下叶片 $\Delta^{13}C$ 与比叶重呈显著负相关，与叶片相对含水量呈显著正相关（表 3-15）。

表 3-14　始花期 3 个水分条件下 $\Delta^{13}C$ 与各指标的相关性

| 指标 | 叶片 $\Delta^{13}C$ | | | 地上整株 $\Delta^{13}C$ | | |
|---|---|---|---|---|---|---|
| | $T_1$ | $T_2$ | $T_3$ | $T_1$ | $T_2$ | $T_3$ |
| 叶片灰分含量 | −0.433 | −0.292 | −0.188 | −0.384 | −0.096 | −0.543 |
| 整株灰分含量 | −0.062 | −0.222 | 0.055 | −0.796** | −0.623* | 0.052 |
| 比叶重 | −0.404 | −0.110 | −0.312 | −0.703** | −0.396 | 0.299 |
| 叶片相对含水量 | 0.510 | 0.898** | −0.069 | 0.650* | 0.788** | −0.353 |
| 蒸腾速率 | 0.211 | 0.501 | 0.246 | 0.316 | 0.001 | 0.418 |
| 净光合速率 | −0.210 | 0.625 | −0.181 | −0.340 | 0.198 | 0.144 |
| 净光合速率/蒸腾速率 | −0.172 | 0.599 | −0.362 | −0.531 | 0.224 | −0.136 |
| 气孔导度 | −0.314 | 0.711** | 0.172 | 0.165 | 0.378 | 0.391 |

表 3-15　盛花期 3 个水分条件下叶片 $\Delta^{13}C$ 与各指标的相关性

| 指标 | 叶片 $\Delta^{13}C$ | | |
|---|---|---|---|
| | $T_1$ | $T_2$ | $T_3$ |
| 叶片灰分含量 | −0.213 | −0.302 | 0.106 |
| 比叶重 | −0.095 | −0.615* | 0.347 |
| 叶片相对含水量 | 0.026 | 0.657* | 0.141 |
| 蒸腾速率 | 0.068 | −0.228 | 0.137 |
| 净光合速率 | −0.039 | 0.577 | −0.375 |
| 净光合速率/蒸腾速率 | −0.034 | 0.565 | −0.070 |
| 气孔导度 | −0.081 | 0.477 | −0.455 |

## 四、讨论与结论

### 1. 不同时期不同水分处理各指标的表现

据报道，在干旱控水的条件下植物气孔开度减小、叶片蒸腾作用减弱，使蒸腾器官中单位干物质量灰分含量减少并显著降低 $\Delta^{13}C$（Monneveux et al.，2004；孙惠玲等，2009）。本试验 $\Delta^{13}C$ 的结果与上述报道一致，即控水处理使叶片或地上整株的 $\Delta^{13}C$ 显著下降。但灰分储量的试验结果却与上述报道相反，即在重度水分胁迫条件下始花期叶片和整株及盛花期叶片灰分含量均较中度水分胁迫或正常灌水条件下高。这可能与苜蓿的生长特性有关：在水分限制的条件下，苜蓿光合产物向地下分配比例增加，从而导致地上部碳含量降低和灰分含量增加。也可能与采样时期和部位有关，植物不同部位的灰分含量是不一样的。我们的试验采样部位为苜蓿植株的上部叶片，在正常灌水条件下，新叶抽出速度快，灰分含量通常比较低。李芳兰等（2005）研究了干旱地区黄栌（*Cotinus coggygria*）叶片的比叶重，研究表明，随着海拔的升高和年降水量的增加，比叶重呈逐渐减小的趋势。我们的试验结果是：重度水分胁迫条件下苜蓿始花期和盛花期的平均比叶重均比中度水分胁迫和正常灌水条件的高，即 $T_1>T_2>T_3$，说明苜蓿植株在水分胁迫时通过加厚叶片来适应干旱环境，这与 Araus 等（1997b）的研究结论一致。

## 2. 不同水分条件下苜蓿 $\Delta^{13}C$ 与光合气体交换参数、叶片水分生理及形态指标的关系

Farquhar 和 Richards（1984）及 Monneveux 等（2004）的研究表明，$C_3$ 植物较高的 $\Delta^{13}C$ 与较大的气孔导度有关。在本试验中，中度水分胁迫条件下，$\Delta^{13}C$ 与叶片相对含水量及气孔导度呈正相关，$\Delta^{13}C$ 较高的几个品种，如'中苜 1 号'、'阿尔冈金'、'宁苜 1 号'和'宁苜 2 号'的水分状况也比较好，说明在水分胁迫的环境下 $\Delta^{13}C$ 能更好地反映作物的水分状况，高 $\Delta^{13}C$ 的基因型暗示着作物的水分状况也较好。但 $\Delta^{13}C$ 与气孔导度相关性不显著，在正常灌水条件下 $\Delta^{13}C$ 与叶片相对含水量及气孔导度的相关性都不显著。由于 $\Delta^{13}C$ 与 $C_i/C_a$ 正相关，而 $C_i/C_a$ 与气孔导度和净光合速率两个因素有关。在正常灌水条件下，基因型间气孔导度的变异增大，是解释 $C_i/C_a$ 及 $\Delta^{13}C$ 差异的主要原因；在土壤水分状况较好的情况下，基因型间气孔导度的变异较小，水分状况好（叶片相对含水量高）的基因型能保持较高的净光合速率，使 $C_i/C_a$ 及 $\Delta^{13}C$ 下降，导致 $\Delta^{13}C$ 与叶片相对含水量和气孔导度的相关性变弱。

在中度或重度水分胁迫条件下，不同苜蓿材料的地上整株 $\Delta^{13}C$ 与整株灰分含量呈显著或极显著负相关，这与前人关于灰分含量与 $\Delta^{13}C$ 正相关的报道（Masle et al.，1992，1999，2001b；朱林等，2006）相反，可能是由于苜蓿整株灰分含量不仅与蒸腾效率有关，也与光合产物的转运效率有关。低 $\Delta^{13}C$ 基因型水分状况较差，光合产物向地下部分配比率较高，导致地上部碳含量降低和灰分含量升高；高 $\Delta^{13}C$ 基因型的情况与此正好相反，因其水分状况较好、气孔开度较大、光合速率较高，向地上部分配较多的光合碳产物，而较高的碳含量对灰分起"稀释"的作用，从而使地上部灰分含量降低。

比叶重反映了叶片厚度和光合能力，较厚的叶片中参与光合作用的机构较多，光合机能比较强，从而使蒸腾效率提高和 $\Delta^{13}C$ 降低（Walker and Lance，1991）。本试验研究显示，重度和中度水分胁迫条件下参试苜蓿材料基因型间净光合速率的差异比正常灌水处理的大（变异系数较高），在这种情况下，光合作用对 $C_i/C_a$ 及 $\Delta^{13}C$ 的影响权重增大。由于 $\Delta^{13}C$ 与 $C_i/C_a$ 呈正相关，叶片较厚的品种有更强的光合能力，使其叶片 $C_i/C_a$ 降低，从而使 $\Delta^{13}C$ 下降，使 $\Delta^{13}C$ 与比叶重负相关。

## 第四节　宁夏毛乌素沙地南缘缓坡丘陵区不同坡位旱地苜蓿水分利用特征的研究

在干旱、半干旱地区，水是生态系统的主要限制性因子（边俊景等，2009）。苜蓿作为优良的豆科牧草，在畜牧业生产、人工草地建设和保护生态环境等方面具有重要的经济效益和生态效益（余玲等，2006；杨永东等，2008）。苜蓿根系发达，对深层土壤水分利用能力很强，耗水量大，需水量（蒸腾系数）在各参比作物中为最高（Kramer and Boyer，1995；山仑等，2008）。国内外不同地域、不同生产方式下苜蓿整个生育期的耗水量为 300~1450mm，极端最高值为 2245mm（李浩波等，2006；刘沛松等，2009）。李凤民和张振万（1991）发现，处于半干旱区盐池县四墩子村（37°47′N，107°24′E）的苜蓿草地群落整个生育期耗水量为 312.6mm，而该地区年平均降水量仅为 291.5mm，苜

蓿草地除用掉生长阶段的大气降水以外，还动用了土壤贮水，草地水分亏缺达101.8mm。李玉山（2002）分析了黄土高原苜蓿人工草地12年耗水量和降水量数据，发现苜蓿每年平均耗水量比降水量多出71.5mm。土壤水分处于严重负平衡状态，这将引起深层土壤干燥化。因此，在西北半干旱雨养地区，苜蓿单纯依靠天然降水已难以满足其对水分的需求。

在地下水埋深较浅的地区，潜水参与和影响土壤植物大气连续体（SPAC）的生物、化学等过程，并通过土壤毛管作用被作物吸收利用（马海艳等，2005）。孙海龙等（2008）的研究表明，潜水通过控制土壤水分而影响土壤水势、苜蓿叶水势，从而影响苜蓿的生育过程，最终影响苜蓿的产量。另外，不同地形、坡位和不同土地类型上土壤水分差异明显（张北赢等，2006）。潘占兵等（2010）的研究表明，坡位对宁南山区苜蓿地土壤含水量的影响大于坡向，且坡位越高，土壤含水量越低。宁夏盐池县北部与毛乌素沙地南缘接壤，地下水丰富，埋深较浅（韩霁昌等，2012）。在该地区地下水有可能成为旱地苜蓿的潜在水源弥补天然降水的不足。但是，关于苜蓿对地下水的利用率及苜蓿水分来源与坡位的研究鲜见报道。因此，以影响大气降水再分配的地形为影响因素，对不同坡位种植的旱作苜蓿地土壤含水量进行动态研究，阐明地形对旱作苜蓿地土壤水分的时空变异分布规律，将对恢复坡面植被、改善坡面生态系统、提高经济效益有重要意义。

利用根系挖掘等传统手段研究植物根系在水循环过程中的功能和确定植物的水分来源是非常困难的，耗时且不切实际（Meinzer et al.，2001）。稳定同位素测定技术的发展使得科学家可以利用氢和氧稳定同位素比率为示踪物鉴定植物的水分来源（Dawson，1993）。这一目标的实现依赖于两个条件：①不同水源的同位素组成必须存在明显差异（Ehrlinger and Dawson，1992；Picon-Cochard et al.，2001）；②在植物根系吸收和运输水分的过程中没有同位素分馏的现象（Dawson and Ehleringer，1991；Thorburn et al.，1993；Ellsworth and Williams，2007）。许多温室和田间研究已证实，在植物根系吸水过程中没有同位素分馏现象。因此，通过分析不同深度土壤水及植物木质部水中氢同位素（D 和 H）和氧同位素（$^{18}$O 和 $^{16}$O）的组成，便可以推断出植物利用不同层次土壤水的差异（Gazis and Feng，2004）。

本研究应用稳定氧和碳同位素技术研究了盐池县北部毛乌素沙地南缘缓坡丘陵区不同坡位及生长时期旱地苜蓿对不同水源的利用率。同时测定了生物量、株高和气孔导度等指标，力图揭示不同坡位旱地苜蓿的生长生理状况。探讨浅层地下水对土壤水分的影响及对苜蓿生长的贡献，为当地乃至宁夏半干旱地区旱地苜蓿的种植提供理论依据。

## 一、试验区降雨及其同位素组成

从图 3-11 可以看出，试验区（北王圈）3～4 月降雨稀少。5 月总降雨量为 17.3mm，降雨日期为 5 月 8 日、5 月 15 日和 5 月 28 日，雨水 $\delta^{18}$O 分别为–5.88‰、–2.20‰和–3.22‰。6 月总降雨量为 62.7mm，降雨日期为 6 月 8～10 日、6 月 19～21 日，雨水 $\delta^{18}$O 分别为 –0.56‰和–8.46‰。7 月总降雨量为 110.7mm，降雨日期为 7 月 1 日、7 月 3～4 日、7 月 7～10 日和 7 月 17～18 日，雨水 $\delta^{18}$O 分别为–6.82‰、–11.67‰和–9.59‰。8 月总降

雨量为20.3mm，降雨日期为8月5~7日，雨水$\delta^{18}O$为–4.13‰。

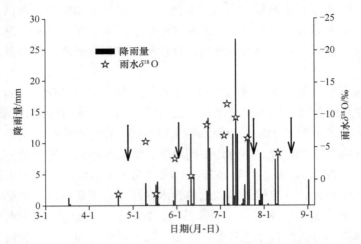

图3-11　2013年3月1日至9月1日北王圈日降雨量及雨水$\delta^{18}O$
箭头指示土壤水、植物水及地下水采样时间

从图3-12可以看出，北王圈2013年地上2m大气月平均气温呈单峰曲线变化。1月地上2m大气月平均气温最低，为–5.9℃；8月地上2m大气月平均气温最高，为22.9℃；6月、7月地上2m大气月平均气温分别为21.8℃和22.0℃。全年地上2m大气相对湿度呈双峰曲线变化。4月和3月地上2m大气相对湿度较低，仅为29.9%和30.3%；7月地上2m大气相对湿度最高，为72.4%；8月大气相对湿度略有下降，9月又有所回升，之后呈连续下降趋势。

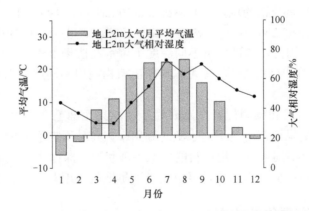

图3-12　2013年北王圈地上2m大气月平均气温和月平均相对湿度

## 二、不同坡位苜蓿地土壤含水量的变化

从图3-13可以看出，4个采样日期四坡位0~300cm土层土壤平均含水量由高到低的顺序为：7月19日＞4月28日＞6月2日＞8月19日。4月28日、6月2日和8月19日四坡位0~300cm土壤剖面平均含水量由高到低的顺序为：坡1＞坡2＞坡4＞坡3，

4月28日、6月2日、8月19日四坡位0～300cm土壤剖面平均含水量分别为：20.4%、14.3%、9.7%、9.5%，25.5%、13.3%、9.4%、8.8%、9.6%、8.1%、7.0%、6.2%。7月19日四坡位0～300cm土壤剖面平均含水量排序为坡1＞坡4＞坡3＞坡2，其值分别为：12.4%、8.7%、7.1%、7.0%。四坡位苜蓿地0～300cm土壤剖面土壤含水量均呈浅层（0～80cm）及深层（221～300cm）稍高、中层（81～220mm）较低的趋势。坡1浅层土壤平均含水量为8.4%～12.7%，深层土壤平均含水量为18.6%～20.4%，中层土壤平均含水量为6.8%～7.9%；坡2浅层土壤平均含水量为6.1%～10.3%，深层土壤平均含水量为11.7%～14.3%，中层土壤平均含水量为5.4%～8.2%；坡3浅层土壤平均含水量为7.5%～11.4%，深层土壤平均含水量为8.4%～9.5%，中层土壤平均含水量为3.7%～4.0%；坡4浅层土壤平均含水量为2.3%～7.9%，深层土壤平均含水量为9.2%～9.7%，中层土壤平均含水量为6.4%～9.6%。

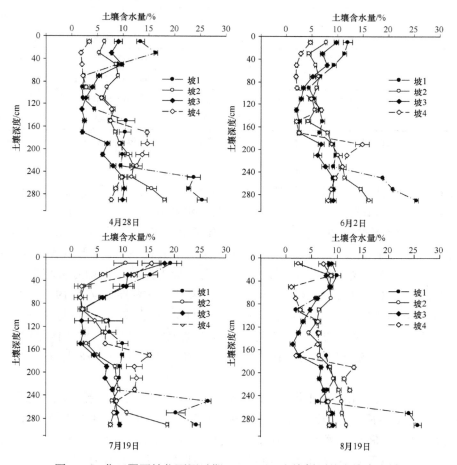

图3-13 北王圈四坡位不同时期0～300cm土壤剖面的土壤含水量

## 三、不同坡位苜蓿生物量、地上整株$\Delta^{13}C$、水势及气孔导度的变化

由表3-16可知，第一次刈割（6月2日），坡1干草产量显著高于其他3个坡位，

为 1368.60kg/hm²;坡 3 干草产量排第二,为 1093.95kg/hm²;坡 2 和坡 4 干草产量无显著差异,分别为 806.20kg/hm² 和 928.85kg/hm²。四坡位间苜蓿株高与茎叶比无显著差异。但坡 1 苜蓿株高大于其他 3 个坡位。第二次刈割(8 月 19 日),坡 1(1933.85kg/hm²)、坡 3(1885.80kg/hm²)和坡 2(1752.90kg/hm²)间苜蓿干草产量无显著差异,均显著高于坡 4(1401.25kg/hm²)。四坡位苜蓿株高和茎叶比无显著差异。坡 3 第二次刈割时的干草产量和株高均显著高于第一次刈割,其他坡位两次刈割的干草产量、茎叶比(除坡 3 外)无显著差异(表 3-16)。

表 3-16 北王圈四坡位两次刈割干草产量、株高和茎叶比

| 坡位 | 采样时间 | 干草产量/(kg/hm²) | 株高/m | 茎叶比 |
| --- | --- | --- | --- | --- |
| 坡 1 | 6 月 2 日 | 1368.60±89.24aA | 48.67±1.53aB | 1.25±0.33aA |
| | 8 月 19 日 | 1933.85±40.66aA | 63.33±1.64aA | 1.35±0.21aA |
| 坡 2 | 6 月 2 日 | 806.20±162.07cA | 44.67±4.51aB | 1.08±0.08aA |
| | 8 月 19 日 | 1752.90±66.61aA | 61.33±2.51aA | 1.22±0.30aA |
| 坡 3 | 6 月 2 日 | 1039.95±122.26bB | 47.00±3.61aB | 1.15±0.19aB |
| | 8 月 19 日 | 1885.80±116.39aA | 63.00±2.65aA | 1.40±0.39aA |
| 坡 4 | 6 月 2 日 | 928.85±241.05bcA | 43.00±5.29aB | 1.32±0.15aA |
| | 8 月 19 日 | 1401.25±88.32bA | 57.00±4.36aA | 1.59±0.22aA |

注:小写字母不同表示同一次刈割不同坡位在 0.05 水平上差异显著,大写字母不同表示同一坡位两次刈割在 0.05 水平上差异显著

从图 3-14 可以看出,在 4 月 28 日坡 1 与坡 2 苜蓿地上整株 $\Delta^{13}C$ 无显著差异,但显著高于坡 3 和坡 4;在 6 月 2 日坡 1 苜蓿地上整株 $\Delta^{13}C$ 显著高于其他 3 个坡位,坡 2 和坡 3 苜蓿地上整株 $\Delta^{13}C$ 无显著差异,但显著高于坡 4;7 月 19 日坡 1 苜蓿地上整株 $\Delta^{13}C$ 显著高于其他 3 个坡位,其他 3 个坡位地上整株 $\Delta^{13}C$ 间无显著差异;在 8 月 19 日,坡 1、坡 2、坡 3 苜蓿地上整株 $\Delta^{13}C$ 间差异不显著,但均显著高于坡 4。坡 1 四个日期地上整株 $\Delta^{13}C$ 间均存在显著差异,由大到小的顺序为 7 月 19 日>8 月 19 日>6 月 2 日>4 月 28 日;坡 2 和坡 3 苜蓿地上整株 $\Delta^{13}C$ 在 7 月 19 日与 8 月 19 日无显著差异,但显著高于 4 月 28 日和 6 月 2 日苜蓿地上整株 $\Delta^{13}C$;坡 4 四个时期苜蓿地上整株 $\Delta^{13}C$ 间均存在显著差异,由大到小的顺序为 7 月 19 日>8 月 19 日>4 月 28 日>6 月 2 日。

从图 3-15 可以看出,在 4 月 28 日,坡 1、坡 3、坡 4 苜蓿气孔导度间无显著差异,均显著高于坡 2;在 6 月 2 日,坡 1 苜蓿气孔导度显著高于其他 3 个坡位,坡 2、坡 3、坡 4 苜蓿气孔导度间无显著差异;在 7 月 19 日,坡 1、坡 3、坡 4 苜蓿气孔导度间无显著差异,均显著高于坡 2;在 8 月 19 日,坡 1 与坡 2 苜蓿气孔导度间无显著差异,均显著高于坡 4。4 个坡位 7 月 19 日苜蓿气孔导度均显著高于其他 3 个日期,6 月 2 日坡 1 苜蓿气孔导度显著高于 4 月 28 日,8 月 19 日坡 2 苜蓿气孔导度显著高于 4 月 28 日和 6 月 2 日,坡 3 和坡 4 苜蓿气孔导度在 4 月 28 日、6 月 2 日、8 月 19 日间无显著差异。

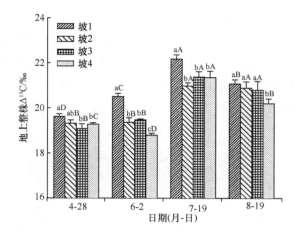

图 3-14 不同时期四坡位苜蓿地上整株 $\Delta^{13}C$

小写字母不同表示同一时期不同坡位间苜蓿地上整株 $\Delta^{13}C$ 在 0.05 水平上差异显著,大写字母不同表示同一坡位不同时期间苜蓿地上整株 $\Delta^{13}C$ 在 0.05 水平上差异显著

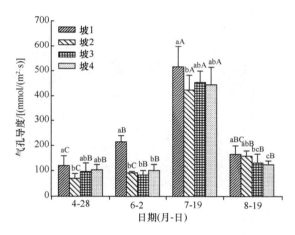

图 3-15 不同时期四坡位苜蓿气孔导度

小写字母不同表示同一时期不同坡位间苜蓿气孔导度在 0.05 水平上差异显著,大写字母不同表示同一坡位不同时期间苜蓿气孔导度在 0.05 水平上差异显著

从图 3-16 可以看出,清晨,4 月 28 日坡 1 苜蓿茎秆水势显著高于其他 3 个坡位,坡 2 与坡 3 茎秆水势无显著差异但显著高于坡 4;6 月 2 日坡 1 和坡 3 苜蓿茎秆水势无显著差异但显著高于坡 2 和坡 4,坡 4 苜蓿茎秆水势显著低于其他 3 个坡位;7 月 19 日坡 1 苜蓿茎秆水势显著高于坡 3 和坡 4,坡 2 苜蓿茎秆水势与坡 1 及坡 4 无显著差异,但显著高于坡 3;8 月 19 日坡 3 苜蓿茎秆水势与坡 1 和坡 2 无显著差异,但显著高于坡 4。正午,4 月 28 日、6 月 2 日和 8 月 19 日不同坡位间苜蓿茎秆水势无显著差异;7 月 19 日坡 4 苜蓿茎秆水势显著低于其他 3 个坡位,坡 1、坡 2 和坡 3 苜蓿茎秆水势间无显著差异。将同一坡位不同日期苜蓿茎秆水势相比较可以发现:8 月 19 日坡 1 苜蓿清晨茎秆水势显著低于 4 月 28 日、6 月 2 日和 7 月 19 日;坡 2 苜蓿清晨茎秆水势不同日期间无显著差异;坡 3 苜蓿清晨茎秆水势 7 月 19 日与 8 月 19 日无显著差异,但显著高于 4

月 28 日和 6 月 2 日；坡 4 苜蓿清晨茎秆水势在 4 月 28 日、7 月 19 日和 8 月 19 日间无显著差异，但显著高于 6 月 2 日。坡 1、坡 2、坡 4 苜蓿正午茎秆水势在 4 月 28 日和 7 月 19 日无显著差异，但均显著高于 6 月 2 日和 8 月 19 日，其中，6 月 2 日苜蓿正午茎秆水势最低；不同日期坡 3 苜蓿正午茎秆水势间差异显著，由大到小的顺序为 7 月 19 日＞4 月 28 日＞8 月 19 日＞6 月 2 日。

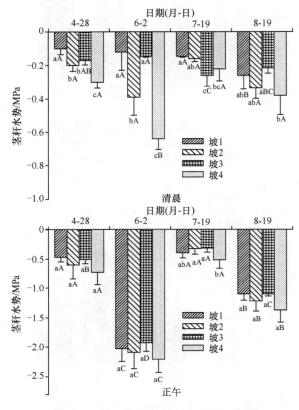

图 3-16　不同时期四坡位苜蓿茎秆水势

小写字母不同表示同一时期不同坡位间苜蓿茎秆水势在 0.05 水平上差异显著，大写字母不同表示同一坡位不同时期间苜蓿茎秆水势在 0.05 水平上差异显著

## 四、不同坡位土壤水及苜蓿茎秆水稳定同位素组成

6 月 2 日坡 3 土壤水 $\delta^{18}O$（-6.66‰）显著高于坡 1（-8.47‰）和坡 2（-8.28‰），与坡 4 土壤水 $\delta^{18}O$（-7.14‰）无显著差异。坡 1 土壤水 $\delta^{18}O$ 在 4 月 28 日、7 月 19 日、8 月 19 日（分别为-7.72‰、-8.06‰、-8.79‰）均低于同月份的其他 3 个坡位（4 月 28 日坡 2 -5.91‰、坡 3 -7.46‰、坡 4 -7.63‰，7 月 19 日坡 2 -7.78‰、坡 3 -7.96‰、坡 4 -7.42‰；8 月 19 日坡 2 -7.93‰、坡 3 -8.22‰、坡 4 -7.77‰），在 6 月 2 日（-8.47‰）与坡 2（-8.42‰）无显著差异。四坡位苜蓿地土壤水 $\delta^{18}O$ 随着土壤深度的增加逐渐下降。0～40cm 土壤剖面土壤水 $\delta^{18}O$ 随季节波动较大（坡 1 变化范围为-5.41‰～-3.06‰、坡 2 变化范围为-6.02‰～-2.03‰、坡 3 变化范围为-6.42‰～-2.71‰、坡

4 变化范围为−5.43‰～0.54‰），270cm 以下土壤剖面土壤水 $\delta^{18}O$ 较为稳定，季节间波动较小。深层土壤水 $\delta^{18}O$ 与地下水 $\delta^{18}O$ 相近，说明深层土壤水主要是地下水补给（图 3-17）。

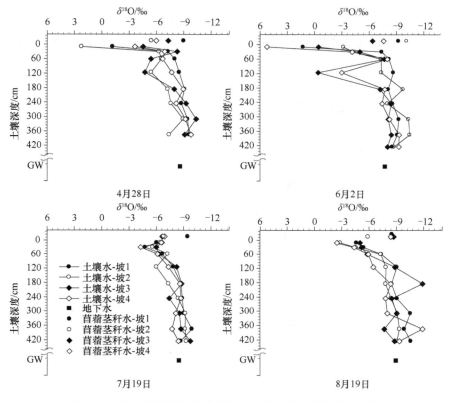

图 3-17 北王圈四坡位苜蓿茎秆水、各土壤剖面土壤水 $\delta^{18}O$

在 4 月 28 日，不同坡位苜蓿茎秆水 $\delta^{18}O$ 由小到大的顺序为：坡 1（−8.49‰）<坡 3（−7.15‰）<坡 4（−5.49‰）<坡 2（−4.89‰）。苜蓿茎秆水 $\delta^{18}O$ 在坡 1 220～270cm 和 271～350cm 土壤剖面、坡 2 0～20cm 和 21～40cm 土壤剖面、坡 3 21～40cm 和 41～80cm 土壤剖面、坡 4 0～20cm 土壤剖面较为相近。在 6 月 2 日，不同坡位苜蓿茎秆水 $\delta^{18}O$ 由小到大的顺序为：坡 2（−10.10‰）<坡 1（−9.36‰）<坡 4（−7.55‰）<坡 3（−6.44‰）。坡 1 和坡 2 苜蓿茎秆水 $\delta^{18}O$ 均与 271～350cm 土壤剖面土壤水 $\delta^{18}O$ 较为接近，坡 3 苜蓿茎秆水 $\delta^{18}O$ 与 151～220cm 土壤剖面土壤水 $\delta^{18}O$ 较为接近，坡 4 苜蓿茎秆水 $\delta^{18}O$ 介于 151cm 和 270cm 土壤剖面土壤水 $\delta^{18}O$ 之间。在 7 月 19 日，坡 1 苜蓿茎秆水 $\delta^{18}O$（−9.37‰）显著低于其他 3 个坡位（坡 2、坡 3、坡 4 苜蓿茎秆水 $\delta^{18}O$ 分别为−6.81‰、−6.58‰和−6.91‰）。坡 1 苜蓿茎秆水 $\delta^{18}O$ 介于 270cm 和 400cm 土壤剖面土壤水 $\delta^{18}O$ 之间，坡 2 苜蓿茎秆水 $\delta^{18}O$ 介于 0cm 和 40cm 土层之间，坡 3 和坡 4 苜蓿茎秆水 $\delta^{18}O$ 均与 0～20cm 土壤剖面土壤水 $\delta^{18}O$ 较为接近。在 8 月 19 日，坡 2 苜蓿茎秆水 $\delta^{18}O$（−5.65‰）高于其他 3 个坡位；坡 1、坡 3 和坡 4 苜蓿茎秆水 $\delta^{18}O$（分别为−8.60‰、−8.65‰、−8.19‰）

无显著差异。坡 1 苜蓿茎秆水 $\delta^{18}O$ 与 151~220cm 土壤剖面土壤水 $\delta^{18}O$ 较为接近，坡 2 苜蓿茎秆水 $\delta^{18}O$ 介于 0~20cm 和 40~80cm 土层之间，坡 3 苜蓿茎秆水 $\delta^{18}O$ 与 81~150cm 土壤剖面土壤水 $\delta^{18}O$ 较为接近，坡 4 苜蓿茎秆水 $\delta^{18}O$ 介于 151~220cm 和 271~350cm 土层之间。

土壤水及苜蓿木质部水 $\delta^{18}O$ 大都位于我国西北干旱地区地方大气降水线（LMWL）的右侧（图 3-18），说明植物所利用的水源氢氧同位素组成受到蒸发的影响而发生了富集作用。

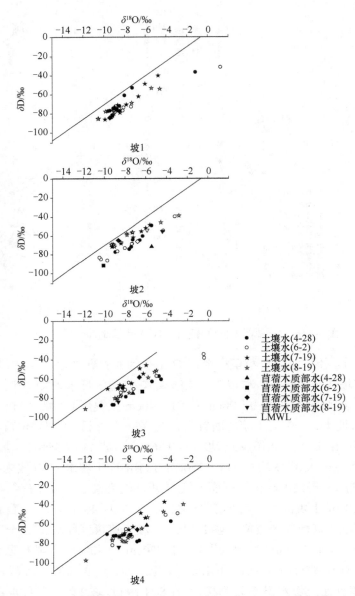

图 3-18  试验点土壤水、苜蓿木质部水的 $\delta^{18}O$ 和 $\delta D$ 及其与我国西北干旱地区地方大气降水线的关系
我国西北干旱地区地方大气降水线方程为 $\delta D=7.56\delta^{18}O+5.05$（黄天明等，2008）。图例括号中内容为日期（月-日），图 3-19 同

雨水的 $\delta^{18}O$-$\delta D$ 坐标点基本落在 LMWL 上或稍左（图 3-19）。地下水的 $\delta^{18}O$-$\delta D$ 坐标与土壤水相比更靠近 LMWL，说明地下水受降水的补给；浅层土壤水坐标点更远离 LMWL，说明浅层土壤水受蒸发影响较大。

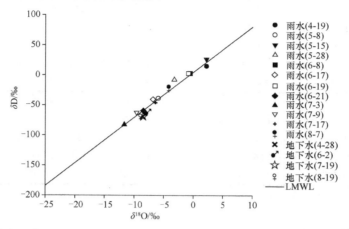

图 3-19　试验点雨水、地下水的 $\delta^{18}O$ 和 $\delta D$ 及其与我国西北干旱地区地方大气降水线的关系

## 五、不同坡位苜蓿对各潜在水源的利用率

由表 3-17 可知，在 4 月 28 日、6 月 2 日、7 月 19 日，坡 1 苜蓿对深层土壤水（271cm 以下）的利用率高于其他 3 个坡位。在 4 月 28 日，坡 2 和坡 4 苜蓿对 0~20cm 土层土壤水的利用率较高；坡 3 苜蓿对各土层土壤水的利用率相近。在 6 月 2 日，坡 2 对 271~450cm 土层土壤水利用率仅次于坡 1 对该土层土壤水的利用率；坡 3 和坡 4 苜蓿对各土层土壤水的利用率差异不显著但偏向利用 151cm 土层以下的土壤水及地下水。在 7 月 19 日，坡 2 苜蓿主要利用 0~150cm 土层水分；坡 3 苜蓿对 0~20cm 土层土壤水的利用率最高，达 93.0%；坡 4 苜蓿主要利用 0~150cm 土层土壤水。在 8 月 19 日，坡 1、坡 3、坡 4 苜蓿主要利用 151~450cm 土层土壤水及地下水，坡 2 对表层（0~20cm 土层）土壤水利用率最高。

表 3-17　四坡位苜蓿对各水源的利用率（%）

| 日期 | 土壤深度 | WUE | | | |
| --- | --- | --- | --- | --- | --- |
| | | 坡 1 | 坡 2 | 坡 3 | 坡 4 |
| 4 月 28 日 | 0~20cm | 1.3（0~5） | 37.4（20~46） | 21.0（0~46） | 49.1（32~59） |
| | 21~150cm | 8.6（0~32） | 20.5（0~70） | 25.4（0~67） | 17.3（0~68） |
| | 151~270cm | 23.3（0~85） | 15.9（0~50） | 19.1（0~67） | 11.6（0~42） |
| | 271~450cm | 51.6（14~88） | 13.9（0~45） | 15.3（0~52） | 10.0（0~35） |
| | 地下水 | 15.2（0~54） | 12.2（0~44） | 19.2（0~64） | 12.0（0~45） |
| 6 月 2 日 | 0~20cm | 0.0（0~3） | 0.6（0~2） | 7.9（0~17） | 9.1（0~35） |
| | 21~150cm | 1.3（0~5） | 2.9（1~6） | 14.7（0~36） | 8.6（0~33） |
| | 151~270cm | 1.8（0~4） | 5.3（0~1.2） | 26.0（0~83） | 25.0（0~95） |
| | 271~450cm | 94.8（94~96） | 89.5（85~93） | 25.5（0~76） | 30.3（0~65） |
| | 地下水 | 2.2（0~4） | 1.7（0~5） | 26.0（0~83） | 27.0（0~95） |

续表

| 日期 | 土壤深度 | WUE | | | |
|---|---|---|---|---|---|
| | | 坡1 | 坡2 | 坡3 | 坡4 |
| 7月19日 | 0~20cm | 2.9（0~11） | 37.1（0~84） | 93.0（86~98） | 31.4（0~82） |
| | 21~150cm | 3.2（0~12） | 40.8（0~81） | 6.0（0~14） | 36.2（0~63） |
| | 151~270cm | 11.0（0~39） | 9.8（0~32） | 0.6（0~2） | 9.7（0~35） |
| | 271~450cm | 74.4（59~87） | 5.3（0~17） | 0.2（0~1） | 12.3（0~45） |
| | 地下水 | 8.4（0~31） | 7.1（0~23） | 0.2（0~1） | 10.4（0~39） |
| 8月19日 | 0~20cm | 9.4（0~31） | 40.5（21~51） | 7.2（0~28） | 5.1（0~17） |
| | 21~150cm | 17.4（0~58） | 20.6（0~75） | 10.7（0~4） | 8.9（0~32） |
| | 151~270cm | 25.7（0~91） | 14.5（0~54） | 31.4（0~69） | 22.8（0~82） |
| | 271~450cm | 22.0（0~66） | 11.9（0~46） | 22.8（0~86） | 32.7（0~80） |
| | 地下水 | 25.5（0~90） | 12.5（0~48） | 28.0（0~92） | 30.5（0~91） |

注：括号外数据为平均值，括号内数据为最小值~最大值

## 六、讨论与结论

### 1. 不同坡位苜蓿水分来源的比较

根据不同层次土壤水 $\delta^{18}O$ 的变异幅度，可以把土壤层次分为表层、中间层和深层（苑晶晶等，2009；周雅聃等，2011）。表层主要受降水、灌溉水和蒸发的共同影响，波动较大；中间层主要受降水、灌溉水和原有土壤水的混合影响，氧同位素相对稳定；深层受地下水补给，其同位素组成基本稳定并接近地下水同位素组成。对于本试验而言，0~20cm 土层土壤含水量波动最为明显，21~60cm 土层土壤含水量波动小于 0~20cm 土层，60cm 以下土层土壤含水量波动较小（图3-13）。表明表层土壤受降水和蒸发的影响较大，而中间层较少受降水及地下水的补给，土壤含水量低而稳定。土壤水 $\delta^{18}O$ 变化趋势与土壤含水量一致：由于北王圈3月、4月无有效降雨，土壤表面蒸发强烈，蒸发富积效应使4月28日 0~20cm 土层土壤水 $\delta^{18}O$ 值升高。5月、6月雨水 $\delta^{18}O$ 值较高（图3-11），因此6月表层土壤水 $\delta^{18}O$ 值较高。受7月贫重同位素降雨的影响，4个坡位表层土壤水 $\delta^{18}O$ 均明显下降。8月上半月降雨较少，且雨水氧同位素组成值较高，使表层土壤水 $\delta^{18}O$ 有所升高（图3-17）。深层（401~450cm）土壤水 $\delta^{18}O$ 与地下水 $\delta^{18}O$ 较相近，说明深层土壤水主要受地下水的补给，但两者又不完全一致，暗示深层土壤水除了来自地下水外还来自历史降水的沉积，或者还有其他补给方式。

在7月19日，坡3和坡4在80~150cm 土层土壤水 $\delta^{18}O$ 出现了一个正的峰值，甚至接近表层土壤水的 $\delta^{18}O$。朱林等（2012）也发现了相似的现象，他们认为是由于中间土壤剖面土壤水不断由液态变为气态向地表运动，而受降水及地下水的补给很少，持续的分馏富集作用，以及土壤水分长期处于非饱和状态，导致该土壤层次同位素组成值最高。我们发现在坡3的 81~180cm 土层含水量极低，这可能与苜蓿根系生物量垂直分布特征及降水补充较少有关。苜蓿拥有深入土层的庞大根系，具有强吸水和高耗水特性。王志强等（2003）报道，花苜蓿地 1.2m 以下土层出现土壤干层，水分在生长期间难以

得到补偿。近年来，许多学者对半干旱区种植旱地花苜蓿造成土壤干层的问题十分关注。据报道，典型半干旱区二年生、三年生苜蓿种植地 1～4m 土层、四年生苜蓿种植地 1～6m 土层、五年生苜蓿种植地 1～8m 土层、六年生苜蓿种植地 1～10m 土层的土壤含水量已接近或达到萎蔫湿度（李玉山，2002；山仑等，2008）。由于我们选的苜蓿为八年生，其生长早期对土壤水分的消耗使中间土层含水量剧烈下降，又难以得到降水的补充，从而出现我们试验中所观测到的中间土层含水量极低的现象。

据报道，苜蓿整个生育期的需水量在 300mm 以上（李凤民和张振万，1991；李浩波等，2006；刘沛松等，2009）。而盐池县年均降雨量为 280mm 左右，单靠天然降水无法满足该地区苜蓿生长的需要。根据我们的试验结果，2012 年盐池县 4～8 月降雨量为 194mm，远未达到苜蓿生长发育对水分的需求。因此，苜蓿的生长或是过多消耗土壤贮存的水分或是利用其他水源。我们的试验点北王圈村与沙边子村接壤、处于毛乌素沙地的南缘，地下水埋深浅（韩霁昌等，2012）。在这些地区，地下水可以通过土壤毛细管上升而对土壤水分起补充作用。在降水量相同的情况下，地下水埋深是造成包气带含水率差异的主要因素（程东会等，2012）。对于我们的试验，在地势最低的坡 1（地下水位 4m 左右），整个土壤剖面（0～3m）土壤水分状况较好，尤其是 240cm 以下土层的含水量显著升高证实了上述判断。黄金廷等（2013）报道，在毛乌素沙地的地下水浅埋区，沙柳蒸腾量与降水量呈非线性关系，土壤水和地下水是沙柳的蒸腾水源。张晓红等（2007）报道，苜蓿主要消耗 2～3m 土层土壤水，最深可达 5m 以下土层。李玉山（2002）报道苜蓿根系吸水深度可达 10m 以下。据我们的试验结果，6 月 2 日坡 1 苜蓿对 271～450cm 土层土壤水的利用率最高，可达 94.8%，坡 2 苜蓿对该深度土壤水的利用率也达到 89.5%。由于我们采样的最大深度（4.5m）已接近地下水层，达到了地下水毛细带区。这说明在我们试验区地下水埋深条件下（坡 2 地下水埋深在 5.2m 左右），苜蓿完全可以利用到地下水或潜水层以上的毛细带水分，从而弥补天然降水的不足。我们的试验结果同时也显示 4 个坡位苜蓿整个生长期对地下水的利用率最高只有 30.5%（8 月 19 日坡 4），这暗示苜蓿并非直接利用地下水，而是利用地下水面以上的毛细带的水分。这与程东会等（2012）所报道的"在毛乌素沙地浅地下水埋深的滩地上，草本植物生长发育的水分来源主要是毛细带水"的结论是一致的。

坡位和近期降雨对苜蓿水分来源有显著影响。坡 1 苜蓿在 4 月 28 日、6 月 2 日和 7 月 19 日对最深层（271～450cm）土壤水的利用率最高。在 4 月 28 日、6 月 2 日和 7 月 19 日地势较高的坡 3 和坡 4，苜蓿对表层土壤水的依赖较高。而在降雨较多的 7 月，坡 3 和坡 4 苜蓿对浅层土壤水的利用率较高。这与 7 月降雨量较大、雨水对表层土壤补充的水分较多有关。而在其他月份（6 月和 8 月）降雨不多时，坡 3 和坡 4 的苜蓿对各层土壤水的利用较为均匀，但趋于对中下层土壤水利用较多。这主要是因为浅层土壤水没有得到雨水的补充，而中下层土壤含水量相对较高的缘故。虽然海拔低于坡 3 和坡 4，但是坡 2 苜蓿在 4 月、7 月、8 月对深层土壤水的依赖程度并不高，而是主要利用 0～20cm 土层水分。这可能是由于坡 2 土壤结构较差，影响了苜蓿根系的生长和降水的下渗，使苜蓿生长主要依靠于浅层土壤水分；而在 6 月当浅层土壤水分消耗过多的情况下又转而利用深层的土壤水分。

## 2. 不同坡位旱地苜蓿水分状况的比较

苜蓿属于 $C_3$ 植物，对于 $C_3$ 植物而言，较低的 $\Delta^{13}C$ 表明其具有较高的蒸腾效率。其理论基础是：植物在光合作用过程中对空气中的稳定碳同位素（$^{13}C$）具有分馏作用，而导致植物有机体中碳同位素比值（$^{13}C/^{12}C$）低于空气中的（Farquhar and Richards，1984；Johnson and Basset，1991）。Farquhar 等（1989）进行了一系列关于稳定同位素比值与植物 WUE 方面的研究，证明 $C_3$ 植物的 $\Delta^{13}C$ 与气孔导度正相关而与蒸腾效率负相关。就 $C_3$ 植物而言，$\Delta^{13}C$ 与 $C_i/C_a$ 正相关。$C_i/C_a$ 的大小受气孔导度和光合作用的双重影响，较低的气孔导度和较强的光合作用在降低 $C_i/C_a$ 的同时会提高单叶水平 WUE 和降低 $\Delta^{13}C$。虽然在水分胁迫时光合羧化速率会下降，但是气孔导度对胞间 $CO_2$ 浓度的影响更大，叶片导度的下降会引起 $C_i/C_a$ 的降低和 $\Delta^{13}C$ 的下降（Farquhar et al.，1989；Merah et al.，2001a；Misra et al.，2006；Xu et al.，2007；Zheng and Shangguan，2007），从而导致气孔导度与 $\Delta^{13}C$ 的正相关关系。与传统测定蒸腾效率的方法相比，$\Delta^{13}C$ 可反映植物长期水平的蒸腾效率及植物生境的水分供应状况，比用光合仪测定的单叶 WUE 更具代表性（Ehdaie et al.，1991）。

对于本试验而言，北王圈地区春季降雨较少，苜蓿生长前期（4月、5月）大气相对湿度较低；6月、7月、8月降雨和大气相对湿度较高。我们的研究结果表明，苜蓿地上整株 $\Delta^{13}C$ 及气孔导度与 4～8 月的大气相对湿度有一致的变化趋势（图 3-14，图 3-15），表明这两个指标对生长环境水分状况非常敏感，这一结果与前人的报道相一致。

总的来说，在同一个采样时期，坡1苜蓿地上整株 $\Delta^{13}C$、气孔导度、茎秆水势及两次刈割的干草产量均显著高于其他坡位。根据前人的相关报道，不同地形、部位和不同土地类型对土壤水分有显著影响，坡位对土壤含水量的影响大于坡向，且坡位越高，土壤含水量越低（张北赢等，2006；潘占兵等，2010）。在同一坡向不同坡位上，下坡位苜蓿的产量和生理生长状况都优于上坡位（魏婉玲等，2010）。我们的试验结果与上述报道相一致，说明地势较低的滩地有利于苜蓿对浅层地下水的利用，改善了地上植株的水分状况，从而获得较高的干草产量；较高的坡位加大了苜蓿根系直接利用地下水的难度，同时也限制了地下水向上层土壤补充水分，使苜蓿植株水分状况变差，气孔导度和干草产量等均降低。但是，4个坡位旱地苜蓿的干草产量、$\Delta^{13}C$ 和气孔导度与海拔并不是完全对应的关系。在4月，海拔较低的坡2苜蓿的气孔导度和干草产量反而低于海拔较高的坡3和坡4；7月也出现了类似的结果。可能是生长前期坡2苜蓿根系生长较慢而未达到地下水深层，或是土壤结构较差，限制了苜蓿根系下扎和降水下渗，使其对地下水和深层土壤水利用难度增加，导致生长生理状况和干草产量的下降。坡2苜蓿4月对表层土壤水利用程度较高的结果支持了上述结论。而坡3和坡4浅层土壤含沙较多，有利于降雨的快速下渗，提高了土壤含水量和苜蓿对浅层土壤水的利用率。第二次刈割时，坡2苜蓿干草产量显著高于坡4，表明坡位的效应已显现出来，该坡位苜蓿既可以在降雨较少的6月利用深层土壤水又可以在较雨较多的7月和8月充分利用天然降雨。

对于同一个坡位而言，7月19日苜蓿地上整株 $\Delta^{13}C$ 和气孔导度显著高于其他时期，这与7月较高的降雨量（110.7mm）有关。较高的降雨量在改善苜蓿生长状况的同时，也对土壤贮水有补充作用。根据我们的观测数据，7 月 60cm 以上的土层含水量显著提高，但 60cm 以下土层土壤含水量很低，且没有显著变化，这说明降水入渗的深度有限。我们观测到 81~180cm 土层土壤含水量低而稳定，这一土层水分难以得到降水和地下水的补充。但在地势较低的下坡位，苜蓿可以利用地下水，从而降低了其对中上层土壤水分的依赖程度，抑制了土壤干层现象。而在地下水位较低的上坡位，多年连续种植苜蓿会导致土壤干层，必须通过翻耕、草粮轮作才能使土壤水分得到恢复（刘忠民等，1993；王志强等，2003；刘沛松等，2009）。

## 主要参考文献

边俊景, 孙自永, 周爱国, 等. 2009. 干旱区植物水分来源的 D、$^{18}$O 同位素示踪研究进展. 地质科技情报, 28(4): 117-120.

程东会, 王文科, 侯光才, 等. 2012. 毛乌素沙地植被与地下水关系. 吉林大学学报(地球科学版), 42(1): 184-189.

董孝斌, 张新时. 2005. 发展草地农业是农牧交错带农业结构调整的出路. 绿色经济, (4): 87-89.

韩霁昌, 刘彦随, 罗林涛. 2012. 毛乌素沙地砒砂岩与沙快速复配成土核心技术研究. 中国土地科学, 26(8): 87-94.

黄金廷, 尹立河, 董佳秋, 等. 2013. 毛乌素沙地地下水浅埋区沙柳蒸腾对降水的响应. 西北农林科技大学学报(自然科学版), 41(11): 217-228.

黄天明, 聂中青, 袁利娟. 2008. 西部降水氢氧稳定同位素温度及地理效应. 干旱区资源与环境, 22(8): 76-81.

贾科利, 张俊华. 2012. 宁夏中部干旱带土地利用变化及驱动力分析. 水土保持研究, 18: 62-66.

李芳兰, 包维楷, 刘俊华. 2005. 岷江上游干旱河谷海拔梯度上四川黄栌叶片特征及其与环境因子的关系. 西北植物学报, 25(11): 2277-2284.

李凤民, 张振万. 1991. 宁夏盐池长芒草草原和苜蓿人工草地水分利用研究. 植物生态学与地植物学学报, 15(4): 319-329.

李浩波, 高云英, 张景武, 等. 2006. 紫花苜蓿耗水规律及其用水效率研究. 干旱地区农业研究, 24(6): 163-167.

李善家, 张有福, 陈拓. 2010. 西北地区油松叶片稳定碳同位素特征与生理指标的关系. 应用与环境生物学报, 16(5): 603-608.

李新乐, 侯向阳, 穆怀冰. 2013. 不同降水年型灌溉模式对苜蓿草产量及土壤水分动态的影响. 中国草地学报, 35(5): 46-52.

李玉山. 2002. 苜蓿生产力动态及其水分生态环境效应. 土壤学报, 39(3): 404-411.

刘慧霞, 王康英, 郭正刚. 2011. 不同土壤水分条件下硅对紫花苜蓿生理特性及品质的影响. 中国草地学报, 33(3): 22-27.

刘沛松, 贾志宽, 李军, 等. 2009. 宁南旱区紫花苜蓿土壤干层水分特征及时空动态. 自然资源学报, 24(4): 663-673.

刘忠民, 山仑, 邓西平, 等. 1993. 宁南山区草田轮作研究：Ⅱ. 不同轮作制度下的农田水分平衡. 水土保持学报, 7(4): 67-71.

龙明秀, 吴振, 高景慧, 等. 2009. 紫花苜蓿光能及叶片水分利用效率影响因子分析. 草业科学, 26(11): 73-77.

马海艳, 龚家栋, 王根绪, 等. 2005. 干旱区不同荒漠植被土壤水分的时空变化特征分析. 水土保持研究, 12(6): 231-234.

马令法, 孙洪仁, 魏臻武, 等. 2009. 坝上地区紫花苜蓿的需水量、需水强度和作物系数. 中国草地学报, 31(2): 25-29.

潘占兵, 余峰, 王占军, 等. 2010. 宁南黄土丘陵区坡向、坡位对苜蓿地土壤含水量时空变异的影响. 水土保持研究, 17(2): 141-144.

山仑, 邓西平, 张岁岐. 2006. 生物节水研究现状及展望. 中国科学基金, 20(2): 66-71.

山仑, 张岁岐, 李文娆. 2008. 论苜蓿的生产力与抗旱性. 中国农业科技导报, 10(1): 12-17.

史志华, 朱华德, 陈佳, 等. 2012. 小流域土壤水分空间异质性及其与环境因子的关系. 应用生态学报, 23(4): 889-895.

苏子龙, 张光辉, 于艳. 2013. 东北典型黑土区不同土地利用方式土壤水分动态变化特征. 地理科学, 33(9): 1104-1110.

孙谷畴, 赵平, 蔡锡安, 等. 2008. 马占相思叶片液汁碳同位素甄别率和水分利用效率. 生态学杂志, 27(4): 497-503.

孙海龙, 吕志远, 郭克贞, 等. 2008. 浅埋条件下地下水对人工草地SPAC系统影响初探. 内蒙古农业大学学报(自然科学版), 29(2): 148-153.

孙惠玲, 马剑英, 陈发虎, 等. 2009. 准噶尔盆地伊犁郁金香稳定碳同位素组成变化特征. 植物学报, 44(1): 86-95.

王海燕, 高祥照. 2010. 宁夏中部干旱带旱作节水农业发展思路的探索. 中国农业信息, (6): 22-24.

王军, 傅伯杰, 邱扬, 等. 2001. 黄土丘陵区土地利用与土壤水分的时空关系. 自然资源学报, 16(6): 521-524.

王志强, 刘宝元, 路炳军. 2003. 黄土高原半干旱区土壤干层水分恢复研究. 生态学报, 23(9): 1944-1950.

魏婉玲, 程积民, 高阳, 等. 2010. 渭北旱塬区不同立地条件对紫花苜蓿产量的影响与通径分析. 水土保持通报, 30(5): 73-78.

杨永东, 张建生, 蔡国军, 等. 2008. 黄土丘陵区不同立地条件下紫花苜蓿地土壤水分动态变化. 草业科学, 25(10): 25-28.

余玲, 王彦荣, Garnett T, 等. 2006. 紫花苜蓿不同品种对干旱胁迫的生理响应. 草业学报, 15(3): 75-85.

苑晶晶, 袁国富, 罗毅, 等. 2009. 利用 $\delta^{18}O$ 信息分析冬小麦对浅埋深地下水的利用. 自然资源学报, 24(2): 360-368.

张北赢, 徐学选, 白晓华. 2006. 黄土丘陵区不同土地利用方式下土壤水分分析. 干旱地区农业研究, 24(2): 96-99.

张晓红, 王惠梅, 徐炳成, 等. 2007. 黄土塬区3种豆科牧草对土壤水分的消耗利用研究. 西北植物学报, 27(7): 1428-1437.

周雅聘, 陈世苹, 宋维民, 等. 2011. 不同降水条件下两种荒漠植物的水分利用策略. 植物生态学报, 35(8): 789-800.

朱林, 许兴, 李树华, 等. 2006. 春小麦碳同位素分辨率的替代指标研究. 西北植物学报, 26(7): 1436-1442.

朱林, 许兴, 毛桂莲. 2012. 宁夏平原北部地下水埋深浅地区不同灌木的水分来源. 植物生态学报, 36(7): 618-628.

朱湘宁, 郭继勋, 梁存柱, 等. 2002. 华北平原地区灌溉对苜蓿产量及土壤水分的影响. 中国草地学报, 24(6): 32-37.

Araus J L, Amaro T, Casadesus J, et al. 1998. Relationships between ash content, carbon isotope discrimination and yield in durum wheat. Australian Journal of Plant Physiology, 25: 835-842.

Araus J L, Amaro T, Zuhair Y, et al. 1997a. Effect of leaf structure and water status on carbon isotope discrimination in field-grown durum wheat. Plant, Cell and Environment, 20(12): 1484-1494.

Araus J L, Bort J, Ceccarelli S, et al. 1997b. Relationship between leaf structure and carbon isotope discrimination in field grown barley. Plant Physiology and Biochemistry, 35(7): 533-541.

Araus J L, Villegas D, Aparicio N, et al. 2003. Environmental factors determining carbon isotope discrimination and yield in durum wheat under Mediterranean conditions. Crop Science, 43(1): 170-180.

Badeck F W, Tcherkez G, Nogues S, et al. 2005. Post-photosynthetic fractionation of stable carbon isotopes between plant organs: a widespread phenomenon. Rapid Communications in Mass Spectrometry, 19(11): 1381-1391.

Bathellier C, Badeck F W, Couzi P, et al. 2008. Divergence in $\delta^{13}C$ of dark respired $CO_2$ and bulk organic matter occurs during the transition between heterotrophy and autotrophy in Phaseolus vulgaris plants. New Phytologist, 177: 406-418.

Brandes E, Kodama N, Whittaker K, et al. 2006. Short-term variation in the isotopic composition of organic matter allocated from the leaves to the stem of *Pinus sylvestris*: effects of photosynthetic and postphotosynthetic carbon isotope fractionation. Global Change Biology, 12: 1922-1939.

Brugnoli E, Hubick K T, von Caemmerer S, et al. 1988. Correlation between the carbon isotope discrimination in leaf starch and sugars of $C_3$ plants and the ratio of intercellular and atmospheric partial pressures of carbon dioxide. Plant Physiology (Bethesda), 88(4): 1418-1424.

Condon A G, Richards R A, Farquhar G D. 1987. Carbon isotope discrimination is positively correlated with grain yield and dry matter production in field-grown wheat. Crop Science, 27(5): 996-1001.

Condon A G, Richards R A, Rebetzke G J, et al. 2002. Improving intrinsic water-use efficiency and crop yield. Crop Science, 42(1): 122-131.

Condon A G, Richards R A, Rebetzke G J, et al. 2004. Breeding for high water-use efficiency. Journal of Experimental Botany, 55(407): 2447-2460.

Dawson T E. 1993. Hydraulic lift and water use by plants: implications for water balance, performance and plant-plant interactions. Oecologia, 95(4): 565-574.

Dawson T E, Ehleringer J R. 1991. Streamside trees that do not use stream water. Nature, 350(6316): 335-337.

Ehdaie B, Hall A E, Farquhar G D, et al. 1991. Water-use efficiency and carbon isotope discrimination in wheat. Crop Science, 31(5): 1282-1288.

Ehrlinger J R, Dawson T E. 1992. Water uptake by plants: perspectives from stable isotope composition. Plant Cell Environment, 15: 1073-1082.

Ellsworth P Z, Williams D G. 2007. Hydrogen isotope fractionation during water uptake by woody xerophytes. Plant and Soil, 291(1): 93-107.

Erice G, Louahlia S, Irigoyen J J, et al. 2011. Water use efficiency, transpiration and net $CO_2$ exchange of four alfalfa genotypes submitted to progressive drought and subsequent recovery. Environmental & Experimental Botany, 72(2): 123-130.

Fan W B, Liu H F, Zhu B R, et al. 2003. Research on water-consuming law of lucerne in abandoned land. Journal of Soil Water Conservation, 17(3): 165-166.

Farquhar G D, Ehleringer J R, Hubick K T. 1989. Carbon isotope discrimination and photosynthesis. Annual Review of Plant Physiology and Plant Molecular Biology, 40: 503-537.

Farquhar G D, O'Leary M H, Berry J A. 1982. On the relationship between carbon isotope discrimination and the intercellular carbon dioxide concentration in leaves. Australian Journal of Plant Physiology, 9: 121-137.

Farquhar G D, Richards R A. 1984. Isotopic composition of plant carbon correlates with water-use efficiency of wheat genotypes. Australian Journal of Plant Physiology, 11(6): 539-552.

Fischer R A. 1998. Wheat yield progress associated with higher stomatal conductance and photosynthetic rate, and cooler canopies. Crop Science, 38: 1467-1475.

Gazis C, Feng X. 2004. A stable isotope study of soil water: evidence for mixing and preferential flow paths. Geoderma, 119(1): 97-111.

Gebbing T, Schnyder H. 2001. $^{13}C$ Labeling kinetics of sucrose in glumes indicates significant refixation of respiratory $CO_2$ in the wheat ear. Australian Journal of Plant Physiology, 28(10): 1047-1053.

Gessler A, Tcherkez G, Peuke A D, et al. 2008. Experimental evidence for diel variations of the carbon isotope composition in leaf, stem and phloem sap organic matter in *Ricinus communis*. Plant Cell &

Environment, 31(7): 941-953.

Ghashghaie J, Badeck F W, Lanigan G, et al. 2003. Carbon isotope discrimination during dark respiration and photorespiration in $C_3$ plants. Phytochemistry Reviews, 2: 145-161.

Grayson R B, Western A W, Chiew F H, et al. 1997. Preferred states in spatial soil moisture patterns: local and nonlocal controls. Water Resources Research, 33(12): 2897-2908.

Grimes D W, Wiley P L, Sheesley W R. 1992. Alfalfa yield and plant water relations with variable irrigation. Crop Science, 32(6): 1381-1387.

Henderson S A, Caemmerer S V, Farquhar G D. 1992. Short-term measurements of carbon isotope discrimination in several $C_4$ species. Australian Journal of Plant Physiology, 19: 263-285.

Ismail A M, Hall A E. 1993. Inheritance of carbon isotope discrimination and water-use efficiency in cowpea. Crop Science, 33(3): 498-503.

Johnson R C, Basset L M. 1991. Carbon isotope discrimination and water use efficiency in four cool-season grasses. Crop Science, 31(1): 157-162.

Johnson R C, Tieszen L L. 1994. Variation for water-use efficiency in alfalfa germplasm. Crop Science, 34(2): 452-458.

Klumpp K, Schaufele R, Lotscher M, et al. 2005. C-isotope composition of $CO_2$ respired by shoots and roots: fractionation during dark respiration? Plant Cell Environment, 28(2): 241-250.

Kramer P J, Boyer J S. 1995. Water relations of plants and soils. New York, Boston, London, Sydney, Tokyo: Academic Press.

Masle J, Farquhar G D, Wong S C. 1992. Transpiration ratio and plant mineral content are related among genotypes of a range of species. Australian Journal of Plant Physiology, 19: 709-709.

Meinzer F C, Clearwater M J, Goldstein G. 2001. Water transport in trees: current perspectives, new insights and some controversies. Environmental and Experimental Botany, 45(3): 239-262.

Merah O, Deléens E, Monneveux P. 1999. Grain yield, carbon isotope discrimination, mineral and silicon content in durum wheat under different precipitation regimes. Plant Physiology, 107(4): 387-394.

Merah O, Deléens E, Monneveux P. 2001a. Relationships between carbon isotope discrimination, dry matter production, and harvest index in durum wheat. Journal of Plant Physiology, 158(6): 723-729.

Merah O, Monneveux P, Deléens E. 2001b. Relationships between flag leaf carbon isotope discrimination and several morpho-physiological traits in durum wheat genotypes under Mediterranean conditions. Environmental & Experimental Botany, 45: 63-71.

Misra S C, Randive R, Rao V S, et al. 2006. Relationship between carbon isotope discrimination, ash content and grain yield in wheat in the peninsular zone of India. Journal of Agronomy and Crop Science, 192(5): 352-362.

Moghaddam A, Raza A, Vollmann J, et al. 2013. Carbon isotope discrimination and water use efficiency relationships of alfalfa genotypes under irrigated and rain-fed organic farming. European Journal of Agronomy, 50(5): 82-89.

Monneveux P, Reynolds M P, Trethowan R, et al. 2004. Carbon isotope discrimination, leaf ash content and grain yield in bread and durum wheat grown under full-irrigated conditions. Journal of Agronomy and Crop Science, 190(6): 389-394.

Monneveux P, Reynolds M P, Trethowan R, et al. 2005. Relationship between grain yield and carbon isotope discrimination in bread wheat under four water regimes. European Journal of Agronomy, 22(2): 231-242.

Morgan J A, LeCain D R, McCaig T N, et al. 1993. Gas exchange, carbon isotope discrimination, and productivity in winter wheat. Crop Science, 33(1): 178-186.

O'Leary M H. 1981. Carbon isotope fractionation in plants. Phytochemistry, 20(4): 553-567.

Ocheltree T W, Marshall J D. 2004. Apparent respiratory discrimination is correlated with growth rate in the shoot apex of sunflower (*Helianthus annuus*). Journal of Experimental Botany, 55(408): 2599-2605.

Picon-Cochard C, Nsourou-Obame A, Collet C, et al. 2001. Competition for water between walnut seedlings (*Juglans regia*) and rye grass (*Lolium perenne*) assessed by carbon isotope discrimination and $\delta^{18}O$ enrichment. Tree Physiology, 21(2): 183-191.

Pozo A D, Ovalle C, Espinoza S, et al. 2017. Water relations and use-efficiency, plant survival and productivity of nine alfalfa (*Medicago sativa* L.) cultivars in dryland Mediterranean conditions. European Journal of Agronomy, 84: 16-22.

Ray I M, Townsend M S, Henning J A. 1998. Variation for yield, water-use efficiency, and canopy morphology among nine alfalfa germplasm. Crop Science, 38(5): 1386-1390.

Richards R A. 2000. Selectable traits to increase crop photosynthesis and yield of grain crops. Journal of Experimental Botany, 51(Special Issue): 447-458.

Richards R A, Rebetzke G J, Condon A G, et al. 2002. Breeding opportunities for increasing the efficiency of water use and crop yield in temperate cereals. Crop Science, 42(1): 111-121.

Romano G, Zia S, Spreer W, et al. 2011. Use of thermography for high throughput phenotyping of tropical maize adaptation in water stress. Computers and Electronics in Agriculture, 79(1): 67-74.

Saeed I A M, El-Nadi A H. 1997. Irrigation effects on the growth, yield, and water use efficiency of alfalfa. Irrigation Science, 17(2): 63-68.

Shen Y Y, Li L L, Chen W, et al. 2009. Soil water, soil nitrogen and productivity of lucerne - wheat sequences on deep silt loams in a summer dominant rainfall environment. Field Crops Research, 111: 97-108.

Takai T, Yano M, Yamamoto T. 2010. Canopy temperature on clear and cloudy days can be used to estimate varietal differences in stomatal conductance in rice. Field Crops Research, 115(2): 165-170.

Thorburn P J, Walker G R, Brunel J P. 1993. Extraction of water from Eucalyptus trees for analysis of deuterium and oxygen-18: laboratory and field techniques. Plant Cell Environment, 16(3): 269-277.

Walker C D, Lance R. 1991. Silicon accumulation and $^{13}C$ composition as indices of water-use efficiency in barley cultivars. Functional Plant Biology, 18(4): 427-434.

Wright G, Hubick K, Farquhar G, et al. 1993. Stable isotopes and plant carbon-water relations, Cambridge: Academic Press.

Xu, X, Yuan H M, Li S H, et al. 2007. Relationship between carbon isotope discrimination and grain yield in spring wheat under different water regimes and under saline conditions in the Ningxia Province (North-west China). Journal Agronomy and Crop Science, 193(6): 422-434.

Zheng S, Shangguan Z P. 2007. Spatial patterns of foliar stable carbon isotope compositions of $C_3$ plant species in the Loess Plateau of China. Ecological Research, 22(2): 342-353.

Zhu L, Li S H, Liang Z S, et al. 2010. Relationship between yield, carbon isotope discrimination and stem carbohydrate concentration in spring wheat grown in Ningxia Irrigation Region (North-west China). Crop and Pasture Science, 61(9): 731-742.

Zhu L, Liang Z S, Xu X, et al. 2008a. Relationship between carbon isotope discrimination and mineral content in wheat grown under three different water regimes. Journal of Agronomy and Crop Science, 159(6): 421-428.

Zhu L, Liang Z S, Xu X, et al. 2008b. Relationships between carbon isotope discrimination and leaf morphophysiological traits in spring planted spring wheat under drought and salinity stress in Northern China. Australian Journal of Agricultural Research, 59(10): 1-9.

Zhu L, Liang Z S, Xu X, et al. 2009. Evidences for the association between carbon isotope discrimination and grain yield - Ash content and stem carbohydrate in spring wheat grown in Ningxia (Northwest China). Plant Science, 176(6): 758-767.

Zhu L, Zhang H L, Gao X, et al. 2016. Seasonal patterns in water uptake for Medicago sativa grown along an elevation gradient with shallow groundwater table in Yanchi county of Ningxia, Northwest China. Journal of Arid Land, 8(6): 1-14.